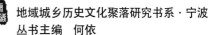

地域城乡历史文化聚落研究书系·宁波

丛书主编　何依

宁波东钱湖域
传统乡村人居环境研究

孔惟洁　　著

华中科技大学出版社

http://press.hust.edu.cn

中国·武汉

图书在版编目（CIP）数据

宁波东钱湖域传统乡村人居环境研究 / 孔惟洁著 . -- 武汉 : 华中科技大学出版社，2024.1

ISBN 978-7-5680-6920-5

Ⅰ . ①宁… Ⅱ . ①孔… Ⅲ . ①湖泊－流域－乡村－居住环境－研究－宁波 Ⅳ . ① X21

中国国家版本馆 CIP 数据核字 (2023) 第 206800 号

宁波东钱湖域传统乡村人居环境研究　　　　　　　　　　　孔惟洁　著
NINGBO DONGQIANHUYU CHUANTONG XIANGCUN RENJU HUANJING YANJIU

策划编辑：易彩萍
责任编辑：易彩萍
责任监印：朱　玢
排版制作：张　靖
出版发行：华中科技大学出版社（中国·武汉）　　　　电　　话：（027）81321913
　　　　　武汉市东湖新技术开发区华工科技园　　　　邮　　编：430223
印　　刷：湖北金港彩印有限公司
开　　本：787mm×1092mm　1/16
印　　张：16
字　　数：390 千字
版　　次：2024 年 1 月第 1 版第 1 次印刷
定　　价：98.80 元

目录

第 5 章　信仰崇拜影响下的场域空间　　

第 6 章　基于人居要素的乡村保护策略

■ 从下水到陶公：乡村规划实践中的探索与反思

　　2012 年，我第一次来到东钱湖，参与湖东岸下水村的建设与整治规划。下水村是一个历史悠久但没有任何保护身份的"非典型古村落"。初到这里，在那层层叠叠的山体衬托下，一个白墙黛瓦的村庄掩映在山野丘陵与朦胧的芦苇湖岸之间（图 1），既不破败也不杂乱，也没有随着现代化的进程丢弃质朴与清新。正如《桃花源记》中所描绘："复行数十步，豁然开朗。土地平旷，屋舍俨然，有良田、美池、桑竹之属。阡陌交通，鸡犬相闻……"我与东钱湖就结缘于此。通过田野调查，我们找到了村落空间背后起决定性作用的家族社会结构，并从当地看似杂乱无章的建筑群中，梳理出由堂沿祭祀中心组织的 H 形民居院落肌理，在村落的发展更新中，延续了这一社会空间格局。

　　2013 年，我们将这种通过堂沿定位家族院落格局的空间分析方法，运用到浙江省历史文化名村韩岭村的建设导则中。韩岭村因水陆运输而兴盛，从墟市到集镇，"十二姓"人家迁居于此，发展为"浙东第一街"（图 2），又因公路运输而衰落，老一代村民脸上难掩当前的失落。也正是在这一年，韩岭村的水街地块开始准备建设，以保护性开发为目的，重新打造"浙东第一街"。韩岭村因市而兴，社会结构比下水村更多样，历史遗存更丰富，空间结构更复杂。我们通过识别商贸与家族的双重特色，明确了对于村落格局与代表性景观起控制作用的空间要素，作为开发建设的保护前提。在这里，我们还发现了更丰富的人居活动，进一步感受到了当地人的喜怒哀乐，对乡村的认识更加鲜活起来。

图 1　下水村鸟瞰
（图片来源：笔者自摄、自绘）

图 2　韩岭老街
（图片来源：宁波测绘院提供鸟瞰图，笔者改绘）

　　村口拆成瓦砾的空地上，庙会请来的戏班子就地搭台唱戏，村民们围坐在戏台前，嚼着葱油饼，享受这一年度盛宴。冬至天的太平池旁，一位老妇人大概是与家人闹矛盾，大哭着要跳桥，未想失足"噗通"一声真的掉进太平池里，吓得周围的大白鹅扑腾着翅膀跑开，两个壮年男士跳进水池把她救起，棉袄灌满了水，更加沉重了，好不容易拖上了岸，女人们围过去安慰她，方才好了一些。有一家老人去世，仍采用传统土葬仪式，礼炮齐鸣，白旗打头，送葬队伍披麻戴孝、一路哭声。每天上午的后街溪两侧，妇女们洗菜、洗碗、洗衣服，一边涮洗一边聊天拉家常，完全不理会在一旁调研的我们。

　　2014 年，为开展东钱湖湖域村落空间特色研究，我们的田野调查扩展到环湖十三个古村。这些村落因地形、区位、资源条件的差异，呈现出村落景观上的差异：陶公村的长街百巷，殷湾村的渔火港湾，韩岭村的古道街市，下水村的三溪湿地等。又因家族结构、信仰群体、生产活动的相似，聚落空间的构成具有一定的地域共性：史氏、郑氏、忻氏、金氏、俞氏等家族共同体，裴肃、鲍盖等地方崇拜的信仰共同体，在湖域村落中形成村村有庙，家家有祠，户户有堂沿的传统模式。东钱湖渔帮形成的渔业共同体，更留下"东钱湖时代"的渔业传奇，是村民津津乐道的集体记忆。对东钱湖域的研究，拓展了我对地域范围内乡村人居环境的认知，湖域作为一个地域人居基底，近千年来陪伴着一代代人生长，而人们在一天天的生活和打磨中，营造出了独具特色的理想人居环境。

　　2015 年编制陶公山三村的保护规划时，我们对于传统乡村聚落的理解，从物质遗产转变为人的遗产。坐落在东钱湖西岸半岛上的陶公山三村，是一个环山面水的大型整体聚落，山水环境、家族社会、生产设施、信仰崇拜场所紧密结合，堪称传统人居理想模式。通过观察人居生活，我们找出了空间背后的组织逻辑与营建特征，识别原住民对聚落历史文化价值的认知，并运用到形态研究和遗产保护中。在与村民们的对话访谈中，我发现当地人的主人翁意识，以及对自己家乡的理解，比任何一个外来的所谓"专家"都要深刻和鲜活，这正是乡村人居环境的本质内涵（图3）。

四年来的乡村实践经历，让我这个外来者对浑然天成、经久营造的乡村充满了敬畏，对传统乡村的认识，逐渐脱离了"乡村遗产""文化遗产"等客体概念，转变为对"乡村人居生活"本身的理解。作为传统乡村聚落的研究者和乡村规划的编制者，我认识到，保护和建设的本质目的，都是为了营造一个良好的乡村人居环境。而想要认识一个有温度的乡村，还需回到村里，成为村民的一分子，成为在此地生活的人。

在这四年间，我也经历了两个村庄的剧变。横街村——"无保护身份"古村落的地产式开发，韩岭村——"有保护身份"历史文化名村的保护性开发，是东钱湖周边两类村落发展的典型案例，也是我国许多历史村落的发展缩影。这两个村庄发展的底层逻辑，是将村落建设用地作为旅游度假区内有限的土地资源，通过土地流转、产业升级，实现增值的过程。为提升消费体验、旅游观光等流量附加值，古村落的历史遗存与自然景观也跟随着市场需求而转变。一系列地产式的规划建设造成了"村不像村""还不如不要保护"的保护性破坏。这类场景式的保护性建设在业态和人气上是成功的，但长远来看，如此"换血"带来的是乡村人居生活的终结。

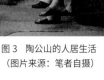

图3　陶公山的人居生活
（图片来源：笔者自摄）

横街村：2013年我在东钱湖二灵山背后的山腰，看见山下一片鳞次栉比的灰色屋顶，这是东钱湖畔又一个始建于明代的传统村落。源于福泉山的横街溪穿村而过，村民们在溪水两侧洗衣、洗菜，大白鹅在溪中间戏水，一旁的村舍后升起青烟，空气里弥漫着酱油炒年糕的香味。2016年，我再一次站在二灵山背后的山腰俯瞰，山下横街村所在的区域，一片残砖破瓦的废墟工地，赫然写着"宁波钱湖柏庭高端养老社区"。效果图展示着未来这里将成为东钱湖旁的一处养老地产，没有村民，没有大白鹅，这里将彻底告别乡村景观。

韩岭村：2013年我第一次来到韩岭村，山明水秀，宁静安详，鉴湖鸭咏，茅檐鸡鸣，村民三五成群，或在巷头晒太阳，或在太平池畔晒鱼干，俨然一幅悠然闲适的村居图画。2015年，韩岭村"水街"的保护性开发项目开始实施，建设工程迅速入驻古村。2016年，村庄已完全变了样，鉴湖两侧的老房子"落架重建"，为适应商业用途，新建建筑尺度完全变大，钢筋混凝土的现浇结构，外表饰以传统青砖瓦面，整个地段从风貌上看起来不像村庄，反而与宁波城中的南塘老街相似，置于水街过去生动的生活印记和历史痕迹，完全找不到一点踪影（图4）。尽管管理部门已经对建设风貌给予了细致的管控和引导，但一旦进入短周期的快速开发，完全无法控制开发商以效率为首的快速建造过程。坚守着祖屋的郑老先生感慨："子孙无能，让别人来建我们的村庄……"他的邻居，都已拆迁到别处，周边的老房子正被一片片拆去瓦片和青砖，一两个月后，旁边的新中式商铺已然建成。

当城市规划中的保护评价、风貌管控与景观设计手法移植到乡村聚落遗产中，可能会造成"城不像城、村不像村"的结果。"规划"即法度规定下的全面计划，"设计"即有目的的创造性活动。某些不合理的"规划""设计"用于乡村，违背了乡土的生长之道，与经年累月生长出的复杂性、多样性景观大相径庭。正如保护更新后的水街，在村民的眼中已经不是记忆中的韩岭村。

韩岭村整治建设后，成了城市人消费的乡村旅游目的地。房屋山墙面装上马头墙，河岸挂起红灯笼，园林景观中的小桥流水配上霓虹灯，原本的乡村景观被变为人工布景。那不是真正的乡村，是被设计的场景，和原生的乡土气息相差甚远。真正的村庄是在生活中、在事情中、在历史中慢慢生长而来的，经得起等待与回味的，真正的乡村建设主体是乡民，建造者是当地工匠和手工技艺者。

横街村、韩岭村的传统村落保护与建设历程，引起了我对乡村规划的反思。乡村的"规与划"，应有其自身之道。乡村人居环境是基于生活需求的营建结果，是过去一代代居民在物质空间中的生活烙印，村落空间的逻辑本质上是传统文化基因中的生活逻辑。因此作为行为主体的人，才是村落空间的原点。东钱湖人，泛指一个具有地域、社会、生活与历史共性的群体，是东钱湖及周边所有建成活动的主导者、参与者、使用者和见证者。正是历代东钱湖人的持续建设与共同维护，东钱湖域才能保持一种宜居宜业的环境，湖域村庄才能保持有机生长。因此，"人"是不容忽视的乡村遗产本身。只有从生活在村庄中的主体人出发认识和营造乡村，才能让传统村落走向可持续的再生之路。

本书讨论的是传统乡村聚落的"人居"属性。传统乡村聚落是人类聚居实践与物质环境长期交融与互动的结果。在这一漫长的过程中，人与社群既是村落的设计者与建造者，也是村落的使用者，村落乃至村落外广大的农耕环境，构成了当地人世世代代生活的世界。在这一对辩证的关系里，人们既带有目的地营建着聚落，又被既有的环境"裹挟"着，在无意识中遵循着先人通过空间建立的"规

图 4　2013 年的韩岭村与 2017 年的韩岭村
（图片来源：笔者自摄）

定"[1]。特定地域的人居形式，在一代又一代的传承中，存续着当地人的聚居智慧。因此本书将人与村落环境作为乡村人居的一体两面，对传统乡村聚落进行整体考察，正如吴良镛先生在《中国人居史》中所说："人居由两大部分组成：一是人，包括个体的人和由人组成的社会；二是由自然的或人工的元素所组成的有形聚落及其周围环境。"[2]当视域从建成环境进一步扩大，从人居的主体"人"认识聚落，我们更能理解"当下"的传统村落作为地域社会生活发展过程的整体性价值，即千百年来生长衍化的"活态遗产"[3]。

　　本书以主体"人"的视角考察东钱湖域的传统村落，重点从渔业生产、宗族社会、信仰崇拜三类人居活动，分析东钱湖域村落三个维度的人居实践逻辑、空间组织规律与演化特征。进而以人居空间要素为线索，探索湖域传统村落的保护与再生策略，为此类乡村遗产"在地"的"内生式"保护提供依据。

[1] 和辻哲郎 . 风土 : 人间学的考察 [M]. 朱坤容，译 . 北京 : 东方出版社，2017.
[2] 吴良镛 . 中国人居史 [M]. 北京 : 中国建筑工业出版社，2014.
[3] 张松 . 作为人居形式的传统村落及其整体性保护 [J]. 城市规划学刊，2017(02):44-49.

第 1 章

■ 传统乡村聚落的人居属性

第一节　东钱湖域传统村落：浙东传统乡村人居典范

一、东钱湖域地理单元

本书研究的东钱湖位于宁波市东南，杭嘉湖宁绍平原的最东端。从古至今，东钱湖都是浙东[1]地区人居环境较为重要的湖泊。

东钱湖涉及四个概念。

一是水利工程"东钱湖"，包括东钱湖湖体及周边水利设施。从水利工程的角度，将东钱湖作为从古至今的水利设施进行工程技术与水文生态的研究。包括东钱湖作为农田水利的发展历史研究（陈桥驿等，1984；成岳冲，1991；熊元斌，1993），水利河网与城市发展的关联性研究（孟慧芳，2014），东钱湖水质调查与污染物评价（丁春梅，2006；程南宁，2007；潘双叶，2008；邢雅丽，2017），旅游业对水质的污染影响研究（朱坚，1999）。从流域防灾减灾及城镇的可持续发展来说明东钱湖作为水利工程的意义，依然是湖泊本身的基础功能，为本书从东乡乃至宁波平原宏观区域研究东钱湖提供了研究基础和资料依据。

二是双重行政管理单元"东钱湖"。"东钱湖旅游度假区"包括东钱湖镇、天童寺、阿育王寺、天童森林公园等地[2]；"东钱湖镇"面积为 136 平方千米，规划控制面积达 230 平方千米，人口为 4.49

---

[1] "浙东"是一个地域概念，在不同的研究对象和话语背景中，"浙东"或指涉不同的地域范围，存在"大浙东、中浙东、小浙东"三个层次。最大范围的"浙东"源于南宋"两浙路"的"两浙东路"，与"两浙西路"相对，以钱塘江为划分界限，下辖绍兴府、庆元府（今宁波）、台州、温州、处州（今丽水）、婺州（今金华）、衢州等七地。"中浙东"范围则是史学、文学与社会学界普遍认同的"浙东"文化地理范围，尤其以"清代浙东学派"的大本营宁绍地区为重点，既有的民居建筑研究也沿用了这一地域划分，即依据"各种文化形象的地理分布和地理差异"划分出的具有"浙东文化"共性的地区，包含绍兴、宁波、舟山全部以及台州大部，对应着浙江历史上的"越"地。最小范围的"小浙东"则是特指宁波及所辖各市县的范围，是从宁波人常以"浙东人"自居，而其他市地疏于使用这一概念的事实中提升出来的。本书中所指的"浙东"，与语言学中的"吴语方言区太湖片甬江小片"所对应的"小浙东"范围一致。

[2] 东钱湖旅游度假区 [EB/OL]. (2017-01-31)[2017-04-02]. https://baike.baidu.com/item/%E4%B8%9C%E9%92%B1%E6%B9%96%E6%97%85%E6%B8%B8%E5%BA%A6%E5%81%87%E5%8C%BA.

万，辖 2 个社区、4 个居民区、36 个行政村，镇政府驻莫枝村。从旅游度假区的开发建设角度出发，当前阶段对东钱湖整体开发策略与旅游发展的研究包括旅游度假区城乡发展策略（杨郁，2008；徐春红，2012；熊婷，2016；宁波市社会科学院课题组，2017），景观意象定位与景观项目体系构建（庄志民，2010；黄叶君，2012）、交通提升与慢行交通规划（陈毕新，2006；唐海伦，2013）等。正值国家大力发展第三产业之时，在东钱湖争创首批国家级旅游度假区的政策背景下，将东钱湖湖域环境作为旅游资源进行开发建设，成为近年来讨论的热点，因此这部分的研究成果最为丰富。但这部分研究大多数站在自上而下的角度，为政策制定和蓝图式发展提供依据，忽视了当地居民发出的声音，对东钱湖内涵理解与认知还有待深入挖掘。

三是地理单元"东钱湖湖域"，由自然地形包围与限定的内聚独立区域，北至平峨山、阳堂山、南山一线，西至剪刀山、下塔山、薛家山、奕大山、隐学山，南至百步剑、黄鱼头山、喷火田鸡山、太阳山一线，东至福泉山、天童山（图 1-1）。本书选择的"东钱湖域"即由东钱湖周边山体环绕形成的地理空间。东钱湖在其中具有明显的内聚作用，湖域的人居活动、聚落空间与东钱湖关系密切，是一个封闭独立、内部文化属性较为相似的地理单元。

将东钱湖湖域作为一个地域整体，目前在文史资料上已有一定积累。首先是史志类资料，包括历代地方志，如《鄞县志》《东钱湖志》以及《鄞县水利志》《鄞县土地志》《宁波农业史》等区域范围的专门志，以及东钱湖周边村镇自主编写的村志，如《前堰头村志》《殷家湾史》等。这类基础文献为本书对东钱湖域的历史研究提供依据，尤其是村志类资料，是传统村庄少有的历史信息，但由于大多数村落都没有编写村志，一些村庄的家族族谱成为村落历史信息的唯一文字依据。其次，是由东钱湖当地文化人士自主成立的"东钱湖历史文化协会"，长期编写出版的一系列记载历史、记忆地方的文献资料，包括《钱湖文史》（共 33 期）、《钱湖风韵》（杨海如，2016）、《东钱湖文化丛书》（共七册），这类地方性文史研究为本书研究湖域村落的形成分析、历史演化，提供了重要依据和历史考证。最后是地域社会（宗发旺，2011；张俊飞，2013）、地域生产（丁龙华，2014；郑建明，2007）、地域经济（成岳冲，1991、1994；洪贤兴，2005）、地域家族文化（戴仁柱，2014）等学术型研究，学者们站在自身的研究视角，对东钱湖域家族、历史、社会进行了若干个案研究，但尚未落脚在湖域人居环境的层面。

东钱湖湖域是一个完整而独立的人居环境，范围内的古村落在明清时期基本定型。根据民国二十四年（1935 年）《鄞县通志》文字记载，东钱湖镇行政范围内大约有 60 个自然村[1]。湖域范围内，与东钱湖关系密切的自然村约有 34 个，在人居历史与演化研究中均有涉及。当前，经过撤村并点、用地置换、新农村建设与农村社区改造，已经消失或正在消失的村庄有 22 个，包括青山、庙弄、陈野岙、擂鼓山、姜郎湾、高钱、梅湖、大慈、横街、上水、鸡山、沙家、范岙、马山、茶亭下、西山下、寨基、高湫堰、大堰头、周家、湖塘下、方边，这些村庄仅作为历史研究例证，不作为具体村落空间的分析样本。环湖尚存 12 个古村落，包括前堰头、下水、绿野、洋山、韩岭、象坎、郭家峙、陶公、建设、利民、殷湾、莫枝，是本书进行村落空间分析的重点对象（图 1-2）。其中陶公山三村（陶公、建设、利民）、韩岭已入选浙江省历史文化名村，殷湾、莫枝已入选宁波市历史文化名村，其余村庄为没有保护身份的普通村落。

---

[1] 张传保，汪焕章 . 鄞县通志 [M]. 宁波：鄞县通志馆，1935.

对东钱湖传统村落的研究包括对浙东地区古村落史的研究（邱枫，2011），对乡土建筑与聚落空间的研究（疏良仁，2009；程哲，2016），对东钱湖村落的保护与发展策略研究（于鲸，2014；程晓梅，2016；潘俊杰，2017）等。文物类尤其侧重对东钱湖石刻的研究，包括考古（陈锽，1998）、艺术文化价值（陈增弼，1997；吕斌，2008）、保护技术方法（傅亦民，2009）以及展示利用方式（陈安居，2012）。这些研究主要针对人居遗存的不同门类，片段式、地段式地进行了分析和整理，尚未建立起东钱湖域历史文化遗产的整体性认知。

图 1-1　东钱湖镇、东钱湖湖域、东钱湖体的空间边界
（图片来源：笔者自绘）

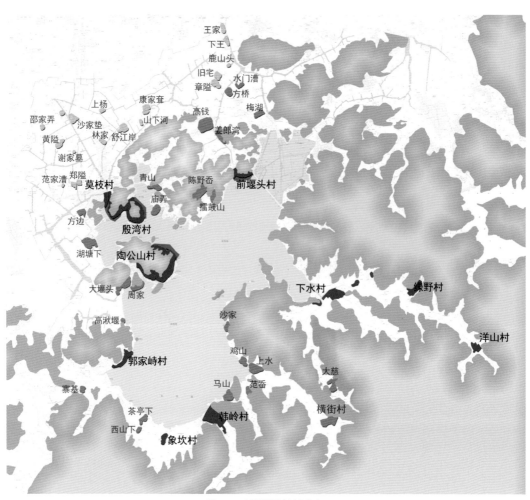

图 1-2　东钱湖湖域村庄分布
（图片来源：笔者自绘）

二、时间范畴与历史信息依据

历史研究为通史研究。根据东钱湖周边各家族族谱记载，在唐、宋、元、明、清与民国时期，均有家族迁入湖域定居，繁衍至今。因此研究的时间范围，以唐代东钱湖成湖之时为起点，直至当前。尤其选择唐代成湖、宋代史氏家族、明清外海渔业、民国民族工业与侨商等历史影响时期，为东钱湖人居环境演变的几个重要历史阶段。

在历史研究依据方面，湖域与村落空间的历史信息，来源于以下几个方面。

①文物保护对象。东钱湖周边的文保对象主要是寺庙宗祠类的公共建筑，以及墓道石刻等祭祀遗存。

②历史地图。现在所掌握的历史地图包括两类，一是最小范围的各历史时期县志中，鄞县县域舆情图，信息层级仅到湖域与县域体系层面，不能涉及村落层面；二是民国二十四年（1935 年）《鄞县通志》中的东钱湖勘测地图，是最早包含有村庄信息的历史勘测图。

③历史照片。主要是根据历史图片资料，整理出的在 19 世纪末至 20 世纪初由外国人拍摄的东钱湖实物照片，从相同地点、相同角度，可得出当地历史与当前情形的对比。

④现存民居等实物遗存。现存砖木民居基本是在砖混民居普及前建造的，或在原民居基础上不断更新修缮沿用至今的。根据现场调研，大部分木构民居建设年代都在中华人民共和国成立前，部分民居的外立面已经过改造，但其结构可追溯至明清。基本可推测近一两百年村落的建设状况，因此砖木结构民居是判断传统村落历史空间的依据之一。

⑤地名、文献等非实物历史信息。在历史演进过程中，许多历史实物已经消失，但地方志、古诗词、铭文碑刻中，尚保存有许多地名历史信息，可结合田野调查进一步推断。譬如陶公山一巷弄名称为"牌楼跟"，携带有牌楼位置的历史信息，并在村民的集体认知中世代流传，也是指代历史建筑物、构筑物空间位置的一种佐证。

⑥访谈调查、田野调查补充确认过的历史信息。乡村是本"无字书"，为获得充分的一手资料，本文运用人类学、社会学的"在地式"研究，大量历史研究、认知研究、记忆研究、空间研究依据，都来自田野调查。

实地踏勘：4 年内到东钱湖实地进行了约 30 次现场踏勘（表 1-1）。

访谈调查：村民访问、乡绅及乡贤访问、村领导访问、地方文化研究者访问。

问卷调查：收集不同的资料，兼顾定性与定量研究，试图从被研究者的角度，分析社会人群的认知发展和文化变迁。

表 1-1 历次田野调查总览

序号	调查时间	调查对象	调查方法	调查内容
1	2012 年 12 月	下水村	踏勘	下水村自然环境、人文环境与社会经济概况
2	2013 年 3 月	下水村	踏勘、访谈	下水村村庄建设现状与旅游服务发展现状调查，逐栋确定历史遗存与现实问题。与村民访谈，调查居住问题与历史信息
3	2013 年 6 月	下水村、绿野村、洋山村	文献收集、踏勘	史氏家族历史与族谱收集，与下水岙史氏家族遗迹相对应
4	2013 年 9 月	韩岭村	踏勘、访谈	韩岭村建设现状与历史信息调查，逐栋确定建筑历史信息
5	2013 年 12 月	韩岭村	踏勘、访谈、文献收集	韩岭村家族宅院信息、古道踏勘
6	2014 年 3 月	韩岭村	问卷	韩岭村发展意愿的民意调查、旅游发展现状
7	2014 年 5 月	东钱湖镇	访谈	对东钱湖历史文化研究会会长仇先生、副会长戴先生等老师，关于东钱湖历史信息与文化特色的访谈
8	2014 年 5 月	陶公山、殷湾村	踏勘、访谈	陶公山三村、殷湾村历史信息、家族信息、遗存信息的普查
9	2014 年 6 月	郭家峙村、前堰头村	踏勘、访谈	郭家峙村、前堰头村历史信息、家族信息、遗存信息的普查
10	2014 年 7 月	横街村、象坎村	踏勘、访谈	横街村、象坎村历史信息、家族信息、遗存信息的普查
11	2014 年 10 月	东钱湖镇政府	文献收集	旅游度假区发展定位、村庄发展与整治模式的调查
12	2014 年 11 月	韩岭村	踏勘	水街开发地块，历史建筑与历史环境信息的调查与归档

序号	调查时间	调查对象	调查方法	调查内容
13	2015 年 3 月	陶公村	踏勘、文献收集	陶公村历史文化名村自然环境、历史、发展脉络、家族信息、遗存建筑与构筑物、特色环境要素的详细调查，逐栋踏勘，确定历史建筑信息
14	2015 年 5 月	陶公村	问卷	陶公村村庄发展、村民民意与游客偏好、旅游服务发展现状、村民的村庄历史记忆调查
15	2015 年 7 月	宁波市图书馆	文献收集	鄞县史志信息文献资料收集
16	2015 年 10 月	东钱湖湖域	踏勘、文献收集	东钱湖史志文献资料收集，湖域信仰崇拜建筑调查
17	2016 年 3 月	建设村、利民村	踏勘	建设村、利民村历史文化名村自然环境、历史、发展脉络、家族信息、遗存建筑与构筑物、特色环境要素的详细调查，逐栋踏勘，确定历史建筑信息
18	2016 年 5 月	建设村、利民村	文献收集	建设村、利民村的家族族谱收集
19	2016 年 4 月	它山堰、东钱湖	踏勘、文献收集	宁波平原西乡与东乡水利工程考察
20	2016 年 11 月	建设村	踏勘	建设村巷道石板路历史信息调查与修复建议
21	2017 年 2 月	东钱湖湖域12 村	问卷、访谈	湖域村庄村二代回乡意愿、村庄历史记忆调查
22	2017 年 3 月	东钱湖湖域	踏勘	东钱湖旅游度假区已建设项目考察
23	2017 年 4 月	陶公村	踏勘	忻家家族祭祖活动调查
24	2017 年 5 月	莫枝渔业合作社建设村	访谈	对东钱湖渔业历史与现状信息的调查，对带动村庄自主发展的新乡贤的访谈
25	2017 年 10 月	陶公村	踏勘	陶公村忻家龙舟殿庙会游神活动调查
26	2017 年 10 月	利民村	踏勘	利民村曹家胡公祠庙会游神活动调查
27	2017 年 11 月	韩岭村	踏勘、访谈	开发后的韩岭村建设状况调查，当地居民对村庄开发的评价调查
28	2018 年 1 月	原上水村、原横街村	踏勘	村庄更新后的新建旅游项目调查
29	2018 年 3 月	建设村	访谈、考察	新乡贤带领下的乡村自主建设的阶段性成果调查

三、定义与内涵

1. 乡村人居环境

人居环境通常被界定为两种概念范畴，广义的人居环境是指人类生存聚居的环境，即与人的各种活动密切相关的地表空间；狭义的人居环境指人类的聚居活动空间，是与人类生存活动密切相关的地理空间[1]。乡村人居环境不仅仅是宅屋或聚落，它是让居住在此的人度过一生的地方。

---

[1] 张文忠，余建辉，李业锦，等 . 人居环境与居民空间行为 [M]. 北京 : 科学出版社,2015.

[2] 吴良镛 . 中国人居史 [M]. 北京 : 中国建筑工业出版社,2014.

广义上的人居环境泛指人类为了自身的生活而利用或营建的任何类型的场所[2]，是承载了人类文化、技术、艺术、生产、生活等一切要素的物质空间，同时也是呈现人类精神与物质活动的主体。而狭义上的人居环境，是对聚落学（human settlement）的另一种释义，涉及区域、城市、社区规划以及住宅设计等多个层面，包括人居研究的所有内容，包括乡村、集镇、城市等在内的所有人类聚居空间。

乡村人居环境与乡土聚落的概念类似，但又区别于纯粹意义上的聚落或村落。同为名词词组，前者为"主语从句＋主语"，即"乡村人类聚居的环境"，侧重于人居活动与环境之间的逻辑联系，后者为"定语＋主语"，即"乡土类型的人工聚落"，侧重于规定聚落的乡土属性。因此，乡村人居环境的语义范畴大于乡土聚落，是承载乡村人居所有活动的物质空间，涵盖建成环境与自然基地的总和。乡村人居环境的主体是"乡村人居"，客体是因主体形成的物质环境[1]。

本书中的人居环境，涵盖承载乡村人居活动的地域空间载体，即有关乡村人类聚居的一切生活生产空间。引用马克思的一句话：人的本质并不是单个人所固有的抽象物，在其现实性上，它是一切社会关系的综合[2]。那么人居就是围绕人居活动、人居社会与人居空间三者互动的综合，乡村人居环境包含了乡村人居活动与空间之间的一切联系。从家庭范围的日常生活，到家族范围的祭祀活动，再到聚落范围的公共活动，一日的生活、节气的变更、年度的事件以及一生的历程，都构成乡村生活的内涵，并以人居环境的显性呈现。本书从人居环境的视角研究东钱湖域传统村落，是以在一定地域空间内的人为主要对象，研究承载其生存活动、社会关系、生产生活、精神文化的物质空间载体。从"人居环境"的语义解读东钱湖，是对这片生长于山水间的理想住所的最好诠释。

2. 地理单元

本书的地理单元是一个空间实体概念，是由自然地理要素作为边界，分割或围合出的区域范围。单元内的语言符号、宗教信仰、生活习惯、生产规律、聚落空间形态，形成了稳定的社会生态系统。平原、盆地、山岙、流域、古道等地理形态，都容易形成地理单元。地理单元形态受空间要素限定，块形、带形、线形单元均有存在。盆地型单元多为块形，如四川盆地、宁波平原；流域平原多为带形，如汾河平原（汾河）、宁绍平原（钱塘江、曹娥江、姚江、奉化江、甬江）；古道、防御型单元多为线形，如滇藏茶马古道、太行八陉古道。本书的研究对象东钱湖，就是一个由山体围合而成的盆地型块状地理单元，由于它的独立性与内向性，研究限于这个地理单元之内进行。

3. 空间层次

基于不同的地域范围和人居群体，吴良镛先生提出人居环境的研究对象包括城市、集镇、乡村等各空间尺度、不同层次的人居聚落。由于东钱湖本身具有湖泊、水利工程、乡村地区、地理单元等多重内涵，从大的区域范围看，东钱湖是宁波平原人居环境的组成部分；从小的湖域角度看，其本身是一个浑然天成、独立封闭、自成一体的人居单元；从更小的村落层次来看，湖畔的传统村庄是村民们日常的聚居单元。因此，本书将从宁波市域、东乡区域、东钱湖湖域与环湖乡村四个空间层面，解析东钱湖与湖域村庄的形成过程。

[1] 李伯华 . 农户空间行为变迁与乡村人居环境优化研究 [M]. 北京 : 科学出版社 ,2014.

[2] 马克思，恩格斯 . 马克思恩格斯选集 [M]. 中共中央马克思恩格斯列宁斯大林著作编译局，译 . 北京 : 人民出版社 ,1972.

4. 传统村落

传统村落有特指与泛指之别。

作为专有名词的"传统村落"特指"中国传统村落"名录，由四部委从 2013 年开始遴选颁布，东钱湖湖域尚无"中国传统村落"名录村落。

而广义的传统村落泛指那些历史悠久，并具有一定传统风貌的乡村聚落，与俗语中的"古村落""老村"意义相似。围绕这一对象，不同的学科、部门，对其定义各有侧重。在村落地理学角度，以农村而言，通常可由数户至数百户的几组，以及他们的房舍，集合形成一村，所以人们能够拥有相当复杂的生活内容。至于生产活动方面，聚落是经营农、林、渔业与工商业的地方，也可以是公共服务的中心[1]。人文地理学对乡村的定义为：土地联系紧密，人口集团较小，主要依靠农、林、牧、渔等的第一产业生活的地域社会[2]。社会学对乡村的定义为：乡村是社会与文化的综合单元，是地域性聚居形态，通常是各个家屋的集合，以附着在土地的生业为基础，居民相互熟知。并且，乡村地域具有世代相承的性质，亲属纽带在其中发挥主要作用，具有封闭性与自律性的生活与文化特征[3]。

村落是乡村聚落的简称，是携带乡村属性的人类的聚居空间，与城市相应。乡村属性体现在，其居民主要从事农业生产，呈现为一种分散的地理景观。村落的定义，根据研究者视角而有所不同，各有侧重。地理学侧重空间形态与景观感受，偏向"聚落"的概念；而社会学则侧重聚落的组织形态、生产关系与人际联系，以及社会与文化在其中发挥的主要作用，侧重于"乡村"的概念。综合来看，村落是"区域"与"社会"的统一体。一座村落往往就是一个某种层次上的生活圈、文化圈、经济圈和活生生的小社会[4]。

本书中的传统村落，泛指历史悠久、传统风貌局部尚存的古村，包括国家先后颁布的典型村落（历史文化名村、中国传统村落）以及非典型传统村落。其他在原址上重新规划、完全更新的农村，不在本书的讨论范围。本书行文中所出现的"古村""老村""乡村""村落""村庄""乡村聚落"等词与"传统村落"表达同一含义。

四、价值与意义

1. 对乡村人居环境理论的补充与诠释

在人居环境科学系统中，地理学、城乡规划学与建筑学的许多学者选择特定区域，从大型城市聚落到小型乡村聚落形成的地理文化单元，从聚落形成机制、文化地理变迁、生态环境评价、人居环境建设等众多视角，进行了不同层次的人居聚落研究。这些研究基本围绕人居环境系统中的人系统、自然系统、社会系统、居住系统及支撑系统中的一种或多种系统要素，进一步拓展人居环境建设与发展的理论和实践。

---

[1] 陈芳惠. 村落地理学 [M]. 台北：五南图书出版公司,1984.

[2] 张文奎. 人文地理学词典 [M]. 西安：陕西人民出版社,1990.

[3] 彭克宏. 社会科学大词典 [M]. 北京：中国国际广播出版社,1989.

[4] 陈志华. 村落 [M]. 北京：生活·读书·新知三联书店,2008.

我国传统村落大多生长于山水间，受农业活动、家族礼制等多种因素影响，村落空间无不体现着天、地、人相互依存、相互融合的自然观和传统文化观，完美诠释了人居环境整体性与内部要素相互关联的思想。本书受人居环境理论中整体性、系统性观点的影响，试图从人类系统、自然系统、社会系统与居住系统的关联视角，研究东钱湖湖域的传统乡村人居环境。受人文地理学实证主义观点的启发，将客观空间看作只有通过与主观"人"物质的、精神的互动，才能够感知到的，承载其生存活动的世界。并进一步运用心理学中的需求层次理论，划分出三个层次的人居活动，从而分析与之相关的传统村落空间。

本书选取的研究思路，是站在人居环境的语境中分析东钱湖湖域传统村落空间，为了印证乡村人居环境的整体性与生动性，选择用人文地理学中生活世界的概念，将聚落本身看作人居活动与空间互动的结果，并运用需求层次作为人居活动的分类依据，观察分析与之互动的空间特征与类型。人居活动与村落空间共同构成了东钱湖湖域的传统乡村人居环境。这种将"人"还原到"空间"当中，并侧重人居活动与传统村落关联性的研究视角，补充和丰富了人居环境研究的相关理论和观点。

2. 为传统乡村人居环境的保护实践提供依据

长期以来，我国的乡村遗产保护隶属城乡历史文化遗产保护体系，受行政管理部门主导，并由各层级地方政府负责保护规划的编制，具体组织部署各项保护实施项目。这种自上而下的保护制度，主要建立在对乡村物质遗存价值评价之上，保护对象以名录中的历史文化名村、中国传统村落为主，保护措施主要针对个体建筑、院落或街巷立面进行统一的整修或重建。在这种背景下，传统乡村物质空间的保护质量完全取决于设计者的认知与情怀，以及施工人员的审美与技术水平。若保护工作未能深入梳理乡村聚落的生成逻辑和演化规律，把握乡建的在场性、本土化特征，实则是对村庄空间的一次破坏。

本书以东钱湖域传统村落为案例，以环湖乡村传统人居活动的历史演化与变迁为线索，建构起一个完整的人居环境单元，详细论述了人与自然、人与社会、人与自我之间的相处方式，并以其与村落空间的关联性来体现，既强调地域文化的整体性，又注重村落之间的关联性，以及各个村落的独特性。本书以人居活动的变与不变为出发点，探讨传统聚落空间的变化机制与遗存原因，并基于发展变迁与乡村活力可持续的角度，针对不同聚居形态的村庄提出精准保护的对策，为东钱湖域传统村落的保护实践提供依据。

第二节　乡村人居实践与乡村人居环境

一、乡村人居环境的乡土属性

从东钱湖东岸的韩岭村看西岸的村庄，郭家峙、陶公山、大堰几个古村，以一种极为谦逊、低调的姿态，紧挨着湖水，隐没于山脚，和背景中的城市形成鲜明对比（图1-3）。在人居环境系统中，城市人居环境与乡村人居环境构成两大子集。城市与乡村基于两种社会经济规律与生存法则，外化为两种差异化的物质形态。城市人居环境往往基于商贸、政治、防御等目的，摆脱了对土地的依赖，从空间上呈现出集约化、制度化的人工印记。在"天人合一""适形而止"的建造规律指导下，乡村人

图 1-3　湖畔渔村与背景中的宁波新城
（图片来源：戴善祥摄）

居环境呈现出与城市景观完全相异的乡村性特征，乡村社会与经济蕴含着附着于土地的乡土特质，使乡村人居环境从空间上呈现出可识别的乡村性特点。

这种空间层面的乡土属性，从生长性、缓慢性与有机性三个方面体现。其中，生长性是指不规则村落空间的形成原因，包括山水联系、格局肌理，缓慢性描述的是其空间演化的历时状态，有机性是指其形成演化的关联逻辑，侧重于看不见的空间生成机制。

1. 传统乡村聚落是在特定文化基因的传递下生长形成的，具有与生命体相似的生长特质

乡村聚落是一种物质环境，但绝不仅限于物质环境，它是农耕文明的产物，与农作物一样，是从天地间生长出来的。这种类似生命生长的特质，不仅限于人工建设数量或面积由小到大的过程，更侧重表现在这种现象之下，人类活动与基地环境之间相互作用的过程。人类适应环境、改造环境，通过不断调整生存需要与居住方式，促进乡村人居环境整体的协调共同（生）发展[1]，使得乡村 - 自然环境中谦逊的人工筑迹。在可持续存在中，人居呈现类型日益丰富、功能日趋完善的生长效果，最终呈现出从特定的自然中产生的、具有独特形式和人居个性的聚落，而不是经过"设计"的、整齐划一、毫无性格、僵死的人工产品。

乡村人居环境的生长性，体现为亲本基因的传递和复制，类似于生命体的遗传特质。生长在一定区域中的村庄个体，永远携带有相似亲本基因，包括隐性文化基因的传递，与显性形态基因的复制（图

---

[1] 李宁 . 建筑聚落介入基地环境的适宜性研究 [M]. 南京 : 东南大学出版社 ,2009.

1-4）。从显性层面来看，在一定地域范围内，难以证实哪一个村庄是最初的"母本"，哪一些是经过复制的"后代"，找不到严格意义上的亲本"原型"。实质上，"母本"是一种形而上的经验模式，往往受到自然背景、历史积淀、政治制度、文化习俗等多种因素的影响，成为一定时期内集体意识所创造的既定社会规则。这种"约定俗成"的先验范式，正是乡村人居环境的隐性文化基因。它像一颗种子，决定着乡村的显性形态，并随着时间的推进，进行着一种对经验的"实践"，因而一定地域内，无数的乡村个体，呈现出相似的、均质的形态规律。

同样，乡村人居环境的生长性，也体现为跟随着时空变化的变迁过程，类似于生命体的进化特质。同一聚居群体，迁徙到其他的地域，居住形态也发生适应性转变。正如"橘生淮南则为橘，生于淮北则为枳"，乡村人居环境的演化，是主体人主动适应生存需求、改造自然环境的结果。因此，生长性造就了村庄的个性，江南的水乡、贵州的苗寨、福建的围屋，民居受地域文化的影响，生长出形态各异的聚落景观。

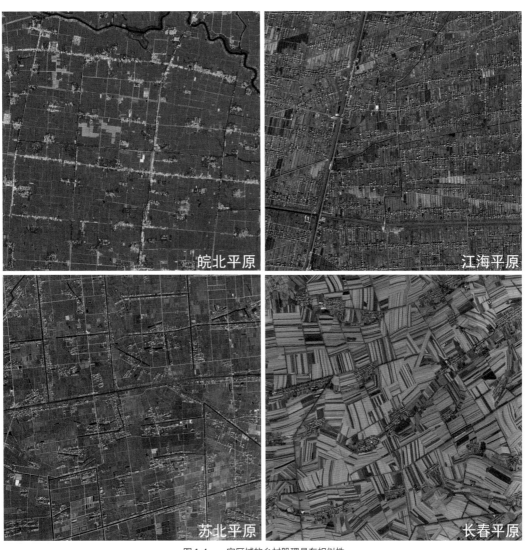

图 1-4　一定区域的乡村肌理具有相似性
（图片来源：google 卫星图）

2. 乡村聚落与人居环境的形成与变化速度是缓慢的

与权力、资本、战争等外界事件的介入性影响相比，在小农经济的主导下，乡村自身的内生性变化是极为微弱的，乡村人居环境长期处于一种缓慢的生长状态。乡村人居环境变迁的过程大致包含两个阶段，一个阶段是生长到成形的聚落扩张过程，可概括为形成阶段。与"一年成聚、两年成邑、三年成都"[1] 的中国传统建制城市相比，乡村并非三五年一蹴而就形成。乡村随着人口与居住需求的增加，人居的实体空间不断增长。空间增长的速度，随着人口的自然增长速度而定，空间增长的限度，受到土地资源与生产力制约。乡村的起始状态往往不得而知，想要在村落中找出聚落的起点，是非常艰难的。但乡村缓慢生长到一定阶段，正是经过漫长的历史进程、缓慢生长的结果。另一个阶段是达到饱和形态后，村庄内部更新演进的阶段，乃至当下状态。这一阶段的乡村并非是静态的，而是长期处于缓慢的自我更新的动态过程。只是与"每天不一样"的城市相比，大部分围绕着农业生产、遵循自然规则的乡村，千百年呈现的都是一个模样。

这种历史演进的长期状态，是乡村生长动力机制的外在表现。生长的动力来源于乡村内在与外界环境之间的能量与物质交换，人们从自然界中获取资源，制造工具，利用水、阳光、空气和风，运用作物规律进行狩猎耕种而获得产品，再回馈于自然，为来年生长储蓄能量。如同植物从土壤中生长，腐败的叶片又回到自然滋养土壤，形成能量的交换与循环，保持生命的持续生长。在这里，与自然界的能量交换是客观的，不由人的主观意志而决定，不随着人的意愿而转变，生活生产节奏跟随的是自然时间。人们不需要向外索取资源，而是需要掌握争取丰收的农艺和园艺；也无须培养商战技巧，而是企盼风调雨顺，营造人和的环境。

缓慢生长还来源于自给自足的小农经济。以家庭为单元的生活生产模式，农业与家庭手工业相结合的精耕细作，农耕文明带来封建社会发展的缓慢性与长期状态，使得乡村人居环境长期保持稳定、保守、封闭。从整体历史演进的角度，在中国传统的帝国时期，朝代的更替并没有造成政体的变化，执政者的出身、民族都不对帝国的运营产生本质性的影响[2]。《管子·权修》中说："地之守在城，城之守在兵，兵之守在人，人之守在粟，故地不辟，则城不固。"这种以农业为根基的治国理念，只要不发生大的战争，社会经济体制不变，政权的更替、权力的变化并不会波及老百姓的生活。因此，只要不发生大范围、长时间的战争，大部分的中国乡村保持了生长的连贯性。历史上，哪怕是兵家必争之地——山西省的许多村庄都可追溯到新石器时期，如晋南的丁村、光村，都有着近 3000 年的历史；晚则始于唐宋，如晋东南的尉迟村、窦庄村，都有着 1000 年左右的历史。

此外，这种稳定性还体现在另一个层面，乡土基因本身就具有趋于稳定的偏好。乡村社会的基本节奏是代的相继，它使时间的连续性具有意义，这种时间的连续性是由连续不断的更新构成的[3]。乡土生活是建立在经验传承上的，在代际相承的世态背景下，人们对于未知的生活没有把握，只要能够延续生存状态，选择有把握的生活是一种本能，因为稳妥和安定至少能保证家族利益不受损害。因此

---

[1] 引自《史记·五帝本纪》。
[2] 王瑞来. 写意黄公望——由宋入元：一个人折射的大时代 [J]. 国际社会科学杂志（中文版),2011(04):57-68.
[3] 孟德拉斯. 农民的终结 [M]. 李培林，译. 北京：社会科学文献出版社，2010.

在城市和文明在旧世界不断扩延的年代里，农民土生土长，一辈子生在什么地方，最后是死在同一个地方，不迁不移、不进不退[1]。

3. 乡村人居环境具有人地相互依存的有机关联

《黄帝宅经》认为"宅以形势为身体，以泉水为血脉，以土地为皮肉，以草木为毛发，以舍屋为衣服，以门户为冠带，若如斯，是事严雅，乃为上吉。"[2] 这段话中的主体房宅，并非单一的人工产品，而被形容为一个有血、有肉、有衣装的人，是自然资源和人力智慧有机结合的产物。有机性，就是指乡村人居环境中，人、人工产品、自然环境的各个要素之间，从物质形态、行为功能与认知情感三个层面，建立起相互依存、互惠共生的紧密关联。

从物质空间层面表现为形态的耦合关联。乡村人居环境属于低强度的积聚，呈现出附着于土地的扁平化人居景观，明显区别于高密度、集约式的城市景观。城市是人工产物，在有限的建设区域内，通过不断的技术进步，克服了重力、风、交通等不利因素，建筑一次次向更高的高空挺进，展现出对自然界强势的征服欲。而乡村景观是建立在农业景观之上的复合系统，聚落附着在土地上，随着山坡的起伏而起伏，顺着水岸线的走向而蜿蜒，山水地貌和人工聚落之间形成空间形态的融合。植被、动物、气候、水源、土壤等自然环境或景观的比例，远远超过人工筑迹的比例。这种低强度的积聚，以及其背后缓慢的生活和生产状态，为人居提供了许多进退自如的空间，体现出的是农耕文明中朴素而智慧的生态观与自然观。正如陶渊明笔下的"方宅十余亩，草屋八九间。榆柳荫后檐，桃李罗堂前。暖暖远人村，依依墟里烟。狗吠深巷中，鸡鸣桑树颠"所体现的田园乡居精神。

从功能层面表现为行为活动的因果关联。乡村人居环境是一定地域内，人类赖以生存的自然环境与人工筑迹的总和，地域内的农田、村庄、屋舍、桥梁、坟墓等，都是实现各项现实活动的场所。"有用"的空间从客观自然中"析出"，进入人居环境的内容，是居住在此的乡民"有目的"地选择的结果。人们从最初利用自然地形的山体沟渠庇护，利用水体饮用、灌溉，继而改造环境定居生产，利用土地耕种，建造房宅居住，再上升到精神层面，建宗祠以祭祀，造神庙以祈福，甚至自然中的山水都被象形化后，进入具有教化作用的神性传说。这一系列空间所蕴含的功能，贯穿了人居从基本的生存生产需求，到精神教化等各个层面的需求。空间背后的功能关联性，源于人居行为活动的习惯，本质上为"行为—空间"的因果关联。正如侗族古歌中对村寨的生动比喻，"村是根来寨是窝，鱼靠水养村靠坡。村离山坡要枯死，人离村寨不能活"[3]，体现出人对环境的关联与依存关系。

从认知层面表现为情感的附着关联。从人的角度，村落就是村民的整个世界，村民们世世代代、生生死死，都在一个环境里轮回，生命、生活、情感以及归属认知都附着在这一片小天地中。乡村作为载体和寄托，承载了此地人的乡愁，以及隐含在人们潜意识里的恋地情结，尤其是中国人骨子里所背负的家族责任与义务[4]，使得乡愁中对"家园"的依恋比"地方""民族"与"国家"的思念更强[5]，并且往往是一种"不在场"的情感。特别是对于那些远离家乡的人，随着与家乡之间时间与空间距离

[1] 芮德菲尔德. 农民社会与文化：人类学对文明的一种诠释 [M]. 王莹, 译. 北京：中国社会科学出版社, 2013.
[2] 引自《皇帝宅经》。
[3] 季诚迁. 古村落非物质文化遗产保护研究——以肇兴侗寨为个案 [D]. 北京：中央民族大学, 2011.
[4] 邓晓芒. 中西人生观念之比较 [J]. 湖南社会科学, 2001(03):112-116.
[5] 陆邵明. 乡愁的时空意象及其对城镇人文复兴的启示 [J]. 现代城市研究, 2016(08):2-10.

的加剧，愈发强烈。正如海德格尔援引奥地利诗人里尔克去世前夕写的一封信："对于我们祖父母而言，一所'房子'，一口'井'，一座熟悉的塔，甚至他们自己的衣服和他们的大衣，都还具有无穷的意味，无限的亲切——几乎每一事物，都是他们在其中发现人性的东西与加进人性的东西的容器。"[1] 此时的乡村，成为人们主观世界里，集体记忆中的场景与符号，以及个体对过往经历和最终归属的眷恋。此外，中国传统文化中"天人合一"的思想理念与价值追求，已成为中国人的集体无意识的文化自觉，这与人本主义地理学中的地方感知、地理学的人情、恋地情结等观点有着某种相同的旨趣[2]。至此，作为主体的人，从功利的物质生活，重新走向追求美、理想等感性世界中，真正去追求有意义的诗兴栖居。

因此，在人居环境的层级体系里，乡村聚落虽然是规模最小的聚居层级，但综合性地代表了中国传统文化的内核，呈现出一种天地人的整体和谐。而这种整体性，不仅体现在以上内在文化的平行内涵中，更体现在乡村空间的创造和产生过程中，人与空间之间物质、社会、精神的有机关联。

二、乡村人居实践的基本特征

1. 自然特征：天地钟

传统乡村的时空观念，是以天地为法则的自然观，时间上以农耕制度为周期，空间上以耕作区域为差异，与工业活动中被人为分离、用时钟标注的生活节奏相差异。是一种无始无终的循环状态，就像自然界中的植物一样，从种子生长、长大，繁殖直至消亡，种子再生长，子子孙孙无穷尽也。无论是天、季节、年度或代，所有这些时间单位都是一些前后相继的、纠缠在一起的，总是以同一面目重复出现的"整体"[3]。遵循天地钟，在自然生态结构中找寻稳定的变迁与生长节奏，就是乡村人居身体节奏所感知、积累、延续的时空经验。正如《呼兰河传》里说的，"春夏秋冬，一年四季来回循环地走，那是自古也就这样的了。风霜雨雪，受得住的就过去了，受不住的，就寻求着自然的结果。"

农民以农业生产为生。在长期的实践中，人们总结出的农业生产规律，即"天""地""人"三者和谐一致的自然规律，《吕氏春秋》中"夫稼，为之者人也，生之者地也，养之者天也"，明确提出天、地、人是农业生产的三个因素[4]，《浦泖农咨》则补充："农之为道，习天时、审土宜、辨物性，而后可以为良农"[5]，发展为天、地、物三方面结合的三宜原则。农事之中，人虽是劳动行为的主体，但土地与气候条件决定农事对象，季节与时令决定农事阶段，作物习性决定农事方法，无论是生长的环境，抑或生产的产品，都需要遵循自然的规律。只有天时地利的条件，掌握物种习性，不违农时抢季节，才得以获得农业的丰收。

天地钟的"天"，是一种时间概念，规定着乡村人居的生活时间。在农民的概念中，没有几点几分的"时刻"概念，而是有不均等、不同质的"时段"概念。这种观念中的"时段"，从自然生态之中来，是

[1] 海德格尔 . 诗·语言·思 [M]. 彭富春，译 . 北京 : 文化艺术出版社 ,1990.

[2] 潘晟 . 宋代地理学的观念、体系与知识兴趣 [M]. 北京 : 商务印书馆 ,2014.

[3] 孟德拉斯 . 农民的终结 [M]. 李培林，译 . 北京 : 社会科学文献出版社 ,2010.

[4] 白寿彝 . 中国通史（第 3 卷）：上古时代（上）[M]. 上海 : 上海人民出版社 ,2015.

[5] 马克伟 . 土地大辞典 [M]. 长春 : 长春出版社 ,1991.

对自然事物和事件，变化与运动的细微体察、认知的结果[1]。先秦时期民间流传的《击壤歌》中说："日出而作，日入而息，凿井而饮，耕田而食。"天地规定生活习惯，"鸡鸣"则起，"日照当头"小憩，"天黑"即归，遵循这种生物节奏，人们和猪狗牛羊的作息是一致的，与自然共息是传统农耕的生活图景。我国农业历法的二十四节气，源于地球在太阳轨道运行的二十四个不同的位置，日照最高、时间最长的一天为"夏至"，日照最低时间最短的一天为"冬至"，"雨水"表示雨水逐渐增多，"惊蛰"表示地里的昆虫开始苏醒……这些天地间的自然规律，与农产品生长习性密切相关，"惊蛰不耕田，不会打算盘""立秋十八日，百草结籽粒"等，农民耕田、播种、收割，以及种树、养蚕、放牧，都以节气为参照，指导农事活动[2]（图1-5）。

天地钟的"地"，是一种地理概念，各地的土地条件、环境条件，规定着各地的生活与劳作规律。作为"地方性的艺术"[3]，是一种内向的专门化产业，劳动方式具有地域性特征。《晏子春秋》中说"橘"与"枳"，"叶徒相似，其实味不同。所以然者何？水土异也。"表达了古代农民从生产经验中，观察总结出的物态变化与地理环境的关系。

即使是在同一地域，不同区位、坡度、高度的地方，适宜的物产都不尽相同。如《鄞县通志》中所述，民国时期宁波东钱湖所在的鄞县土地价格分三等，"上田、中田、下田"的地价与出产的物产价格成正比，也与明代《农政全书》中的土地品质分类一致。可见农事之中，人虽是劳动行为的主体，但土地与气候条件决定农事对象，季节与时令决定农事阶段，作物习性决定农事方法，生长环境与生产过程都需要遵循自然规律。

天地钟还具有主体"人"——全生命周期的特点。传统乡村社会里，"直接靠农业来谋生的人是黏着在土地上的"[4]，许多人从出生到死亡，一辈子都没有离开过自己生活的地方，居住在此的人，是生长在村庄和土地上的。这种"从一而终"的生活，使得乡村容纳了与生活相关的所有空间。因此，乡村是一个无形的人生概念，与人相关的生活、生产、情感等各方面的需求，都能在乡村中找到人居生活与行为的反映。乡村既有承载着世俗生活的日常空间，居住的住宅、耕种的农田、生产的晒场、养殖动物的圈栏、提供休息的路亭等；也有承

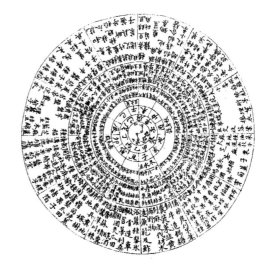

图 1-5　农业授时图
（图片来源：《农政全书》，https://ctext.org/library.pl?if=en&remap=gb&file=54326&page=43#box(360,412,0,2)）

[1] 张柠. 土地的黄昏：中国乡村经验的微观权力分析 [M]. 北京：东方出版社,2005.

[2] 冉学溱. 历法·节气·传统节日 [M]. 重庆：重庆出版社,1984.

[3] 孟德拉斯. 农民的终结 [M]. 李培林，译. 北京：社会科学文献出版社,2010.

[4] 费孝通. 乡土中国 [M]. 北京：人民出版社,2008.

载着精神生活的信仰空间，如家族宗祠与家墓、佛家的寺庵、本土的人神庙宇等（图1-6）。

而在若干村庄中，会有一个核心村庄，往往依托交通优势，形成市镇，提供商品贸易，也就成了乡村地区的核心，对于大部分村庄的村民，去一趟集镇，可能就是最远的出行。人类或适应或改变环境，以达到让自身生存、发展甚至诗意地栖居的目的。纵观整个乡村聚落，所有门类的要素，都能在以村庄为核心的步行区间内到达，构成了一个综合的人居单元。

根据住在东钱湖陶公村的一位忻姓老年女性的口述：

"我出生在陶公山，一辈子都没有离开过这里，现在子女们都去宁波生活了，我不想去。我去过最远的地方就是莫枝（离陶公最近的市镇）。我哪里都不想去，害怕出去了就找不到回来的路了。"

2. 生物特征：血缘链

血缘链是社群中与生俱来的生物性关系，是扎根于生物潜意识中的基本社会联系[1]。基因包括人种、肤色等与生俱来的体质特征，以及语言、图腾、宗教仪式等文化特征，二者都是早期氏族部落中，携有族性认同特质的显性符号[2]。它不同于可选择的契约关系，而是一种与生俱来的凝固属性，不会随着时间的推演而消亡，也不会随着环境改变而断裂。作为生物界的一员，由血缘链形成的原始人类族群，与动物具有同样的群居习性，构成早期聚落的人居主体，形成族群聚居模式。血缘链先于民族国家的

图1-6　全人生周期的下水村域
（图片来源：笔者自绘）

[1] 季国清. 利维坦的灵魂 [M]. 哈尔滨：黑龙江人民出版社, 2006.

[2] 张剑峰. 族群认同探析 [J]. 学术探索, 2007(1):98-102.

存在，是人类群居的基础，也是任何一种社会结构、制度、文化的基石。

其一，血缘链构建起一个长老统治、近亲远疏的人伦格局，至今仍是我国大部分传统村落的社会内核。家族里的长者通常掌握着族内团体活动的话语权，组织祭祀，修纂家谱、家庙之类的公共事务，均由族长统筹安排，甚至晚辈嫁娶、新生儿取名，都需经过族长的同意认可。

其三，血脉有向下与向上两种关联，向上为追溯，向下为延续，这两种联系都源于人类的生物本性。社会群体内部的物质财产、责任义务等，都依托血缘社会秩序进行继承、分配和传递。由此衍生出血缘社会中的行为规范、传统习惯、财产名分以及地位的传递方式，由此衍生出更高层次的宗族社会制度与管理机制，即人居活动的社会性（图1-7）。

其三，血缘是族群身份的认定基础，只有通过出生和婚姻两种方式建立，其他人无论如何亲近，都只是"外人"的身份，难融入他人的族群中。而在血缘共同体中的成员，无论你是否承认有某个"穷亲戚"，哪怕从小没有见过面，当他处于危难之时，作为有血脉相连的"自家人"，都有帮助的责任和义务，否则就会受到道义的谴责。这种凝固的血缘意识伴随乡村生活的点点滴滴，并指导着人们的行为逻辑。年幼的婴儿对母体的依赖，年长的老人对故土的眷恋，便是抛开一切社会联系之后，最基础、本能的行为驱动力，回答着人们内心深处"我是谁？""我从哪里来？"等终极问题。在抛去名利生死之后，作为血缘链中的一环，家族身份才是亘古不变的"存在"之意义。

我曾在东钱湖陶公山忻家采访过一位中年忻氏族人。他祖居陶公山，但从爷爷辈起就已迁至宁波市区，他从小也不曾在此生活，只是逢年过节回到陶公山祭祖访亲。直至去年退休后，他毅然拒绝了其他返聘工作的机会，回到忻氏宗祠，参与家族祭祀、游神、编纂家谱等工作。"退休了就不谈职位了，我只想回到家乡，为家族做点事情，毕竟自己的根在这里……虽然家乡已经没有自己的房屋和田地，但宗祠所承载的血脉关系，是自己最终的归宿。"

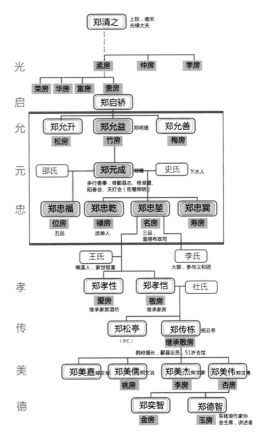

图1-7　东钱湖郑氏家族族谱
（图片来源：《钱湖名村》）

3. 社会特征：制度圈

族群活动发展到更高层次，为了维护血缘共同体的存在和利益，衍生出一套宗族社会的组织系统，包括权力核心与身份差异、行为规范与道德要求、劳作分工与经济分配、祭祀仪礼与信仰崇拜等[1]。在封建历史时期，我国的广大民间地区，受当时皇家中央集权政体的约束和影响，形成了以血缘为联系，依托国家（地方）监控（保甲制）、家族自治的制度管理单元。即使到了当前阶段，虽然国家基层行政架构已成为乡村组织的核心，但乡村宗族力量仍从文化习惯、道德行为上，规范着人们的言行举止甚至思想观念。在传统的封建社会，"中国乡村是这个帝国的缩影"[2]，不受皇权管制的乡村，并不影响这个社会的秩序，因为乡土社会是"礼治"的社会[3]。所谓"家国天下"的理念，正寓意家族管理是国家权力模式在基层的延伸，是实现乡村自治的重要依据。

制度圈具有社会的规定作用，是宗族制度下的社会组织工具。家族共同体构成了传统乡村社会组织中的基本单元，通过宗族制度，将亲人固定在一方水土，人们的经济、社会、文化活动，基本上都被宗族制度所限定，每个人都在这一宗族制度的"圈"中生活。在这一庞大的组织"圈"中，它用情礼之"法"，规定着家族中的每个人，具有怎样的责任和义务，以及应按照怎样的规则去生活。其一，制度圈规定了家族共同体如何建立、维持、发展家族利益，以家族利益为价值判断的基础和标准，采纳、推行一切有利于家族的事务和行为[4]，反之，若是个人选择违背或损害了家族利益，则会被家法严惩，受到道义人格的指责，甚至被逐出家门。其二，制度圈限定了交往半径与亲疏差别，相对于聚落团体中的每个成员，其他成员都是或近或远的亲戚关系，并以个人为中心推衍出去，呈现出近亲远疏的差序格局[3]。在日常相处中，以男性为主干亲缘关系，长幼有上下之别，同辈之间也有堂、姑、姨的内外之分，严格区分出人与己的关系程度。这也就导致不同语境下，家的社会关联差异，并直接投射到聚居空间的远近秩序之中。其三，制度圈依靠礼治秩序维持其稳定和谐的管理单元[3]，做人标准、行为规范，并非出自法律条文，而源自印刻在宗祠上的族规家训，譬如富者有义务为家族多资助储备，以备在贫者升学、治病时给予帮助。

宗族社会是中国传统文化核心——宗法制度以及儒家伦理思想，在几千年的潜移默化中，从世家大族过渡到平民百姓，形成的民族潜意识[4]。宗族理念涵括了血统、身份、仪式、宗教、伦理和法律等诸多要素，在物质上提供公共福利和安全保障，在管理上组织与协调生产生活，在精神上满足了人们对自身历史感和归属感的深刻追求[5]。尽管这种传统性，逐渐被城市化、工业化与现代化瓦解，但在广大的乡村地区，宗法制度仍然影响着习俗、生活、社会关系等生活的方方面面。宗法制度从社会关系上，将血缘族群组织到一起，将零散的个体凝聚成共同体。即使在经济活动和社会生活已进入现代化与网络化的今天，宗族的意义，已从过去制度管理的社会功能，转变为人们的潜意识、性格气质乃至行为举止，甚至更深层次——记忆归属与文化认同的意义，这也是新时期，重新提倡家风教育的作用和意义。

---

[1] 周远廉，孙文良. 中国通史（17）第十卷：中古时代·清时期（上）[M]. 上海：上海人民出版社，2015.

[2] 明恩溥. 中国的乡村生活 [M]. 陈午晴，唐军，译. 北京：电子工业出版社，2012.

[3] 费孝通. 乡土中国 [M]. 北京：人民出版社，2008.

[4] 徐杰舜，刘冰清. 乡村人类学 [M]. 银川：宁夏人民出版社，2012.

[5] 周大鸣. 当代华南的宗族与社会 [M]. 哈尔滨：黑龙江人民出版社，2003.

三、从人居出发的聚落空间研究

严格意义上来说，对某一个或某一类群体的人居活动研究，属于人类学研究的内容。人类学研究者从一个客观的视角，将人类活动作为一种具体的对象，研究人们的行为、信仰、习惯和社会组织科学，集中在对行为样式——文化因素的研究，属于非物质的软科学体系[1]。乡村人类学作为人类学的一个分支，与城市文化研究相对应，侧重研究乡村地区农业生产和农业社会群体。其中对中国人类学研究，最初就是从乡村社会开始的[2]。

人居活动研究作为一种基于现象与既有经验的研究类型，是从具体的生活观察、体验、总结与梳理中来，因此这类研究经过了从具体到抽象、从案例到理论两个发展阶段。

1. 地域性乡村调查

传统乡村与传统人居生活相关，但在精英文化的影响下，传统封建时期对于乡村生活的记载仅能从文人的诗文记载中找到痕迹，学术论著更是极少。与农村及农业相关的著作，大部分是根据民间实践经验总结出来，指导生产生活的实用手册。如明代徐光启《农政全书》、清代姚廷銮《阳宅集成》是对农业生产、民居择址的具体指导，属于资料汇总、经验总结式的集大成工具书，尚不属于学术研究作品。

最早对中国乡村人居与社会活动的学术性研究，始于 20 世纪初的传道士，以及到中国从事调查研究的外国人。根据自己亲身经历，美国传教士明恩溥的《中国的乡村生活》（*Village Life in China*，1899）、《中国人气质》(*Chinese Characteristics*，1894) 最早记录了中国传统乡村活动，他认为"中国乡村是这个帝国的缩影"，并且"一个外国人在中国城市住上十年，所获得的关于人民内部的知识，或许还不如在中国村庄住上十二个月得到的多"[3]，开启了西方人类学家对这个东方文明古国的认知大门。英国传教士麦嘉湖的《中国人的生活方式》（*Men and Manners of Modern China*,1921），记录并描绘了晚清中国制度体制、文化信仰、社会生活等方方面面的内容，尤其展示了各类人群的生活风情。葛学溥（美）的《华南的乡村生活：广东凤凰村的家族主义社会学研究》（*Country Life in South China*：*The Sociology of Familism*,1925）最早运用了田野调查对乡村社区进行了学术研究。林耀华的《义序的宗族研究》（1934）是中国人类学者以观察方法研究中国汉族的家族、宗族的专著。费孝通的《江村经济》（1939）论述了经济体系与特定地理环境，以及乡村社会结构的关系。传统乡村人居活动研究工作开始于田野调查，主要基于研究者多年在某一个地域或乡村的考察和亲身经验。研究者在乡村之中观察、审视乡村生活，因此各种民俗文化、生活习性的实例描述十分丰富细致，内容主要为地域性人居活动介绍的概括分析，加以研究者的认知分析。正如葛学溥提出，乡村人类学与社会学研究应运用"有机的方式 (organic way)"，深入地研究被挑选的群体、村落或地区，仔细分析并以一个有机的方式描述出来，以便所发现的作为事实的关系与关联将揭示出功能、过程及其趋势[4]。

[1] 胡惠琴 . 世界住居与居住文化 [M]. 北京 : 中国建筑工业出版社 ,2008.
[2] 徐杰舜 , 刘冰清 . 乡村人类学 [M]. 银川 : 宁夏人民出版社 ,2012.
[3] 明恩溥 . 中国的乡村生活 [M]. 陈午晴 , 唐军 , 译 . 北京 : 电子工业出版社 ,2012.
[4] 葛学溥 . 华南的乡村生活 : 广东凤凰村的家族主义社会学研究 [M]. 周大鸣 , 译 . 北京 : 知识产权出版社 ,2012.

在个案基础之外，20 世纪 30 年代的民国政府及研究者还对更大区域的乡村经济、乡村人口地理进行了基础调查与对比研究。《浙江省农村调查》（1933）是民国成立初期对浙江省农村土地分配及政治情况进行的首次调查。戴乐仁（英）的《中国农村经济实况》（1928）详细记录了民国初年人口结构、农田农业、房屋居住等内容，在对河北、山东、江苏、安徽、浙江五省 240 个村庄的横向对比中，选择了浙东的鄞县（也就是东钱湖所在的宁波地区的乡村），作为研究的典型样本，充分说明浙江鄞县高度密集的人地关系在当时就已成为学者研究的重点。这类资料提供了较为翔实可靠的人地历史信息。

中华人民共和国成立后至今，基于地方民族志和乡土调查的乡村人类学研究持续发展，庄孔韶的《银翅：中国的地方社会与文化变迁》（2000）、兰林友的《庙无寻处：华北满铁调查村落的人类学再研究》（2007）、高萍《家族的记忆与认同：一个陕北村落的人类学考察》（2015），延续了民族志、访谈、田野调查与实证于一体的研究方法。这些研究以人文社科为基础，探究事理与变迁逻辑，物质空间只作为地理环境或事件行为的地点本底，而不是研究重点，为本书提供了人类学及社会学中个案与实证研究的研究思路与方法。

2. 理论性乡村研究

乡村人居内容丰富且复杂，受地域环境和社会历史背景的影响，中国传统乡村的研究往往具有地域共性。但在个案研究基础上，学者们经过归纳分析，从理论层面探讨乡村社会科学的研究架构，如庄孔韶的《人类学通论》（2004）、蔡宏进的《乡村社会学》（1989）、徐舜杰及刘冰清的《乡村人类学》（2012）。其中，人类学研究重点探讨乡村人类文化现象与人类特性，社会学重在探讨乡村人群结构、特征、矛盾与变迁，侧重从学科角度的整体性探讨。

根据乡村人类活动的不同解说视角，兰林友总结出人类学、社会学的乡村理论范式：英国人类学学者弗里德曼为代表的宗族范式；费孝通、林耀华为代表的社区论；美国人类学学者施坚雅为代表的集市体系理论；美国人类学学者武雅士为代表的宗教论[1]。从这些视角出发，基于社会与行为规则，构成物质环境，能够对应到乡村的宗族空间、社会组织权力空间、村镇体系空间与宗教信仰空间。但从任何一个角度片面地认识乡村，都无法构成完整的乡村关联体系，这些理论视角之间也相互交织重叠。梁漱溟从文化的角度，认为"伦理本位"是传统社会的组织规范；费孝通从组织结构的角度，认为"差序格局"组织起传统社会网络；而杜赞奇借鉴了葛兰西的文化霸权、布迪厄的场域惯习等相关理论，提出了"文化的权力网络"，从而将帝国政权、绅士文化与乡民社会相联系，作为国家和地方权力的一种解说模式，并通过满铁的村落调查资料，将抽象理论概念回归社会事实[2]。这些理论解释了乡村社会的复杂层次，受自然生态与社会生态的复合影响，为村庄这一自生长的文化现象提供了内在的逻辑依据，这是本书建立乡村人居活动内容与组织规则的基础。

3. "整体"视角的人居环境理论

人居环境的核心是"人"，人居环境研究以满足"人类居住"需要为目的。[3]

[1] 兰林友 . 庙无寻处：华北满铁调查村落的人类学再研究 [M]. 哈尔滨：黑龙江人民出版社，2007.

[2] 兰林友 . 村落研究：解说模式与社会事实 [J]. 社会学研究，2004(01):64-74.

[3] 吴良镛 . 人居环境科学导论 [M]. 北京：中国建筑工业出版社，2001.

人居环境理论源于人类聚居学，从其诞生之日起就带着"整体性"内核。人居环境作为一门学科的体系性研究，始于 20 世纪 50 年代，希腊建筑师道萨迪亚斯受复杂性理论等后现代主义思想影响，提出人类聚居学（ekistics）的理论，要吸收建筑学、地理学、社会学、人类学等学科成果，强调更高层次的综合性、整体性研究。在 20 世纪 80 年代后世界广泛兴起的"环境浪潮"中，1993 年吴良镛、周干峙、林志群等人结合中国国情及建筑行业状况，在道萨迪亚斯学说的基础上创立了"人居环境科学（the sciences of human settlements）"。

作为以人为中心、研究其与周遭关系的科学，人居环境由与人相关的多个系统叠合而成，各要素之间密切关联并相互影响。因此人居环境研究不是片面、局部地解析聚居环境的构成与机制，而强调把人类聚居作为一个整体，从政治、社会、文化、技术各个方而，全面、系统、综合地加以研究，不像城市规划学、地理学、社会学那样，只是涉及人类聚居的某一部分或是某个侧面[1]。"面对现实的问题和人们无所适从的状况，专家们却躲进了各自的小角落里，或想通过各个分门别类的科学研究来解决问题，如经济学、社会学、行政科学、技术和文化等学科，或仅仅去处理聚居问题的第一个侧面，如交通问题、住宅问题或是公共设施等方面的问题。这样整体的问题事实上已被忽视了。"[2] 其方法论一是从宏观整体思考入手，寻求与现实问题相关的分析与结论；二是找出相关结论之间的关联性以及平衡与协调相关利益关系的办法。

在处理聚落问题的过程中，人居环境理论提供了一种综合性、整体性的观点，搭建了一套与人类聚居相关的全要素系统，要素间涉及多学科理论基础和运作规律。这种多学科交叉的思路适用于研究人类聚居这类复杂问题。在这一体系中，城乡规划与建筑类领域研究擅长从空间表象入手，归纳形态规律，分析形成演化逻辑，内在逻辑本身即涉及地理、社会、经济、历史、人文、交通等相关学科的理论或规律（图 1-8）。

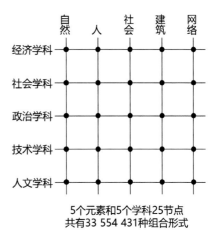

5个元素和5个学科25节点
共有33 554 431种组合形式

图 1-8　人类聚居研究中的元素与学科
（图片来源：《人居环境科学导论》）

人居环境理论体系具有整体性、系统性与复杂性特征，方法论主要为系统论和复杂性理论，即将人类聚居看作是一个"开放的复杂巨系统"，由多重网络结构复合、叠加、交错，是人与环境、人与人之间产生的各种事件，发生在空间容器中。系统论体现在对人类聚落的系统性解析，五大人居系统又衍生出子系统，呈现出网络状拓扑结构。复杂性体现为各系统之间、各系统之内有着非线性科学规律，呈现出"边界混沌""自组织"特征，需从人类学、社会学、心理学、政治行政学、经济学、技术科学、文化科学、城乡规划学，甚至玄学进行协同分析。同样，作为聚落类型之一的乡村人居环境，同样也应该从更为全面的多学科视角进行综合认知。

[1] 吴良镛. 吴良镛城市研究论文集：迎接新世纪的来临（1986—1995）[M]. 北京：中国建筑工业出版社，1996.
[2] 吴良镛. 人居环境科学导论 [M]. 北京：中国建筑工业出版社，2001.

对乡村的研究，往往用一种拆解的方式，将"三农"中农村、农业、农民问题分门别类进行专项研究，如社会学研究乡村社会，建筑学研究乡土建筑，农学研究生产技术等，各专项之间少有协作沟通。然而乡村就其人居特性，是比城市更为整体的有机系统。从以人为核心的视角出发，将乡村聚落作为一个整体，视为满足"人类居住"需要的物质空间，与乡村人居环境完好契合。人类的生存、生活、生产、交往、祭祀等活动，在农田、村落、集镇、宗祠等各种类型的空间容器中发生，人居活动与物质空间相互影响、彼此生成，是不可分割的人居整体。

在我国有限的乡村人居环境研究中，刘沛林（1997）站在"人居文化学"的角度，从古村落的环境空间、生活空间、精神空间三个层面，分析了山水相依的理念基础、人景一体的意境追求、庙堂核心的礼制基础。城乡规划、建筑学领域的学者，侧重于对物质空间环境的建构。王树声（2006）、郭美锋（2007）则在"人居环境"的词义下，对某一个地理单元的乡村进行空间形态、文化渊源、生态适应性、规划建设等方面的研究。贺勇（2004）以"小流域""地域基因""界面"的视角阐述人居环境的构成和生成规律，从地域空间、地域边界和内在的文化基因构建基本人居生态单元的概念。李慧敏（2009）从古代乡村天人合一的营建思想出发，总结古村落空间格局的特点和建筑形制特征。李钰（2010）以"农村聚落"和"乡土建筑"为乡村人居环境的典型代表，揭示在区域生态环境中，农业生产、建设资源、乡土建材、自然气候对人居环境的影响。乡村人居环境的研究从地理学的普遍规律，逐渐进入某一地域范围或文化圈层，以此作为空间限定，属于地域宏观层面的乡村研究。

与人类聚居学类似，日本的住居学则从微观视角研究人居生活空间。日本学者吉阪隆正《住生活观察》（1986）一书中提出，人类居住活动包括三种类型：修养、采集、排泄和生殖等人的生物性基本行为是第一生活；家事、生产、交换和消费等辅助第一生活的行为是第二生活；表现、创作、游戏等从体力与脑力上解放自己的自由生活是第三生活[1]。能够实现和保证这三类生活的活动区域或场所就是住宅及周边环境——人居环境[2]。我国学者张宏（2002）同样尝试建立中国特色的住居学研究体系，以原始住宅的家庭关系为出发点，着重论述居住及建筑的起源、功能分化、空间分类，以及与居住相关的物质与精神因素、社会与文化因素等[3]。微观的住居研究与人的衣食住行等个体行为更为密切，以环境行为学、心理学等学科为基础，带有功能主义特点。而生活细节与空间细部的研究，为乡村人居环境带来更为丰富生动的人本色彩。

乡村人居环境研究从各个学科领域出发，汇集到人居环境整体，各学科研究视角决定乡村研究的对象和范围。建筑学领域的乡村研究也经历了从单一的形态研究，走向多学科交叉的综合研究的过程。

受人居环境科学整体性、系统性理念的启发，在人、自然、居住、社会、支撑五大系统中，本书以"人"为核心，以"人居活动—村落空间"的生成逻辑作为研究思路。这种视角和以往研究的不同之处在于，以人居需求为核心的空间研究，是从主体的整体行为逻辑出发，去研究客体空间现象的结果，推理人居需求与人居聚落之间的关联性，而并非从空间现象出发，"反推"其内在原因。

[1] 吉阪隆正. 住生活观察 [M]. 日本：劲草书房, 1986.
[2] 李伯华. 农户空间行为变迁与乡村人居环境优化研究 [M]. 北京：科学出版社, 2014.
[3] 张宏. 性·家庭·建筑·城市：从家庭到城市的住居学研究 [M]. 南京：东南大学出版社, 2002.

四、人居视角下乡村聚落的整体性思考

乡村人居活动和乡村人居环境，是两项非常具体的对象。前者是客观的日常生活，回答人们如何度过每一天，后者是客观的生活环境，回答在怎样的物质环境中生活。抽象来看，这两者都属于乡土文化的范畴，分别构成乡土文化的人本代表和物质表征，反过来又受到乡土基因意识形态的影响，显现出各自的特性。然而，"人创造环境，同样，环境也创造人"[1]，两者之间互为辩证的存在，正是人居活动与人居环境之间互动共生的关联（图 1-9）。

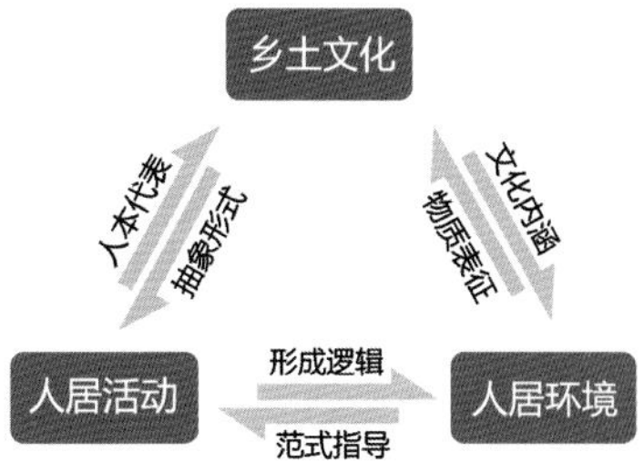

图 1-9 人居活动与乡村人居环境的关联逻辑
（图片来源：笔者自绘）

1. 生活逻辑指导空间的生成

乡村与城市不同，乡村从来不是设计出来的，而是在普普通通的生活中生长出来的。生活在此的村民既是创造者，又是使用者。乡村的生成是为了满足生活需求中各种功能的实现。人的行为不是偶然的结果，一定是在某种规则之下进行的。人们的生活充满了各种欲望带来的需求，为了生存、繁衍、便利、舒适、愉快等。"冥冥之中那只看不见的手"会安排一种社会秩序，让每个人去好好生活，而在乡土社会中，个人的欲望往往合于人类的生存条件[2]。为实现各种功能，人们选择自觉遵守自然界中大气、温度、风、光线、地形等各因素固有的秩序。因此人们将乡村聚落利用为工具的同时，也受到自然界各种规则的制约。

从演化机制来看，人的居住行为是村落空间演化的主要影响因素。乡村起源于定居，是生产方式从采集狩猎向农业生产转变的结果[3]。费孝通先生用种子来比喻村庄的产生，以农为生的人，世代定居是常态，迁移是变态，但经过几代的繁衍，只要人口增加到饱和点，过剩的人口自得宣泄外出，到其他的土地去"发迹了"[2]。因此中国乡村是迁徙与生长的结果，是自然而然形成的，没有人晓得，也没有人去理会它的前因后果。在那遥远、无法确定的年代，在那朦朦胧胧的过去，几户人家从别处到此安家落户，于是他们就成了所谓的"本地居民"，这就是乡村[4]。因此乡村聚落的产生，离不开"迁徙定居""自然生长""生存活动"等关键词。

2. 既有空间指导人居范式

孙末楠在 *Folk ways* 一书中开章明义：决定行为的是从实验与错误的公式中积累出来的经验，思想只有保留这些经验的作用，自觉的欲望是文化的命令[5]。中国从古至今的文化，都是从实际的劳动经验、政治生活中，逐渐生长出来的[6]。人居活动一方面能适应已存在的周边环境（或称人居环境）；另一方面，人们也可通过改变人居环境或者重新营造居住环境（建筑既表示营造活动，又表示这种活

[1] 马克思，恩格斯. 马克思恩格斯选集 [M]. 中共中央马克思恩格斯列宁斯大林著作编译局，译. 北京：人民出版社，1995.

[2] 费孝通. 乡土中国 [M]. 北京：人民出版社，2008.

[3] 徐杰舜，刘冰清. 乡村人类学 [M]. 银川：宁夏人民出版社，2012.

[4] 明恩溥. 中国的乡村生活 [M]. 陈午晴，唐军，译. 北京：电子工业出版社，2012.

[5] 费孝通. 乡土中国 [M]. 北京：人民出版社，2008.

[6] 唐君毅. 中国文化之精神价值 [M]. 南京：江苏教育出版社，2006.

动的结果——住宅或其他建筑物）来符合或满足人们的人居活动过程[1]。既有的人居空间，指导着后代的人居活动，为人们按照传统模式行事提供强有力的规则与秩序。后人在既有的乡村空间中，学习生存本领、社会习性、生活习惯，传统人居范式得以延续，进入代际相承的循环。如果说"农业是地方性的艺术"，那么乡村人居环境既是这种艺术所凝固的形式，又参与了乡村生活艺术的"再创造"。

从建成环境角度对乡村人居环境进行研究的学者并不多，研究时间也较短，是从 20 世纪 90 年代中期开始的，通过田野调查等聚落学研究方法，从乡土建筑与地方民居研究切入[2]。清华大学陈志华先生等主编的《中国乡土建筑》系列，如陈志华、楼庆西、李秋香的《诸葛村》，楼庆西的《郭洞村》，薛林平教授等主编的《山西古村镇系列丛书》，包括薛林平等人的《窦庄古村》《上庄古村》等，都是对国家级历史文化名村的历史脉络、空间特色与建筑构造的调查研究。在《中国民居建筑丛书》中，左满常等人的《河南民居》，李晓峰、谭刚毅的《两湖民居》等，则是针对不同地理区域聚落形态与营建技术的系统性研究，其中丁俊清、杨新平的《浙江民居》一书，从现象和缘起入手，按地理区域分析了浙东民居背后的地域文化、形制类型与营建方式，为本书提供了建筑与聚落空间分析的依据。对乡土聚落的研究大多按照惯用的研究思路（"历史演化—影响因素—空间要素—空间特色—保护与发展"的研究模式）进行，从空间特征的现象出发，探寻内在生成的逻辑，依然以空间为核心线索向外延伸（郭美锋，2007）。同济大学常青教授及其团队是国内较早将建筑人类学、文化地理学引入建筑领域的，邵陆（2004）从人类学角度解析传统建筑空间构型与演变历程。而李晓峰（2005）则提出了从人文地理学、人类学、社会学等跨学科角度，研究乡土聚落的方法，拓展了乡土建筑研究的视野[3]。周若祁、张光（1999）认为聚落是由功能空间、社会空间和意识空间三位一体重层结构的统一形态，即聚落不仅是满足生活、生产活动的功能空间，是反映某种生产关系和社会关系的社会空间，还是反映聚落群体共同信仰和行为规范的意识空间[4]，对本书对乡村人居环境的内涵认知有较大启发。

在人居环境学科的"屋檐下"，建筑学与地理学、人类学、建筑学、环境行为学等学科充分融合，从相关理论视角切入，借用人文科学研究方法展开研究。国外乡村聚落的研究注重对社会学、行为科学的研究，侧重于乡村微观的乡村社会组织、社会形态、社会问题的研究，更多的是运用政治经济学、社会学等领域的方法和理论对相关问题进行解析，对于定量性的评价相对较少，这一点与国内研究存在很大差异[5]。近 20 年来，我国在人居环境科学领域已有一定程度的研究进展，但在总体上对城市人居环境研究较多，而对乡村人居环境的研究较少；对"人居环境"中的"环境"研究居多，对"人居"核心的研究较少。无论是人文地理学和聚落地理学，还是城乡规划学科和建筑学，在对乡村人居环境系统的构建上，不论是人工环境、自然环境、社会环境，还是软环境与硬环境，主要还是从空间环境的物质或非物质形态上来分类，并且侧重于探究人类聚落是如何适应自然环境、自然环境如何影响聚落生成、社会文化对聚落空间的影响，以及在生态保护和人地和谐发展的基础上，村落空间的优化建

[1] 李伯华 . 农户空间行为变迁与乡村人居环境优化研究 [M]. 北京 : 科学出版社 ,2014.
[2] 谭刚毅 . 两宋时期的中国民居与居住形态 [M]. 南京 : 东南大学出版社 ,2008.
[3] 李晓峰 . 乡土建筑 : 跨学科研究理论与方法 [M]. 北京 : 中国建筑工业出版社 ,2005.
[4] 盖尔 . 交往与空间 [M]. 何人可 , 译 . 北京 : 中国建筑工业出版社 ,2002.
[5]PHILLIPS M. The restructuring of social imaginations in rural geography[J]. Journal of Rural Studies,1998,14(2):121-153.

设等。但从社会、经济、制度、文化等人居活动出发，综合地探讨人居环境的系统性构成方面的研究还比较少。

乡村人居环境是乡村人居实践的结果，我们只有从人居活动的基本逻辑认识乡村物质环境，找到空间形态规律背后的内在营建智慧，才能掌握传统村落的空间密码。

第三节　乡村人居实践的三重维度

与人相关的研究都是在广义人居的范畴，选择怎样的角度入手分析人居活动与人居环境，是一件十分困难的事。按照西方学术体系分类，涉及人文社会科学的全部内容，哲学、社会、经济、文化、政治、心理、宗教等，都与人居环境密切相关。如果站在客观的角度，人居活动所囊括的思想意识和实际世界，属于相互影响且高度统一的文化现象。如果要从人的主体性出发去认识外部世界，必将从人的角度来认识环境。

布伯曾将个人与外在的关系分为三重：他与世界和事物的关系；他与他人（包括个体与众人）的关系；他与绝对或上帝的关系[1]。梁漱溟在《东西方文化与哲学》中将一个民族生活的种种方面，概括为三方面：精神生活方面，如宗教、哲学、科学、艺术等是，宗教、文艺是偏于情感的，哲学、科学，是偏于理智的；社会生活方面，我们对于周围的人——家族、朋友、社会、国家、世界——之间的生活方法都属于社会生活一方面，如社会组织、伦理习惯、政治制度及经济关系是；物质生活方面，如饮食、起居种种享用，人类对于自然界求生存的各种是[2]。

梁漱溟的概括将文化人本化为人的生存方式（life style），本质化为人的实践活动 (living activity) 本身，主要包括三种类型：面向自然界的实践、面向社会界的实践以及面向人的精神世界的实践。人的实践活动体现出文化的对象性与主体性的统一，以及在此基础上意向性的生成过程（图1-10）。

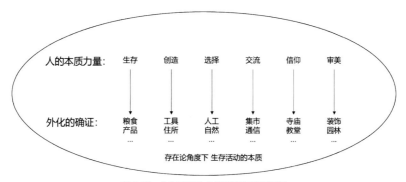

图 1-10　生存实践的主体需要与外部确证
（图片来源：笔者自绘）

[1] 杨国荣 . 伦理与存在 : 道德哲学研究 [M]. 上海 : 上海人民出版社 ,2002.
[2] 梁漱溟 . 东西方文化及其哲学 [M]. 上海 : 商务印书馆 ,1926.

作为传统人居实践的结果，传统乡村聚落同样受到以上三种实践类型的影响。本书受上述概括的思路启发，从生成论的角度化繁为简，根据行为对象的差异，将乡村人居实践梳理为三重维度（图1-11）：第一维度，是人与物质环境的互动，在村落中表现为主体人与自然环境的互动——人地关系；第二维度，是人与社会环境的互动，表现为主体人与人的互动——人际关系；第三维度，是人与精神世界的互动，表现为主体人与情感精神等内心世界的互动——人神关系。

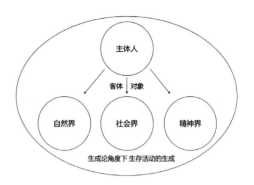

图1-11　主体人生存活动的三重对象
（图片来源：笔者自绘）

一、人地关系：生存维度

人是"现实的人"[1]，生存是主体人与客体世界进行物质与能量交换的目的，而乡村人居生活是建立在人地关系的基础之上。人地关系是地理学研究的专有名词，旨代表人类活动或人与环境的关系，所形成的现象的分布与变化[2]。但本章中的人地关系，特指人为了基本的生存，与自然中的土地、水源、气候等环境要素之间适应、利用、互动、共生的关系。

广义的生存概念，泛指在历史存在的过程中，人类作为自然界中存在的一部分，与物质环境进行的一切交换与交流，以自然、社会、人以及各种技术物品等一切物质生存要素为对象[3]，包括生产方式与生活方式[4]。本书的生存概念更为具体，特指作为生物性的人，为保持生命体征，在自然界中所做出的本能反应，在需求层次中，属于低层次的生理需求和安全需求[5]。

乡村的出现，正是为了满足最基本的生存需求而产生的。生理需求是生物内在的需求，包括睡眠（休息）、食欲（饮食）等，为了满足这一需求，自然界中的生物自带有两种能力，一种是筑巢建窝的本能，另一种是捕捞狩猎的本能。寻觅居所的本能，使人类对自然进行了有意识的开发和改造，《礼记·礼运》中说："昔者先王未有宫室，冬则居营窟，夏则居橧巢。"无论是巢或穴，还是简易的风篱，都是一个提供遮风避雨的简陋住所[2]，因而"shelter（住所）"一词，是从"shell（遮蔽）"一词中派生出来的。

生存的另一个保证，是满足食欲、保持生理机能需要，稳定而持续地进行食物供给，为创造生活资料而进行的生产活动。一个族群或部落需要有足够的物产满足今日与明日之需，以及足够的产品储备以应对可能到来的灾害。在技术进步中，生产力带来的生产方式变化，使人们从狩猎捕捞采集，发展为农耕稻作以及畜牧养殖的循环经济，从游移不定的生存状态，转变为定居模式，进而演化出家族社会的组织模式与地域文化习俗。真正意义上的乡村聚落——以农业为主的固定居民点，正是在人类社会第一次劳动大分工中出现的[2]。所以说，生存本能是乡村聚落形成的内因。

[1] 戚嵩. 马克思社会形态理论研究 [M]. 合肥：合肥工业大学出版社，2014.

[2] 金其铭. 农村聚落地理 [M]. 北京：科学出版社，1988.

[3] 林学俊. 从生存方式看环境友好型社会的构建 [J]. 探求，2010(01):22-26.

[4] 吴桂英. 生存方式与乡村环境问题——对山东 L 村环境问题成因及治理的个案研究 [D]. 北京：中央民族大学，2013.

[5] 戈布尔. 第三思潮：马斯洛心理学 [M]. 吕明，陈红雯译. 上海：上海译文出版社，2006.

安全需求包括人身安全、物产安全、生活安定等，人类出于保持生存、减少损失、规避伤害的目的，在日积月累的实践中获得的生存经验，决定着人居环境的地点选择。正如马克思关于人的本质论述中说："人是在一定的物质的、不受他们任意支配的界限、前提和条件下活动着的。"[1] 水、火、风、土、阳光等，每种自然要素都是生存必备的条件，但一旦过度或失控，都会造成致命的伤害。为了躲避自然灾害、顺应自然规则，人们总结出一系列营建平安居所的生存经验。大到"非于大山之下，必于广川之上，高毋近阜而水用足，下毋近水而沟防省"[2] 的城郭聚落，小到"或久无害，稍筑室宅"[3] 的乡村聚落，风水形势、相地宅经的"生存经验"，一定程度上提供了可以预见的未来，代表了古代择居之智慧。因此，安全需求是乡村聚落形成的外因。

生产所需的技术条件与生活所需的物产资料，同样有赖于身边的物质环境，二者互为因果，建成环境本身即生产生活的物质呈现。如山西晋城的润城镇中，留有一座名为"砥洎城"的老城堡，以其独特的坩埚城墙闻名于世，这与该地历史上发达的冶铁业有着密切联系。当时晋城一带多采用古时的坩埚冶铁技术，就是用耐火黏土烧制成上大下小的台柱，作为熔铁的耐火容器，铁水冷后留在锅底，将周围的黏土打碎后将其取出，成为一个个圆柱形的粗糙铁锅，从冶炼业的角度来看，坩埚是一种生产废料。明代流寇匪患给晋东南人民生活造成了威胁，村庄市镇纷纷筑城自卫，润城一带的工匠琢磨出用坩埚废料砌墙的技术，坩埚砌墙后，并以炼铁渣和石灰调浆，将5米宽的城墙一层层用铁渣和石灰碾铺好后，用坩埚烧好的铁水浇充实，冷却后形成无缝的铁质墙体，然后再一层层铺碾，是名副其实的"钢壁铁壁"[4]。城墙不仅坚固耐用，还处理了一大批生产废料，造价低廉。坩埚城墙的砌筑过程是生产废料与防御设施的相互成就，体现出在传统人居环境营造的过程中强大的工具理性与创造力。

二、人际关系：社会维度

人是"社会的人"，作为群体生活单元中的一分子，人需要与他人建立交往与联系。"际"意指彼此之间，即主体之外、主体与主体之间的时间、空间、身份、心理、行为等关联。在这里，用"人际关系"一词，来指代人居活动中，主体人与对象人群之间的社会关联。社会是人类交互活动的产物[5]，任何一个群体、民族、地区的全部人口、公司、协会、团体、部落、帮派、族群或种族宗族的成员，以及住在一个特定地方的居民，都是社会或能够构成社会[6]。显然不同的社会活动中的人，组成了不同的社会关系，构建起差异化的社会秩序。在乡村的传统人居活动中，生产与生活构成了大部分人居活动中的两种社会关系，并以相应的社会秩序，组织人与他人之间的行为准则。生产活动过程建立起的是经济关系，由制度秩序发挥组织功能；生活活动过程建立起的是血亲关系，由伦理秩序发挥组织功能。

[1] 马克思，恩格斯 . 马克思恩格斯选集 [M]. 中共中央马克思恩格斯列宁斯大林著作编译局，译 . 北京：人民出版社 ,1995.

[2] 姜涛 . 管子新注 [M]. 济南：齐鲁书社 ,2006.

[3] 班固 . 汉书 [M]. 北京：中华书局 ,2007.

[4] 李吉毅 . 砥洎古城 —— 阳城县润城镇砥洎城 [EB/OL]. (2013-06-24)[2013-10-18]. http://www.tydao.com/2012/gujian/130624gujian79.htm.

[5] 马克思，恩格斯 . 马克思恩格斯选集 [M]. 中共中央马克思恩格斯列宁斯大林著作编译局，译 . 北京：人民出版社 ,1995.

[6] 哈耶克 . 致命的自负：社会主义的谬误 [M]. 冯克利，胡晋华，译 . 北京：中国社会科学出版社 ,2000.

传统生产活动的制度秩序，包括明确阶层、合作、分工、分配、保障方式，通过协商、沟通、竞争、控制等过程，达到共同行动的目的[1]，每个人在这种关系之中，都能知道自身的位置、责任、义务，生产作为内在机制，把行动者和经济结构连接起来[1]。传统农耕经济以家庭为单位，既有以大家族为土地主、小家庭为之服务的主姓村庄，又有各家庭相对平均、共同发展的多姓村庄。随着家族之间社会关系的变化，村庄中家族的空间领域也随之变迁。山西晋城沁水县的窦庄村始建于宋哲宗时期，最初为窦璘将军守墓而筑庐，世代定居于此，形成窦庄[2]。其时，作为当地的贵族和地主，窦氏划拨不远处的西曲里（今曲堤村）给当地张姓贫民，为窦家守坟[3]，张氏世居于此。宋时的窦庄并不是现在的模样。窦氏家族习武出身，窦家四子分四房，分居在现在村庄城堡外的东南西北四方，中间的空地是家族习武练兵的演武场。然而，三百年河东，三百年河西，到了明代，窦氏势力渐衰，而出身寒门的张家耕读起家，金榜题名不断，家族日益兴盛，成为窦庄村的主姓。明末农民起义接连爆发后，一度身居高位的张五典告老还乡，构筑窦庄城堡，最终窦庄古堡由其儿子主持完成，形成"九门九城三十六院"的官宅古堡，有尚书府上宅、尚书府下宅、旗杆院、耕读院，从名称体现出张家对文化的重视。而窦氏则偏居一隅，紧挨城堡遗存有窦氏东关建筑群[3]（图1-12）。可见，人居活动以及与之相应的空间，是家族社会阶层变迁的直接反馈。

传统乡村生活的伦理秩序，是个人在人群交往中的上下、先后、左右、内外、大小等位置，人与人之间的平行或从属联系，在思想认知层面，讲秩序与道德挂钩，制定集体活动中的行为规则，通过教育和规训达到家庭管理之和谐。传统伦理观念以家庭为基本环节，五伦关系之三伦在家中，父子是最重要的，其次是兄弟、夫妻。人伦思想从先秦到汉，再发展到宋，专制主义意识形态的三纲——君为臣纲、父为子纲、夫为妻纲，正式成为儒家教义道德规范[4]，因而家庭中德高望重的家长——乡绅，

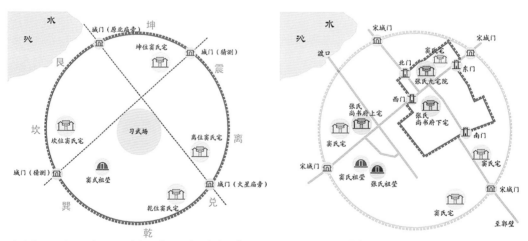

宋代格局：依山面水，定位建宅，外围筑城，城中习武　　明代格局：堡中有堡，九门九关，内保家防，外堡村防

图1-12 窦庄村宋明家族关系与村落格局变迁
（图片来源：根据薛林平《窦庄古村》改绘）

[1] 高峰. 社会秩序论 [M]. 北京：人民出版社, 2016.
[2] 张兵, 张子凡. 晋城市沁水县窦庄村 [J]. 文史月刊,2017(03):66-67.
[3] 常宁宁, 高云. 山西沁河第一古堡——窦庄古城 [J]. 农村·农业·农民 (A 版),2015(08):46-47.
[4] 何兹全. 中国文化六讲 [M]. 郑州：河南人民出版社,2004.

掌握了管理、评判、协调的话语权。此外，孝、仁、德、礼恤、和等美好德行，通过各家家训传播与教化，成为优秀家风的文化自觉。譬如，被许多家族引介为家训的《朱子家训》，从"黎明即起，洒扫庭除""自奉必须俭约，宴客切勿流连"到"兄弟叔侄，须分多润寡""重资财，薄父母，不成人子""处世戒多言，言多必失"等，不难发现其中涵盖了治家、做人、处事、修身等方方面面的道理[1]。尽管这些道理在生活中极难完全做到，但当向圣人学习不仅是个人的修为，而且成为为家族争荣的方式时，集体成员的积极性与能动性将大为提升。因此，即使没有某个传统家族生活的明确记载，从其家训制定的行为规则之中，已然能够看见日常生活的图景。

然而从历史上看，在中国传统人居生活中，家庭既是生活单元，又是生产单元，制度秩序和伦理秩序往往是一体的，很难将二者区分清楚[2]。正如卢作孚所说："家庭生活是中国人第一重的社会生活，亲戚邻里朋友等关系是中国人第二重的社会生活。这两重社会生活，集中了中国人的要求，范围了中国人的活动，规定了其社会的道德条件和政治上的法律制度。"[3] 因而团体生活中的生产关系和伦理关系，往往交叠在一起，并在空间上也同步呈现出这类社会网络结构。

三、人神关系：精神维度

人是"精神的人"，人之为人的状况，乃是一种精神状况[4]。"人神关系"中的"神"是指从人的主观精神世界中，创造出来的信仰崇拜、审美志趣等灵性的世界，而行为主体"人"通过服务自身的精神意志，达到对真、善、美的理解和追求，建立起本书中所谓的"人神关系"。人们试图在有限的生命中，探索、追寻无限的意义，并通过这一过程，给出自己对于生命活动的解释[5]。

信仰崇拜是源于人内心的精神活动。传统乡村信息闭塞，造成人们对变化的恐惧和无知，形成了一种对任何能主宰其命运力量的无限崇拜和盲目敬畏[6]，信仰、宗教、祭祀等风俗行为，是人们对于上天、未来、生死等未知世界的自我回应，更是在遭遇困难、意外、不顺利时，寄托希望的情感依赖。乡村精神生活比生产和社会生活的内容更丰富，尤其是广泛的民间信仰，包括了崇拜对象、崇拜行为、崇拜仪式等一系列自发性的心理与行为活动。自然崇拜、祖先崇拜与神灵崇拜分化为许多具体的类型，满足了生活各类行为需求。这些精灵鬼怪、禁忌谶纬以及轮回转世、因果报应，在农民宗教生活中，发挥了社会支持和社会控制两重功能，即为农民提供一种遭遇生活灾难风险的应对办法，特别是精神上的慰藉，弥补了现实性的社会支持的不足，同时也创造出了一个沟通阴阳的恢恢天网，"善有善报、恶有恶报""人在做天在看"等，都表明这张宗教性的社会网络，以施报平衡为法则，与世俗社会的伦理道德同构，约束和引导人们的行为[7]。

[1] 朱用纯. 朱子家训 [M]. 乌鲁木齐：新疆青少年出版社,1996.

[2] 张新民. 阳明学刊（第 5 辑）[M]. 成都：巴蜀书社,2011.

[3] 梁漱溟. 中国文化要义 [M]. 芜湖：安徽师范大学出版社,2014.

[4] 雅斯贝尔斯. 时代的精神状况 [M]. 王德峰，译. 上海：上海译文出版社,1997.

[5] 查常平. 人文艺术（第 14 辑）[M]. 上海：上海三联书店,2015.

[6] 张端. 新中国成立以来中国农民的变迁及走向 [D]. 北京：中共中央党校,2013.

[7] 王德福. 乡土中国再认识 [M]. 北京：北京大学出版社,2015.

此外，审美是另一种精神生活，古诗词、山水画等典型艺术作品均出自士大夫这类文化精英阶层，是将物质环境上升到精神世界的抽象反映，是一场阳春白雪式的浪漫主义追求。乡村审美往往不是形而上的，而是将物质和品德与美相挂钩。在村庄的许多装饰艺术中，常看到以丰收富裕等物质形式为主题选择的装饰要素，如钱币、粮食、元宝甚至文字，直取其寓意，直观其表达，其质朴的表达与文人含蓄的表达相对比，便成了文化人眼中的"土气"和"俗气"。勤劳、质朴、节俭等美德，往往通过日常生活中勤打扫、敬自然等具体的行为来体现，规范了村民们对美的认知，审美更转化为人们对生活行为细节的要求，是一种下里巴人式的实用主义标准。

乡村精神生活比生产和社会生活的传承更稳固。至今，在我国的传统乡村，尽管生产技术、生活方式已日益进步，传媒方式和科学概念也日益推广，但封建迷信活动却一直绵延不绝，花样翻新，甚至日趋"现代化"[1]。2018年爆红于网络的"奶奶庙"，正是丰富多彩而又生机勃勃的民间信仰的一种客观诠释[2]。笔者曾在东北某县城采访进入城市生活的原村民，这类家庭通过购置商品房，搬至县城小区，住区模式与家装风格与大城市居住区标准无异。然而，即使过上了城市生活，传统崇拜活动却没有变化，除了进门玄关供奉家族祖先神位外，家中有专门的壁柜存放观音佛像与保家仙神位（图1-13）。最有趣的是，由于这两尊神灵分属佛教和地方神两种不同的信仰体系，虽同置一柜，但分别用黄、红两种颜色贴纸，贴满壁柜内部，用色彩区别出两处神位。且这种通过色彩对信仰类型进行分类的方式，与宁波这样的南方地区采取的色彩符号完全一致。日常生活中，家族神位需每日清晨点香供奉，每逢农历初一和十五，则打开并打扫壁橱神位，供奉香火与瓜果糕点，祭拜神灵。可见，即使人们的生活方式完全脱离了农耕模式，但精神信仰却全然沿袭，并配合现代的生活进行了适应性的变化。鲜活的信仰崇拜背后，是精神文化长期存在而产生的对人内心的强大支配作用，已然形成的文化自觉即其传承的合理性。

图1-13　东北某居住小区中的民间信仰
（图片来源：笔者自摄）

[1] 李秋洪. 中国农民的心理世界 [M]. 郑州：中原农民出版社, 1992.

[2] 徐腾. 他奶奶的庙！一个清华博士的野路子研究和暗中观察 [EB/OL]. (2022-02-08)[2023-02-07]. https://www.163.com/dy/article/GVNIVVTD0532LDAM.html.

第四节　乡村人居环境的空间构成

环境这一含义甚广的词汇，广义可泛指一切社会、经济、文化背景，狭义则特指与人居活动相关的物质空间环境，后者是本书研究的重点。分析乡村人居环境这一复杂系统的构成，从不同的领域，根据不同的视角构建起不同的系统。正如前文所述，村落空间环境的背后，是生活着的人居活动，与之发生着关联与互动，而人居活动又因对象不同划分为三个层次：因生存而产生的人地关系、因社会活动产生的人际关系、因精神信仰而产生的人神关系。基于此，本书从人居活动的层次（对象）入手，将乡村人居环境构建为三个层次：第一层次，是生存生产导向下的系统性空间；第二层次，是宗族社会导向下的核心性空间；第三层次，是信仰崇拜导向下的场域性空间。

这里，"生存生产""宗族社会"和"信仰崇拜"是乡村人居行为背景，"系统性""核心性"和"场域性"，是相对应的人居环境属性或特质。空间涵盖了所有由人居活动创造、容纳人居功能、承载人居文化记忆的物质环境。因而，从生成过程的角度，呈现出"人居活动—人居环境"这一"生活逻辑—空间现象"的因果关系。

这三类空间类型，抑或空间层次，并非完全隔离，而是呈网络状交织重叠，正如人居活动事项也无法清晰地分门别类一样。譬如对于农民的生产活动，是一套完整依据自然规律而形成的行为系统，但围绕生产活动，其生产的组织方式与家族相关，还包含丰富的民间信仰。可以说生产不仅仅是单一层次的劳动，还涉及更深层次的社会关联与精神信仰。因此，乡村人居环境是从人的主体性推衍而形成的一系列文化与社会关系的综合建构体。

一、生产作业环境：系统性空间

系统是指将零散的东西进行有序的整理、编排形成的具有整体性的整体，农渔业生产是按照自然规律编排形成的整体过程，具有系统性特点。农业生产是劳作生产型产业，不论是农林牧渔的任何类型，拥有顺应自然规律——"天地钟"的生产流程。生产流程中的每一个环节都是运用生产资料、建立生产行为活动、产出产品的工序，与之相应的物质环境就是生产空间。在农业生产中，生产作业空间是这一系列劳动作业的发生器，抑或同时成为生产资料本身。生产活动包含劳动行为、生产资料、生产空间等系统性要素，不同的生产空间与相应的生产步骤关联，因此生产空间正是生产流程的反映，生产空间就是一种具有系统性特征的空间。

譬如围绕稻作生产的农业活动，从整田、育秧、田间管理以及收获，再到副业的产品加工和售卖，劳作地点形成"农田—晒场—粮仓"与"家庭作坊—集市市镇"这一套完整的生产空间系统，各个场所内部还由每个具体操作所需要的子系统构成（图1-14）。因此，劳动不仅仅是时间的度量[1]，劳动更是空间的度量。

在传统村落中，小农生产以家庭为组织单元，以院落为基本的生产单位，不管是合院式或杆栏式房屋，民居之中都有一部分空间用作生产功能。譬如西江苗寨中吊脚屋的吊脚层，就是一个生产性空间，承担了杂院中的仓储功能；吊脚建筑悬挑出的木质台面——"晒台"，则承担了北方传统民居中"院"

---

[1] 孟德拉斯 . 农民的终结 [M]. 李培林, 译 . 北京 : 社会科学文献出版社, 2010.

的晾晒功能；附属的前后小院坝空间，成为洗菜、制作糍粑等部分家务劳作的空间（图1-15）。可见，即使在具有地域性特征的山地村落，人们依然根据生产规律，建立起一系列现实操作系统，满足在特殊条件下的生产需求[1]。

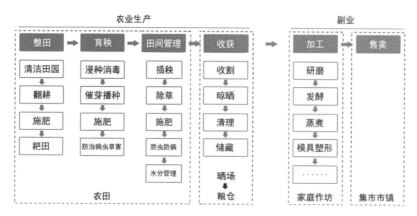

图 1-14　农业生产流程示意
（图片来源：笔者自绘）

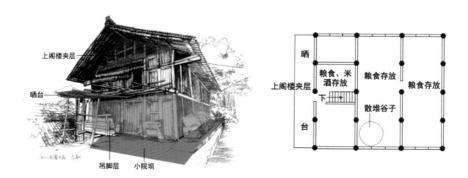

图 1-15　贵州吊脚楼空间与生产功能的关系
（图片来源：图片分别改绘自王铁《贵州民居实考：2013 中国高等院校设计专业设计名校实验教学课题》第 125 页；
高培《中国千户苗寨建筑空间匠意》第 114 页）

二、家族社会环境：核心性空间

列斐伏尔的空间辩证理论强调：社会的各种关系既能形成空间，又同时受制于空间[2]，即可将"隐喻的空间"理解成为"一种社会秩序的空间化（the specialisation of social order）"[3]。宗族社会作为乡村社会结构的核心，同样将这种社会结构投射到空间之上，组成了乡村聚落的"核心章节"——宗族社会空间。

[1] 高培 . 中国千户苗寨建筑空间匠意 [M]. 武汉：华中科技大学出版社，2015.
[2] 黄继刚 . 空间的迷误与反思：爱德华·索雅的空间思想研究 [M]. 武汉：武汉大学出版社,2016.
[3]SHIELDS R. Lefebvre, love and struggle: spatial dialectics [M]. London and New York: Routledge, 1999.

核心性是描述关系的概念，在形容空间时，具有两个层次的含义。一是物质空间层面的中心。在我国绝大多数保存完好的传统村落中，宗祠、祖堂、祖庙等宗族公共空间，均是整个村落的视觉核心，要么在平面上处于中心位置，要么在体量、装饰、色彩上突出建筑外观。客家的围屋是核心性宗族聚落的典型代表，如最著名的客家围屋"承启楼"，整体建筑呈一个整体的圆形，以祖堂与议事大厅为圆心，第二层、第三层为读书、会客、娱乐的公共空间，第四层为各房户居住空间，由内至外圈层环绕，形成四个同心圆。方形或圆形的围屋所"围绕"的中心，正是祭祀祖先的祖堂，以及由前堂—中堂—大厅—祖堂的空间序列，所组织形成的礼制轴线（图 1-16）。

二是在人们意识层面的"重心"，直接反映为日常生活的重点。传统的乡村生活是围绕宗族祭祀展开的，祭礼制度规定着人们日常生活的时间与空间结构，譬如长者为大，家中的家长需日常祭拜自己的血亲，频率为每天一次，祭拜的地点就在自己家中，因此堂屋往往摆放有祖先的牌位或照片；到了支或房这一层次，则是各户或各支的家长共同祭拜，频率为一年一次，祭拜的地点则在宗祠，因此村中的宗祠就成了村落级别的公共空间。因此，从某种意义上来说，核心性空间的层次和结构，正是宗族社会层次结构的空间表征，而宗族制度也通过这种空间构架，实现对家族成员的组织管理。

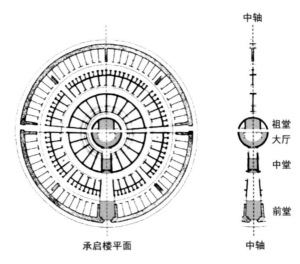

图 1-16 客家围屋的礼制序列
（图片来源：笔者在戴志坚《福建民居》"承启楼"平面图基础上改绘）

宗族社会的核心性，不仅通过宗族内部的向心力体现，更通过各家族之间清晰的空间关系而强化。如在山西晋城泽州的石淙头村，潘家是最早来到石淙头村的家族，现存的一处宅院——宫底院为潘家建造，后来潘家家道中落，就将这一宅院及其田地卖给了为自己家打工的樊家人，樊家后又转卖给张家，张家家业不济时，又将宅院转卖了后来的王家。四百年间，村落中的姓氏结构逐渐丰富，但村落也随着主姓潘家的兴衰而变迁。譬如潘家与曹家在光绪年间买卖祖产签订的"死契"中所说："……潘常氏因使用不足，将自己祖遗堂房壹所，上下六间各有六至……出卖死与曹继德名下为死契，死业任意居住。"[1] 这意味着祖堂的权属转换，意味着家族之间社会权力的流转，而家族之间权势的更替，正是通过堂屋宅院的买卖而实现。而随着祖堂消亡的过程，也正是家族的核心性逐渐消解的过程。因此，宗族社会的核心性本质是血缘关系，它就像印刻在每个人身上的符号，建立起人与人之间的关系，而宗族空间作为宗族社会的产物，既以实体的形式存在，也作为个体与全体，甚至各个共同体之间的关系存在 [2]。

[1] 薛林平，王潇，黎源，等 . 石淙头古村 [M]. 北京：中国建筑工业出版社，2014.
[2] 格利高里，厄里 . 社会关系与空间结构 [M]. 谢礼圣，吕增奎，等译 . 北京：北京师范大学出版社，2011.

三、信仰崇拜环境：场域性空间

信仰崇拜空间具有场域性。布迪厄认为，场域是社会经济背景通过其特有的形式和力量，对身在其中的行动者产生影响的外在决定因素，即环境与行动者之间的某种特定联系[1]。信仰、崇拜空间，正是通过其固有的场所空间，从空间序列到空间要素，将其自身特有的逻辑加持于使用者，从而影响信众的行为。因此，信仰崇拜空间具有"灵力生产"的场域性特点[2]，它本身是目的的产物，在资本的主导下，定义着人们的惯习活动（图1-17）。

首先，信仰崇拜空间具有合目的性。与生产空间、社会空间不同，信仰崇拜的空间并非建立在主体（人）和客体（物或他人）关系之上，而是来源于那虚无缥缈的精神世界，是由自我的意志出发，揭示人生的幻想，为满足精神、灵魂、思想、情感、情绪等非物质需求，去解决未知、恐惧、迷茫、焦虑等自我产生的精神需要，进而由人主观创造出的或被赋予意义的物质环境。因此，从乡村到城市，基于不同的社会群体需求，配置出不同类型的信仰崇拜场所。譬如传统营城制度的"左祖"和"右社"，对于都城，供奉主体是天子，"左祖"供奉天子的

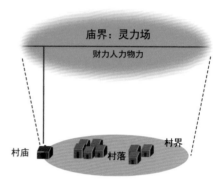

图1-17 村民心中村庙的灵力场
（图片来源：笔者自绘）

祖先，故又称太庙，"右社"供奉土地神、粮食神，故又称社稷坛；对于县城，供奉主体是地方官及居民，"左祖"则供奉先贤，多以孔庙为主神，辅以地方神灵，保佑一方之安宁，"右社"则供奉地方土地神，因此又称城隍。建制城市的主流信仰受到自上而下的制度影响，其信仰空间的位置和建筑模式较为统一。而在中央权力不及的广大乡村，各地村民因不同的信仰需要，塑造出种类丰富的信仰崇拜空间。换句话说，信仰崇拜空间正是人们精神与情感需要的物化结果。

其次，信仰崇拜空间是受资本主导的。信仰功能依靠人力、物力、财力等资本投入来实现，信众们本能地认为，物质的投入与灵力应验，有直接的因果联系，于是江南的"保界神"、东北的"保家仙"等应运而生。反映在空间上，类似于某族群筑庙请神，每年定期众筹请神灵看戏，神仙就会保佑该族群所在的村庄平安，保佑村民们耕种的土地丰收。换句话说，村落的空间范围，就是该村村民供奉神灵所庇护的"灵力场"。因此，乡村的信仰崇拜空间是一种自由配置的公共资源，一定程度上具有组织管理职能。

再次，信仰崇拜空间是一种符号语言，是信仰与崇拜寓意的具体呈现，能够被人们所感知，往往具有特殊形式。它可以是图形图像、诗句文字，也可以是声音信号、建筑形式，甚至是事件场景或著名人物。这些空间语言来源于人们对乡土生活的现象认知，虽然被赋予了神性，但本质上反映的是人们脑海中的世俗意向。譬如，民间有"龟寿千年"之说，龟被誉为半神半俗之物，因此乌龟背部纹饰

[1] 布迪厄，华康德. 实践与反思：反思社会学导引 [M]. 李猛，李康，译. 北京：中央编译出版社,1998.

[2] 瞿海源. 宗教、术数与社会变迁 [M]. 台北：桂冠图书股份有限公司,2006.

被抽象化为六边形几何图案，赋予长寿吉祥之意，运用在空间要素中。在许多传统乡村院落中，如新绛光村古村和灵石王家大院的照壁及窗棂、石雕或木刻，均运用了龟背纹样的元素，形成美好寓意[1]（图1-18）。又如关公这一历史人物，本因忠孝节义而闻名，却被民间广泛信奉为武财神，保佑一方兴盛平安、财禄亨通，关二爷手上的大刀，是除恶扬善的武器。不难看出，精神世界中的神灵通过这些空间符号，得以客观存在于物质生活世界中产生作用。

最后，信仰崇拜空间通过以上空间符号，组织起空间序列，围绕信仰崇拜建筑，形成能够产生"灵力场域"效果的聚落空间节点，使得信众能够在物境中自觉找到方向感和认同感。在行为上升为文化习俗的过程中，空间场域的秩序力量有着重要作用。宗祠、佛寺、庙宇，这些不同的信仰崇拜建筑，通过不同的空间模式，组织相应的行为经验，即从历史和关系中走来的惯习。中国传统佛寺建筑寺前有塘，入寺有门，进殿过坎，面佛跪拜，每个步骤都有佛教观点中的深意。过水塘意味"渡"的效果，过门则进入生死循环之"界"，过坎则象征将不好的事物"挡"在门外，而在高大肃穆的佛像瞩目下，人们心生崇敬，自然而然跪下以表心中的尊敬。这一系列空间主导着行为的发生，在具有形塑机制的惯习过程中，将个人意识固化为稳定的集体意识。

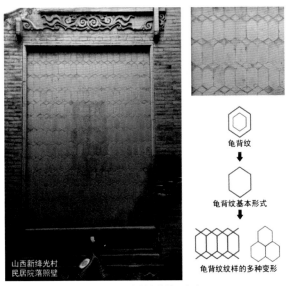

图1-18　乡村中的符号寓意
（图片来源：笔者自绘）

[1] 介子平 . 雕刻王家大院 [M]. 太原：山西经济出版社 ,2013.

第2章

■ 东钱湖湖域人居环境的形成

　　我国是一个传统的农业大国，在自然经济条件下，人、地、水是农业生产的关键要素。人口变化对农业发展影响重大，人口的增长，意味着劳动力的增多，有利于农业生产，同时意味着生存需求的增加，加重土地负荷。人与土地的关系，一直以来就是劳动力和资源之间相互促进又相互制约的一对矛盾，而生产力和生产水平逐渐提升，矛盾最终解决。其中，水利作为农业生产的基础，是历代管理者与民众集体建设的核心工程。

　　以河姆渡代表的宁波平原水土富饶，是中华民族较早进行耕地拓殖的地区，其开发历程，特别是实质性开发阶段，建立在人口、土地与水利三大支柱之上。在这三要素的共同作用下，耕地面积不断扩大，农业生产及经营技术水平持续提高，村落市镇的人文景观在这片区域上不断生长[1]。

　　东钱湖是作为农业灌溉水源而产生的。它是浙江省内最大的淡水湖泊，与东海仅一山（天台山）之隔，是宁波平原稀有的淡水资源，也是少有的山水湖泊景观。其河道与甬江干流相连，属甬江流域（图2-1）。东西宽 6.5 千米，南北长 8.5 千米，环湖周长 45 千米，湖面面积 19.91 平方千米，是杭州西湖的三倍。西部以师姑山、笠大山为界，称"谷子湖"。东北以五里塘为界，称梅湖，其余称外湖。1960年梅湖废。1976年湖心塘建成后，又形成南湖、北湖两个湖体[2]。在很长的时间段内，东钱湖的地域环境为环湖居民提供了安全宜居的生存基础，湖域居民在这个相对封闭独立的地域单元内生活劳作，世代相传。

第一节　区域：狭土众民的宁波平原

　　在农村聚落这一特定事物中，人与自然环境处于对立统一的辩证状态。地形、气候、生物、土壤等各种自然要素，与人类过去和现在的活动交织在一起，构成一个相互联系、相互制约的系统。水利兴则田赋足，田赋足则百业旺，宁波地区的发展历程，基本上就是"地·人·水"三者相互平衡协调的历史[3]。

---

[1] 成岳冲.宁绍地区耕地拓殖史述略 [J].宁波师院学报（社会科学版),1991(01):18-26.
[2] 敬正书.中国河湖大典：东南诸河、台湾卷 [M].北京：中国水利水电出版社,2014.
[3] 宁波市鄞州区水利志编纂委员会.鄞州水利志 [M].北京：中华书局,2009.

图 2-1　东钱湖地理位置
（图片来源：笔者根据 Google Earth 改绘）

一、地理环境：独立封闭的宁波平原

几千年来，受炎黄正宗的中原中心论的影响，吴越之地一直处于大华夏地理区域的边缘[1]，被称为"蛮夷之地"，略带轻视的意味，被中原文化所拒斥[2]。从地理格局上来看，东钱湖所在的宁绍平原位于长江中下游地区的末端，长江三角洲杭州湾南岸的海岸平原[3]，总体呈东西带状，地势南高北低，南侧为山脉，北部为平原，是浙江省第二大平原，也是钱塘江潮对海岸线长期冲刷、堆积的结果[4]。宁绍平原属于沉积平原，形成于第四次末中全新世大规模海侵时期。其中，宁波平原位于这条平原带的最东端，翻过天台山就到了海滨区域。而东钱湖又位于天台山脚下，因此在依靠徒步或舟楫的过去，对于行进至此的人们来说，无疑是陆地之尽端。

在公元 7500 年前至 2500 年前，今钱塘江下游的平原区均为浅海，海水直拍西部和南部的山麓[4]，潮汐带来的泥沙逐渐沉积，封住了平原中的湖泊和大海的通路，海岸线离开山麓地带。宁绍平原是海岸线最后离开的地带，因此其成陆与开发时间与杭萧平原及其他内陆平原相比，相对较晚[5]（图 2-2）。

[1] 赵忠格 . 史前时代的桑干河流域 [M]. 北京 : 商务印书馆 ,2016.

[2] 郭文 . 文明的曙光：中国史前考古大发现 [M]. 北京 : 中国纺织出版社 ,2001.

[3]Ljq. 宁绍平原 [EB/OL]. (2017-12-15)[2017-12-20]. https://baike.baidu.com/item/%E5%AE%81%E7%BB%8D%E5%B9%B3%E5%8E%9F.

[4] 周祝伟 .7—10 世纪钱塘江下游地区开发研究 [D]. 杭州：浙江大学 ,2004.

[5] 郑建明 . 环太湖地区与宁绍平原史前文化演变轨迹的比较研究 [D]. 上海：复旦大学 ,2007.

海平面的升降改变了早期于越先民的文明进程，海侵留下的咸卤之地，并不适宜人类的生存活动，使得以河姆渡（公元前5000—前3300年）为代表的于越先民，处于一种动荡的山居生存状态。在这种地理条件下，相比起中原地区，于越文化的成形时期较晚，在河姆渡文化之后的近3000年时间里，经过了夏、商、周三代，直至战国时期越王勾践迁都绍兴（公元前490年）的战略性开发，才标志着越国与城市的兴起[1]。因此，宁波地区的于越文化最早是以邦国的形态出现[2]。

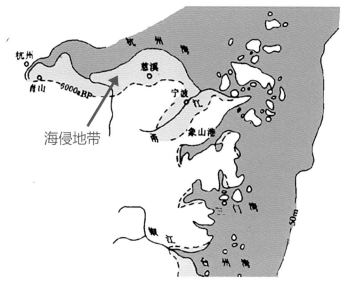

图2-2　浙东沿海全新世海侵海水入侵沿海低山丘陵区的结果图
（图片来源：改绘自《中国海面变化》）

整个宁波平原境内，东南侧和西侧均为丘陵和山地，总体呈马蹄鞍形，"五山四地一分水"，地貌丰富，资源种类繁多。在血缘部落和地缘风土的基础上，宁波平原区域的文化基因内向生长出了独立、封闭、稳固的特性。后来，虽然来自北方、中原、南方的移民在不同历史时期迁入，但都被于越先民强大的文化基因所吸收和同化。正是宁波平原自成一体的地理环境，滋养出内向团结的地方特点，沿承至今成为"宁波帮"特有的甬地归属感。

二、社会背景：持续加剧的人地矛盾

1. 人口增长的原因

地域发展与人口增长有着密切关联，其增长形态主要分为两种情况。一种是在稳定的社会环境中，随着时间的推移，人口的自然增长；另一种则是在历史事件中，因战乱、劳役、苛政、自然灾害等，使一定区域内的人口在短时间内迅速减少或增加。前者对地域发展的影响力有限，后者带来的建设性影响更为显著。纵观宁波平原的拓垦历史，整个宁波平原"五山四地一分水"，地貌丰富，资源种类繁多，又处于战事的边缘地带，不仅保持着稳定的生长，也数次接纳从南北迁入的流民。人口的持续增加，是宁波平原屯垦拓殖与水利发展的内在需求。

2. 宁波地区人口激增的三个阶段

宁波平原的人口在持续自然增长的基础上，经历了魏晋"永嘉之乱"、唐末"安史之乱"与北宋末"靖康之难"三次较大规模的人口迁移[3]，但对鄞州地区的拓垦影响最大的主要是唐宋两次人口大迁徙。

[1] 黄文杰. 文·化·宁波：宁波文化的空间变迁与历史表征 [M]. 杭州：浙江大学出版社,2015.
[2] 陈伯海. 陈伯海文集 第四卷 中国文化研究 [M]. 上海：上海社会科学院出版社, 2015.
[3] 成岳冲. 宁绍地区耕地拓殖史述略 [J]. 宁波师院学报（社会科学版）, 1991(01):18-26.

正如钱穆先生所说："唐中叶以前，中国经济文化之支撑点偏倚在北方（黄河流域）；唐中叶以后，中国经济文化支撑点偏倚在南方（长江流域）。此大转变，以安史之乱为关捩。"[1]

秦汉时期，宁波地区包括鄞、鄮、句章、余姚 4 县，共计 3.6 万 ~4 万户，15 万 ~16 万人[2]，各县户数在万户左右。晋永嘉之乱后，晋朝统治集团南迁，定都南京，但并没有大量人口迁入宁波平原。唐代经历"贞观之治""永徽之治""贞观遗风""开元盛世"后，农业及经济繁荣发展，明州地区户数在开元间增加到 4 万多户。唐末长达 8 年的"安史之乱"，导致中原地区流民大量南迁。到北宋天禧年间，明州地区总户数已达到 13 万户，其中主户[3] 约 10 万户，客户[4] 约 3.4 万户，足见明州地区大多数家庭都具有一定的经济实力[5]。北宋末期的"靖康之难"导致宋室南迁，金兵南下，明州一度遭遇屠城，金军稍退，大量北方人口南下，填补了金人入侵和盗乱所导致的人口损失，宋宝庆年间，明州地区总户数达 14 万。且"号为士大夫渊薮，天下贤俊多避地于此"[6]。一时间饱学之士汇集于此，提升了明州地区的文化环境。到了明代，仅鄞县一县的户数已达 4.9 万户[2]，约 189500 人[7]。但明代中后期倭寇入侵，明州人口大减，经历明末清初的战乱和清代前中期的休养生息后，人口迅速增长，到了清顺治九年（1652 年），鄞县总户数达 5.9 万户，为 214496 人，清康熙一年（1662 年），鄞县共有 7 万户，20 余万人口，至民国元年（1912 年）达 16 万户，666312 人[5]。20 世纪 20 年代，鄞县居民多分化为小家庭，家庭人数为 2~3 人，多数是一家有一个房子的；有 5.5%~7.9% 的家庭，有四处以上的房子，远远低于同时期的南北方其他地区[8]。总而言之，从唐中叶之后，在外来移民和内部生长的共同影响下，宁波平原人口的云集之态持续加剧（表 2-1）。

表 2-1　宁绍地区人口的历史变迁

朝代	人口变迁	增减情况	资料来源
秦	将越民迁至浙西北及皖南地区，人口稀少，许多地区未开发	减少	楚越之地，地广人稀
西汉	北方移民南下	增加	至武帝元狩中，六十余年，人众大增
东汉	避难南下	增加	会稽 14 城，户十二万三千九十，大略计之，鄞、鄮、句章未必皆万户以下
晋	"永嘉之乱"后，晋朝统治集团南迁至南京	增加	《四明图经》卷二
隋	隋炀帝暴政及隋末战争	减少	—

[1] 钱穆 . 国史大纲 [M]. 北京：商务印书馆，1996.

[2] 乐承耀 . 宁波农业史 [M]. 宁波出版社，2012.

[3] 主户指有产者，包括半自耕农以上及大多数城镇居民。

[4] 客户指无产者，包括佃户以下贫困居民。

[5] 浙江省鄞县地方志编委会 . 鄞县志 [M]. 北京：中华书局，1996.

[6] 陆敏珍 . 宋代明州的人口规模及其影响 [J]. 浙江社会科学，2006(02):169-175.

[7] 阮沛华 . 人口县情 鄞县"四普"资料分析论文选编 [M]. 鄞县人口普查办公室，1992.

[8] 戴乐仁 . 中国农村经济实况 [M]. 李锡周，编译 . 北京：北平农民运动研究会，1928.

朝代	人口变迁	增减情况	资料来源
唐	唐中期人口比唐初期增加约 7 倍，安史之乱后，北方人民大量迁至南方，浙东迁入不少人口	增加	《旧唐书》41630 户《鄞县志·户赋》《中国移民史》
北宋	从北宋初到北宋中期，民众人口增加 3 倍多，北宋末年，北方居民开始南移，人口大幅增长	增加	《四明志》
南宋	北方人民大量南迁，明州人口大量增加，提供了充足的劳动力	增加	《四明志》
元代	因浙东在宋末战争中未受战争影响，人口保持稳定，元后稳步上升	增加	《中国人口史》
明代	战乱后，明朝政府招抚流民，开垦荒田，增加垦田面积，但因倭寇入侵，沿海人口大减	增加	《明太祖实录》
清代前中期	明末清初的战乱和迁界，导致赋役繁重，农民大量死亡或外逃，田地荒芜，经济衰退，农业生产停滞倒退	锐减	浙东战乱
清代晚期	科学技术的运用，使农业生产力和劳动效率提高，垦地面积增加	增加	宁波开埠

3. 人地矛盾加剧与土地拓垦进程

持续的人口增长带来充足劳动力，促进了农业的迅速发展，而维持膨胀的人口总需求必然通过扩大耕地总额来实现 [1]，这种拓殖的过程直接反馈在农耕土地的拓殖与乡村景观的形成上。

从历史脉络上看，宁波地区耕地拓殖过程与人口增长阶段一致。商周至秦汉，海侵刚退，人口稀少，淡水不足，进展缓慢，此时的聚落是早期人类活动的据点，最早的耕地拓殖主要集中在拥有淡水供应的山麓坡地。西晋末至东晋，开垦范围向平原边缘推进，至六朝，在地方官员的鼓励下，贫民开始迁入鄞西开垦湖田，聚落开始出现在平原湖泊周边。隋唐及宋元，耕地开垦已在广德湖、东钱湖等湖泊下游的河网平原推广开来，开发土地主要集中在河流干流两侧，此时聚落主要附着在平原的主干河网周边，平原地区的开垦已基本饱和。明初，随着人口的增多，生存压力迫使人们向山地迁徙，在土地落户政策的鼓励下，山间的闲荒田地被大量开垦 [2]（表 2-2），由于临海倭寇侵扰，以及人多地少的矛盾（图 2-3、图 2-4、表 2-3），此时的村落开始出现在周边的山地。至此，宁波平原上的耕地基本开发完毕，伴随着的是作为居民点的平原及山地村庄也基本形成 [3]。

[1] 成岳冲 . 宁绍地区耕地拓殖史述略 [J]. 宁波师院学报（社会科学版),1991(01):18-26.

[2] 鄞县土地志编纂委员会 . 鄞县土地志 [M]. 西安：西安地图出版社，1998.

[3] 邱枫 . 宁波古村落史研究 [M]. 杭州：浙江大学出版社，2011.

表 2-2   宁绍地区历史耕地数量

朝代	耕地数量	来源
南宋宝庆（1225—1227 年）	746029 亩	《宝庆四明志》
元至正（1341—1368 年）	696500 亩	《鄞县土地志》
明洪武（1368—1398 年）	1093000 亩	《鄞县土地志》
清康雍乾（1662—1796 年）	主要拓殖于围海造田，无记载	—
1996 年	2018453 亩	《鄞县土地志》

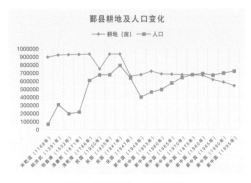

图 2-3 鄞县耕地及人口历史变化
（图片来源：笔者自绘）

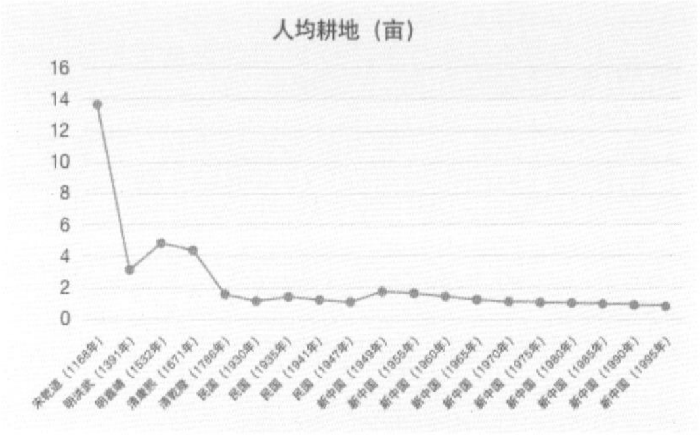

图 2-4 鄞县人均耕地数量历史变化
（图片来源：笔者自绘）

表 2-3   鄞县历史人口及耕地数量

时间	耕地 / 亩	人口 / 人	人均耕地 / 亩
宋乾道（1168 年）	895034	65694	13.62
明洪武（1391 年）	920724	305993	3.08
明嘉靖（1532 年）	925082	193385	4.78
清康熙（1671 年）	927858	214710	4.33
清乾隆（1786 年）	932560	607749	1.53
民国（1930 年）	749066	675929	1.11
民国（1935 年）	931626	677738	1.37
民国（1941 年）	931626	792281	1.18
民国（1947 年）	660000	636433	1.04
中华人民共和国（1949 年）	678000	399680	1.70
中华人民共和国（1955 年）	720300	462167	1.59
中华人民共和国（1960 年）	687600	495012	1.39
中华人民共和国（1965 年）	682600	573421	1.19
中华人民共和国（1970 年）	677500	640436	1.06
中华人民共和国（1975 年）	674200	676540	1.00
中华人民共和国（1980 年）	669300	691202	0.97
中华人民共和国（1985 年）	616500	671197	0.92
中华人民共和国（1990 年）	585977	696584	0.84
中华人民共和国（1995 年）	541481	720860	0.75

表格来源：《鄞县土地志》。

三、技术条件：水利设施的建设跟进

水利兴则田赋足，田赋足则百业旺。水利灌溉工程是农业的根基，在实践中技术的不断进步，推进了水利工程的发展，对农业生产、经济繁荣、安邦裕民有深远影响，历代地方官员将水利事业、治水方略作为地方头等大事。宁波地区从蛮荒的咸卤之地转变为富饶的水乡泽国，农耕事业与水利灌溉技术同步演进。因此，灌溉技术的发展，是东钱湖及宁波周边水利设施形成的外在条件。

宁波水利工程建设的历史，可追溯到汉代，最早一批水利工程主要依托自然海迹湖泊发展而成，包括杜湖、白洋湖等一系列山脚凹地池沼的修浚，以及周边灌溉引水沟渠的挖掘。唐代，条石技术的成熟促生了一系列水利设施的建设，生产力大为发展。从唐初太宗到唐中期武则天、唐玄宗，均注重推行农政，采取一系列措施发展农业，水利建设就是其中一项。据统计，贞观年间兴建水利工程 26 处，唐高宗时期 31 处，武则天时期 15 处。唐玄宗开元时期，兴修了 38 处水利工程，加上天宝时期 8 处，合计 46 处，为唐朝前期的最高数字[1]，东钱湖的开浚就在其中，同一时期、同一地区的还有于开元中期兴修的鄞县小江湖。唐代，鄞县县址位于鄞山，湖体位于县治之西，故唐时的东钱湖名"西湖"。这一时期，石料加工技术日趋成熟，大块条石开始作为建筑材料应用于河网水利工程，大运河、它山堰、东钱湖等水利工程，都是这一时期的产物。在双排木桩结构中间填土压实，形成堤坝的基础上，用条石砌筑邻水段，能够更好地抵御风浪的冲击，防止湖水的渗漏[2]，为最早时期唐代山脚围合湖体，提供了技术条件。因此宁波平原地区进入兴修湖泊的高潮，广德湖、东钱湖以及它山堰的修筑，为宁波西乡、东乡的主干水利奠定了基础，明州水利工程格局基本形成。通过这一时期大规模的水利建设，扩大了农田灌溉面积，平原开始耕田化，从自然农业向水利农业发展[3]。北宋时期，随着水利技术的发展，在前人基础上，围绕主干水利，因地制宜兴修堰坝、碶闸、塘堤，形成了较为科学、完整的河湖水利体系，至此，宁波地区核心区鄞州的水利体系基本形成，这时的农业生产，向设有堰坝碶闸控制的、人工运河供水的广泛农业发展。北宋年间，在县令王安石的带领下，鄞州水利进一步扩建完善，用条石砌筑了堰坝碶闸，改建了莫枝堰、云龙碶、五乡碶等，并产生了用条石砌筑的石拱桥。条石技术沿用至今，直到近代工业技术引入后，许多碶闸船坝才改用机械闸及升船机，进一步提升了水利与交通运输效率。河网工程中出现泄水碶闸代替堰堨的进程，在鄞县的河网地区，很多村镇名称大多带有堰、碶、塘、墩、桥、汇等河网工程特色（图 2-5）。

宁波内陆平原地区水利历经唐、宋、元、明，基本形成了一套完整的河湖系统工程，即东湖西堰三江六塘河的城乡水利系统。以广德湖、它山堰、东钱湖为代表的宁波水利主干网络，加上外围海塘的频频修筑，基本解决了本区域影响农业发展的洪水高淤与海潮倒灌两大弊端，该地区的耕地拓殖进入了前所未有的高潮，并能满足自然增殖人口的总需求[4]。因此，历代的治水先贤多被人传颂，千年的治水实践累积了丰富的经验，为后人留下了诸多有价值的水利论著。整个宁波地区的农耕发展史，就是一部水利工程技术的演进史，是维护、修浚、整治、管理，充分利用水利优势，进行水资源利用与开发的过程（表 2-4）。

[1] 许道勋, 赵克尧. 唐玄宗传 [M]. 北京：人民出版社,1993.
[2] 张芳. 中国古代灌溉工程技术史 [M]. 太原：山西教育出版社,2009.
[3] 宁波市鄞州区水利志编纂委员会. 鄞州水利志 [M]. 北京：中华书局,2009.
[4] 成岳冲. 历史时期宁绍地区人地关系的紧张与调适——兼论宁绍区域个性形成的客观基础 [J]. 中国农史,1994.

  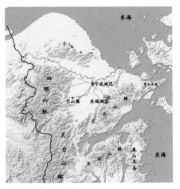

远古时期的宁波平原
海侵地带: 6000—8000 年前的原始社会末期, 宁波平原是一片海侵地带, 东钱湖是一处浅浅的海湾。

唐代宁波平原水利
低洼地带: 海水退去, 汇溪成滩, 至唐代, 人工筑堤围湖, 东钱湖、广德湖双湖并峙, 供东西乡农田水利。

北宋末年的水利系统
水利完善: 北宋末年, 广德湖废, 西乡水利依赖古老的它山堰, 宁波平原逐渐形成三江六塘河水系。

图 2-5 宁波平原水利设施的建设历程
(图片来源: 笔者自绘)

表 2-4 历史时期宁波平原水利工程建设历程

朝代	水利工程	文献备注
西汉	杜湖、白洋湖、鸡鸣湖、花屿、鄞江	《慈溪县治》: 杜湖广二千七百余亩, 白洋湖广一千七百亩, 皆始自汉时; 《四明山记》: 一涧出南, 过一百二十里, 其水归鄞江, 南源是四明山南门也, 号白溪
东汉	修建陂池水塘	《慈溪县治》: 汉陂, 县东南二十里, 相传为汉时所筑
六朝	兴修湖泊, 开广德湖, 修筑池塘、堰堤	《广德湖记》: 是湖成三百年矣, 则湖之兴, 则在梁齐之际
唐	白洋湖、上林湖双河闸、洋浦闸, 开东钱湖, 修广德湖, 筑九里塘, 建它山堰, 开慈湖	《清一统志·宁波府二·堤堰》《新唐书·地理志》《四明图经》《读史方舆纪要》
北宋	修浚东钱湖、广德湖、它山堰, 兴修塘堰、碶闸	宋李夷庚浚东钱、广德二湖, 大兴水利。中有四闸七堰、凡遇干涸, 开闸放水, 溉田五十万亩, 自此, 七乡之民虽甚旱而无凶年忧
南宋	渠、堰、碶、闸等水利工程的修筑, 海塘的修筑	《四明志》: 鄞县在宝庆年间有 37 处堰、闸、碶等小型水利工程
元代	修筑海塘, 修建塘堰、碶闸	《四明续志》: 水利实为四明合郡之命脉, 丰歉所关, 治乱所系, 凡为政于是者, 不可不悉心以究利病, 为久远无穷之计
明代	沿海地带的海塘修筑, 统一组织较大规模的水利兴修, 修筑塘、碶、堰、潭等小型水利工程。积累水利组织、管理经验, 如邱绪提出八条意见整治东钱湖, 依法治水	《浚东钱湖议》 万历十九年东钱湖《水则碑示》以"永贻水利": 不许擅自标管专利病民, 不许占填傍湖于岸为田。不许种植菱藕荻芡等项, 如违, 许令诸俱悉采取。捕鱼捞薮听从民便, 不许近地豪强占租。选立湖民四民长川巡视, 不许勒取份例。采取湖草听候委言给票, 量纳税银, 大船六分, 中船四分。领票采草, 进出俱照截角, 出堰即缴原票, 不许沉匿影射。以上款示, 如有违犯, 究罪枷号
清代前中期	大规模修建水利工程, 修筑堰坝碶闸、江东碶、永宁碶等, 修筑开发海塘	《鄞县志》: 清代顺治到乾隆, 共重修水利 21 处, 创修 145 处
清代晚期	整治河道、湖泊, 修筑碶闸湖堰, 维护海塘, 加强水利管理	《东钱湖志》: 农田无以资灌溉, 每届夏秋, 恒苦干旱。浚湖历经 20 余年, 不惮勤劳, 俾鄞、奉、镇三县八乡得占水利

表格来源: 整理自《宁波农业史》。

第二节 库域：农业灌溉的东乡水利

宁波平原农业灌溉区域分为东西两部分：以它山堰为主干的鄞西灌溉区，俗称西乡；以东钱湖为主干的鄞东南灌溉区，俗称东乡。东西两大主干水利工程为宁波平原河渠网络的水源，为 6 条塘河、20 余条主干河道、数十条次骨干河道和无数支河漕提供水源，总河道长度近 2000 千米 [1]。在功能上，主要承担城区居民饮用水及洗涤等生活用水、城区地面排水、城乡水运交通，以及美化环境、净化城区、防火等。其中，东钱湖是宁波平原唯一的大型水库。

一、水利条件：海侵地貌

陆地尽端、海侵遗迹的自然基地，形成独特的山水形势，为东钱湖成湖提供了基础，人工的持续围护在众多湖泊中成为历史选择的必然结果，让东钱湖成为宁波平原上稀有的较大型海侵遗迹。

宁绍一带多山，整个平原在山间被分割成多个细小的盆地碎块。大约在新石器至春秋期间，海岸线逐渐退却，平原与山地交界处的一些较为封闭的低洼地遗留海水，淡化形成海迹湖泊，形成了最早的一批湖泊原型，即原始潟湖。在天台山脉脚下，一个被后人称为"东钱湖"的湖泊，出现在宁绍平原末端（图 2-6）。这一时期的湖泊，大多是自然形成的池沼水滩。随着山麓间溪水不断汇集，原先盐碱池逐渐被冲淡，转化为淡水湖。宁波平原范围内有史料记载的早期湖泊，有镇海的彭城湖、富都湖，余姚的赵兰湖、蒲阳湖，鄞县的马湖、东钱湖 [2]。千百年来，绝大多数早期历史性湖泊都已消失，仅有东钱湖保存了下来。

根据地下文物挖掘结果可知，东钱湖环湖区域是宁波平原较早出现人居与拓垦活动的区域。在海退之后的平原开拓时，多以小江、广德、东钱湖等湖泊为基点，中古文化群落的分布有环湖性特点 [3]。而根据访谈调查也表明，在东钱湖周边的内陆地带，可挖掘出海洋生物的印记，如中华人民共和国成立后，在西南出水的戴婆桥下，村民能在桥下地带摸出淡菜（青口）这一海洋贝类，可以表明东钱湖过去的海迹高度 [4]（图 2-7）。

东钱湖周边的地理形态，可以用东高西低、山脚高台凹来形容。其东南侧是天台山余脉，连绵起伏，形成多种地理形态，山高为峰，山峰之间为岭，两山间隙为岙，山石裸露之处是岩，小山浮于水面是岛。东钱湖的西侧是几处并不高的小山头，山头之间的低洼之地是湖水出水口，形成一片片水系纵横的湿地，再往西就是平坦的宁波平原。除去湖水，整个地貌基底如同一只向上捧起的手，东侧高山为高地屏障，西侧似断又合的小山头之间又正好为泄水之处，这种天然的地貌条件，为东钱湖水利工程打了较好的自然基础。

峰：东钱湖的山峰不高，坡度较为平缓，很少有峭壁绝岩。福泉山望海峰海拔 556 米，为群峰之首，登其顶可观海中升日。另外还有百步剑、玉女峰。

[1] 宁波市鄞州区水利志编纂委员会 . 鄞州水利志 [M]. 北京：中华书局 ,2009.

[2] 陈桥驿 , 吕以春 , 乐祖谋 . 论历史时期宁绍平原的湖泊演变 [J]. 地理研究 ,1984(03):29-43.

[3] 浙江省鄞县地方志编委会 . 鄞县志 [M]. 北京：中华书局 ,1996.

[4] 根据戴 WL 访谈整理。

图 2-6 东钱湖山体环境

（图片来源：笔者根据 Google Earth 改绘）

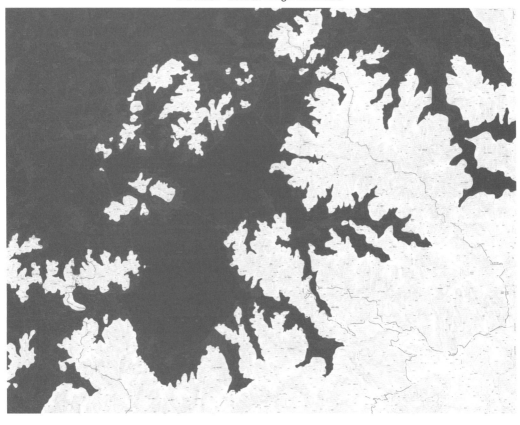

图 2-7 海侵时期的东钱湖形态

（图片来源：笔者自绘）

岭：张迈岭、青山岭、安石岭、里高头岭、拜祭岭、韩岭。

岙：主要山岙有下水岙、韩岭。

下水岙：绿野岙、南岙、时岙、屯岙、史家里、史家外。

岛：二灵山、陶公山、址界山等湖中半岛三面环水，湖山结合。霞屿岛、蚌壳岛等湖中诸岛孤浮水面，形若翠珠。

岩：剑峰岩、天打岩、鬼桥岩壁、白石山石枰等岩峰石景或险、或奇，形成峰岩景观。

东钱湖原型——海侵遗迹，据推测为现在的梅湖范围。根据西晋陆云《答车茂安书》记载："鄮县西有大湖，广纵千顷"。方志记载古鄮县县治位于现五乡镇宝幢下庄，梅湖恰好在其西南位置，也是后来"西湖"之名的由来。到了唐代，史料与相关研究记载唐县治已迁至今明州城（今宁波古城），《新唐书》卷四十一·志第三十一·地理五中说："东二十五里有西湖，溉田五百顷，天宝二年（743年）令陆南金开广之。"说明在陆县令拓湖之前，这片海侵遗迹位于县治以东，且名为"西湖"。从地理形态推测，梅湖水面范围并不大，也并不规则，而现在的外湖区域尚处于水网沼泽地带，低处有水道，高处为田地。清雍正前期，李暾撰《修东钱湖议》说道："唐天宝三年（744年），令陆南金开广之，废田十二万一千二百一十三亩，即将其赋派入沾利之田，每亩加米三和七勺三抄。"[1]清道光二十三年（1843年）周道遵撰《甬上水利志》卷三）记："阻卖占筑湖田书。且查钱湖自唐陆令取民田二万一千二百一十三亩开广潴之。"虽然两处历史记载在拓湖废田的面积上有较大的出入，但开广湖水面积的过程是确凿的。基本可推测，东钱湖是在梅湖的基础上，在西、南山口筑塘相连拓展而成。

成湖前，现今的湖体区域基本为农田。陆县令筑塘拦水，湖水逐渐蓄积，淹没田地蓄出东钱湖水面的雏形。此外，民间传说东晋杨淼富可敌国，以梅湖为秧田，种田数万亩，推测就在东钱湖外湖一带，拓湖淹没的农田，基本是杨淼的田地[2]。此外，唐以前宁绍地区并没有大范围开垦，低洼平地水网纵横，池沼盐碱度高，"遏长川以为陂，燔茂草以为田"[3]，主要的拓殖开垦与居住地尚集中在远离池沼的山脚坡地，而鄮县以西未开垦的东钱湖原址，地势较高又有溪流穿境，正是一片适宜耕种的区域。可见，唐以前，现东钱湖湖底地带是开垦耕种的农田，属于宁波地区较早开垦的地区，并应该伴随着早期聚落的出现。

二、水利工程：东乡水利系统

1. 东乡水利系统

东钱湖水域范围覆盖的鄮东南平原灌溉区，河网密集，纵横交错，孕育鄮东南地区 40 余万人口、2 万多公顷农田[4]。这套水利系统由天台山北延余脉山麓丘陵带的边沿平原逐渐向奉化江沿岸地带推进，从阶段性和功能性上划分，基本上可以分为三个组成部分：高水位蓄水水库、山塘；引、蓄水枢

[1] 周道遵. 浙江省甬上水利志 [M]. 台北：成文出版社有限公司, 1970.

[2] 戴良维. 陆令拓湖猜想 [J]. 钱湖文史（内部刊物）, 2015(22):23-28.

[3] 引自（西晋）陆云《答车茂安书》。

[4] 宁波市鄞州区水利志编纂委员会. 鄞州水利志 [M]. 北京：中华书局, 2009.

纽工程——东钱湖；4 条主干塘河，鄞东南河网（后塘河、中塘河、前塘河、姜山塘河）。因此东钱湖在当地有"一湖三河半"的说法[1]。由于河、湖的功能所在，对河道、湖泊的整治疏浚世世不绝，使其功能得以继续维系和发扬[2]。

2. 东钱湖水利建设历程

自成湖以来，东钱湖就进入了开拓、浚湖、除葑、修塘、加堤、清界的持续过程。从唐天宝三年（744年）（《新唐书·地理志五》《乾道·四明图经志》等地方志记载为天宝三年）至今，长达 1200 余年的时间里，筑堤修塘、浚湖除葑、废湖保湖等重要事件达 39 件，其中堤塘修筑达 8 次，修筑碶闸 5 次，清理湖界 3 次，浚湖除葑（含计划）12 次，保护废湖之争 9 次（表 2-5）。关于东钱湖的整治，出谋划策者众多，其中以明代邱绪提出的"八议"最有见识："固堤防、明水则、严侵塞之禁、重泄漏之罚、去茭葑之塞、长水草之利、筑堤以通道、因土以成山。"[3]

根据东钱湖历史事件，不难看出从唐宋时期东钱湖初步建成之时，就已奠定了水利湖泊的基础形态。在漫长的历史进程中，人们数次在此基础之上修缮、加固，但大体上还是延续着唐宋时期的湖泊原型，因此可以说，东钱湖本身就是一个唐宋时期人工湖泊的活态遗存。

表 2-5　东钱湖水利工程建设历程

朝代年份	主要工作	负责人	具体内容
唐天宝二年（743年）	开浚筑塘	陆南金	大堰塘、方家湖塘、平水堰塘、钱堰塘、莫枝堰塘、梅湖塘、梅湖塘和栗木堰塘。溉鄞、奉、镇等七乡农田 450 万余顷
后梁开平三年（909年）	筑堰	县令	钱堰、大堰、莫枝堰、高湫堰、栗木堰、平水堰、梅湖堰、溉鄞、定、海等七乡之田 5000 顷
宋天禧元年（1017年）	修筑湖塘	李夷庚	开拓增广，浚治湖体
宋庆历八年（1048年）	重清湖界	王安石	起堤堰、决陂塘
宋嘉祐年间（1056—1063年）	筑碶立水平石	—	莫枝、大堰、钱堰、梅湖碶，立水平石于左右
宋治平元年（1064年）	重修堤塘	吕献之	方家塘、高湫塘、梅湖塘、栗木塘、平水堰塘及钱堰塘
宋乾道五年（1169年）	除葑	杨布	需 165888 贯，米 27678 石，因超预算未执行
宋淳熙元年（1174年）	除葑	赵恺	内帑金 5 万贯，义仓米 1 万石
宋嘉定七年（1214年）	设湖局	程覃	开设湖局，收租谷 2400 石/年，筹 33600 贯，专人管理，鼓励农民农闲时除葑，以酬稻谷

[1]《钱湖经纬》委员会.钱湖经纬——浙江东钱湖旅游开发与投资[M].上海：科学技术文献出版社,1991.

[2] 宁波市鄞州区水利志编纂委员会.鄞州水利志[M].北京：中华书局,2009.

[3] 仇国华.新编东钱湖志[M].宁波：宁波出版社,2014.

朝代年份	主要工作	负责人	具体内容
宋宝庆二年（1226 年）	除葑	胡榘	1.5 万石，按收益田出人力，水军协助，历时一年完成，余钱用以置田，每年收谷 3000 石，令翔凤乡乡长顾永之主事，渔民分 500 户为一隅，每人每年给谷 6 石，每隅隅长 1 人，队长 5 人
宋淳祐二年（1242 年）	除葑	陈恺	买葑政策，农民交葑给钱
元大德年间（1297—1307 年）	保湖废湖之争		有势力的家庭围田若干，将田租上缴官府，上级政府禁田复湖
明正德十二年（1517 年）	保湖废湖之争	寇天叙	当时土地不多，常有议屯田者，被寇天叙阻止
明嘉靖八年（1529 年）	保护废湖之争	黄仁山	宁波卫军请求东钱湖垦为农田，黄仁山请当地父老言明利弊
明嘉靖十一年（1532 年）	除葑	柯相	悉心水利，浚湖除葑去浅，民无干旱之忧
明万历四十四年（1616 年）	保湖除葑	沈犹龙	严谨私税，维护水利
明天启二年（1622 年）	浚湖	张伯鲸	浚双湖，增东钱湖碶板二尺以防泄，溉东乡农民 8000 余顷
清顺治二年（1645 年）	保湖废湖之争	袁州佐	总兵王某欲废东钱湖为屯，营弁周某请废梅湖，州佐中阻
清顺治年间（1644—1661 年）	保湖废湖之争	陆宇	侵占湖田人多，又有废湖之说，绅士陆宇告知朝廷，严禁废湖屯田
清道光年间（1821—1850 年）	重固堤塘	麟桂、杨钜源、徐敬等	因天灾，堤塘、堰塘水毁眼中，众人筹资对钱堰塘、前塘、方家塘、平水堰塘、平水堰、大堰塘、高湫堰、梅湖塘、湖里塘等维修加固
清光绪十四年（1888 年）	浚湖未遂	萧福清、张锡藩、忻锦崖	踏勘全湖情形，商议浚湖事宜，丈量绘图，设局兴办，浚湖事宜因被顽绅阻止，事遂寝
清光绪二十年（1894 年）	浚湖修塘	程云做	浚湖、修梅湖堰塘
民国年间（1912—1949 年）	浚湖修塘除葑	湖工局、陈协中	开浚梅湖，修梅湖塘、栗木塘等，去葑草共用费用 43000 银圆
1943 年	废梅湖垦为田		抗战胜利后，因镇海农民反对，又恢复为湖
1951—1952 年	除葑	地方政府	拨款 37000 元，雇民工 3000 人，共计 60 天除去所有葑草
1955—1956 年	清界修固设施	地方政府	废弃沿湖地处田屋，修理湖塘、堰坝、碶闸、扩湖面 400 多亩，容量从 3000 万立方米增至 3600 万立方米
1958 年	增容筑碶闸	地方政府	加高湖塘 50~60 厘米，提高蓄水位 20 厘米，增加蓄容量 800 万立方米，总容量达 4400 万立方米。新建大堰碶闸，改建新建小斗门 11 座
1960 年	废梅湖屯田	地方政府	三溪浦水库建成，解决当时粮食之急，建立国营梅湖农场

朝代年份	主要工作	负责人	具体内容
1963 年	建引水渠	地方政府	从个三溪浦水库至东钱湖上虹桥，建 7.1 千米引水渠道增入湖水源
1964 年	围湖造田	下水公社	下水公社在下水三江口，围湖造田 10 公顷，由东西两个大队耕种
1965—1970 年	加高清界增容	地方政府	填高沿湖低处房屋 443 间，增加湖域面积 7.3 公顷
1971 年	建渠筑闸	地方政府	开寨基岭引水渠，新建郭家峙引水闸一座
1976 年	浚湖筑塘	地方政府	以疏浚湖泥为目的，自陶公山湖蓬外至下峰岸，新建湖心塘，长 1800 米，建碶桥 3 座，宽 0.5 米，高出水面 1.5 米，然疏浚未果
1983 年	固塘	地方政府	加固湖里塘
2009 年	浚湖	东钱湖旅游度假区管委会	疏浚 17 区，12 沿岸带工 15.6 千米，均宽 30 米，内河疏浚 3 条，清淤面积 5.19 平方千米，占总面积的 26.08%，疏浚后湖底高程 0.8~1.2 米，总投资 46245.16 万元

来源：整理自《新编东钱湖志》。

3. 东钱湖湖工

东钱湖是在一个潟湖基础上，历经一千多年，历代围筑堰坝、设置碶闸、疏通河道而形成的水利工程。从功能上可分为溪流汇水、湖面蓄水、堰闸放水、河道去水四个部分。首先，溪流从湖东南山岙之顶的山塘流出，经若干支流汇合后汇入东钱湖，形如叶脉，包括下水溪、韩岭溪等 72 条之多；其次，自然山体和人工堤坝围筑后的东钱湖是一个中型水库，西北称"谷子湖"，其余被湖心堤分为南、北两部分的湖面，统称"外湖"，这两个湖面为东钱湖实际蓄水区；再次，在湖东连接各塘河的七处水口设堰坝、置碶闸，堰坝拦水泄船，碶闸控制水流，起到保持湖面水位、溢洪拍涝、蓄水灌溉、通船行舟等作用；最后，东钱湖引出的湖水主要通过干河中塘河、前塘河、后塘河、小浃江等分注到鄞东平原水网，灌溉农田，汛期泄水可排入奉化江或甬江。至东向西，由库、溪、塘、湖、堰、闸、河等水利设施，形成一整套完整的河湖水利体系（图 2-8）。

（1）入水溪流

东钱湖汇集 72 条溪流，溪流主要源于东南侧诸山山岙，汇集雨露等自然水源，经年累月成为东钱湖自然水源（图 2-9）。汇水之处，形成湿地、滩涂、湖滩等沉积型的自然驳岸。中华人民共和国成立后修建的山塘水库，有效控制溪水流量，组成了湖体的上游水利系统。山溪本身还具有灌溉功能，流经东南侧山岙、山野及农田，流域面积约 79.1 平方千米，其中位于湖之东南的下水溪长 10 千米，溪床宽 5~15 米，是其中溪流最长的溪流，灌溉着东钱湖最大的山岙——下水岙。

图 2-8 东钱湖水利系统示意图
（图片来源：笔者自绘）

椅子溪：湖之东，源出宝华山，经椅子岙村居前入湖

三峡溪/山夹溪：湖之东，源出三峡山，此有三溪之水会合入湖

柴场溪：湖之东，源出柴场山，经支溪会合入湖，亦称安水坑溪

下水溪：湖之东南，源出福泉山北麓，经洋山岙、绿野岙，于下水村溪桥入湖

黄葧溪：源出黄葧岙山，经忻氏晚香庄前入湖

南岙溪：湖之东南，源出福泉山，经南岙，经下水村入湖

大慈溪：湖之东南，源出大慈山，经官驿河头村居前入湖

上水溪：湖之东南，源出福泉山北麓，经横街、溪堰、上水，至万安桥入湖

范岙溪：湖之南，源出范岙山，经范村居前入湖

韩岭溪：湖之南，源发泗水岭北，经韩岭市街，于下鉴湖桥入湖

湖之西，源出郭岭山，经郭家峙村居前入湖

湖之西南，源出郭潼山，经寨基村前入湖

图 2-9 东钱湖东南入水溪流
（图片来源：笔者自绘）

象坎溪：湖之南，源发象坎山，经象坎村溪桥入湖

（2）蓄水湖体

湖体本身是宁波平原唯一的中型水库，东西宽 6.5 千米，西北长 8.5 千米，环湖周长 48.9 千米，湖面积 19.91 平方千米，平均水深 2.2 米，库容量 4428.9 万立方米，主要承担防洪灌溉功能，属于整个宁波平原人居环境支撑系统[1]。

（3）拦水堤塘

东钱湖原并不成湖，而是一片开敞低地，水流顺势从各个山脚凹口淌出。为封堵湖水，筑湖塘、堰坝 11 条连接山脚，其中大堰塘、方家湖塘、平水堰塘、钱堰塘、莫枝堰塘、梅湖塘、梅湖塘和栗木堰塘 8 塘始建于唐代，之后历朝历代均在此湖泊轮廓之上进行维护。湖心塘长 1700 米，1976 年为疏浚东钱湖为目的而兴筑，建成后，减小了湖西侧迎风面村庄的风浪（图 2-10）。

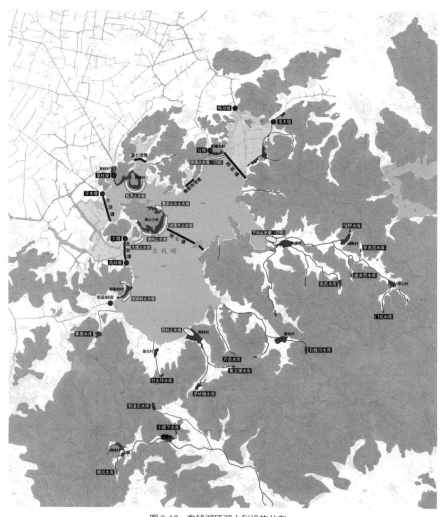

图 2-10　东钱湖环湖水利设施分布
（图片来源：笔者自绘）

---

[1] 宁波市鄞州区水利志编纂委员会 . 鄞州水利志 [M]. 北京：中华书局 ,2009.

（4）出水堰坝碶闸

堰本身的设计，除了有拦洪蓄水的作用，也考虑到船只过堰、通舟楫的需要，因此在莫枝堰、平水堰、大堰、高湫堰、钱堰这五个连接主要下游河道的堰坝处，均设置了磨堰或车堰（表2-6）。其中莫枝堰的车坝与磨堰分设（图2-11、图2-12、图2-13），高湫堰和平水堰车坝与磨坝合设但分道[1]。磨堰往往坡度缓，宽度大，靠人力将船以"之"字形的方式，将船的头尾交替磨过磨盘而上，几人合作便可以将小船磨过堰身[2]。因此磨堰可看作是公共性的船门，供普通人家个人的小船通过，但又因所需三四人力，并非单人可以完成，因此在人力舟过堰的时候，往往会得到来往邻里乡亲的帮助[3]，久而久之会形成众人合作的场所，自发性地形成一个互助节点。

表2-6　东钱湖堰坝碶闸信息

堰坝	长×宽×高	始建年代	碶闸	湫阙（小斗门）	水流去向
莫枝堰	东堰 4米×10.4米×3.87米 西堰 19.84米×10.56米×3.83米	北宋嘉祐年间（1056—1063年）	莫枝碶闸	—	入中塘河至横石桥与前河汇合，由大石碶入奉化江
大堰	11.54米×8.92米×3.89米	北宋嘉祐年间（1056—1063年）	大堰碶闸、大堰新碶闸	—	入长山港，至横石桥与中塘河汇合，入奉化江
钱堰	10.4米×5.12米×3.96米	北宋嘉祐年间（1056—1063年）	钱堰碶闸	—	钱堰碶北注之水，一路经后塘河，由杨木碶入甬江
梅湖堰	11.84米×9.6米	北宋嘉祐年间（1056—1063年）	梅湖碶闸	梅湖塘西小斗门	梅湖现垦为农场。历史上梅湖碶水北注鹿山，汇钱堰之水，与三塘河汇合，入奉化江
平水堰	14.85米×9.6米×3.95米	北宋治平初年（1064年）	—	平水堰北小斗门	平水堰塘
高湫堰	11.04米×8米×3.96米	北宋治平初年（1064年）	—	高湫塘小斗门	高湫堰塘
栗木堰	4.6米×3.3米	北宋治平初年（1064年）	—	—	栗木塘
—	—	—	方家塘小斗门	—	—
—	—	—	国七寺小斗门	—	—
—	—	—	上虹桥小斗门	—	—
—	—	—	郭家峙碶闸	—	由寨基河经丁湾、栎斜沟通鄞南河网

来源：《新编东钱湖志》。

[1] 仇国华.新编东钱湖志[M].宁波：宁波出版社,2014.

[2] 详见附录《朱Q采访记录》。

[3] 戴金裕.舟过堰[J].钱湖文史（内部刊物）,2014(20):46-47.

图 2-11　莫枝堰老照片

车堰是一种比较原始的半机械化作业,主要针对较大型的船只,需有专门的车坝人员完成一系列作业程序。车坝是通过一种狭窄的船道,约 2 米宽,由竹绳(后来发展为钢丝绳)拉住船身,连接到车坝两侧工作台上的竖杆,一侧 4 人,一起传动竖杆上的辘轳,将船体拉上坝顶。减小摩擦力,堰身条石上铺有约 15cm 的硬质泥[1],船过坝时,一边浇水一边拉船,增加润滑度。因此,车堰过船是一件有组织、有管理的系统作业,过船的船老大需要支付一定的费用给车坝的工作人员。参与这项工作的人,通常是年龄较大的男性,车堰工作也为他们提供了农渔生产之外的附加收入。

图 2-12　莫枝堰细部
(图片来源:笔者自摄)

图 2-13　莫枝堰坝碶闸
(图片来源:笔者自摄、自绘)

---

[1] 戴金裕 . 舟过堰 [J]. 钱湖文史 ,2014(20):46-47.

三、水利组织：东乡区域"均包湖米"

东钱湖作为宁波平原农业生产灌溉的支柱性水利工程之一，是在区域性调研基础上构建的长远规划，由地方政府自上而下组织管理的基础设施。唐代县令陆南金相度地势，衔山脚筑堤塘，储蓄淡水成湖，形成鄞东南灌溉区；北宋鄞县县令王安石，历经十三天的全境调研，在对鄞地山水地理有一个大致了解的基础上，提出"乘人之有余，及其暇时，大为浚治川渠，使水有所潴，可以不足水之患。"[1]李夷庚、胡榘等众多地方官吏，均因治水功劳而名垂青史，被东钱湖人所供奉。东钱湖常年的成湖与治理，是出于管理者对地方发展的整体考虑，以保障地方农业生产、人民生活为目的，不论后世在水库功能的基础上，增加了多少附加功能，其基本的生存动机依然延续到今天。在这项具有全局观、历史观的决策过程中，各级地方官吏的作用十分重大。

以东钱湖为中心的水利社会集团包括两个层面，一个是该湖湖水灌溉农田的受益者[2]，范围为鄞东南平原，鄞、奉、北仑、江东四区13镇的24653公顷农田[1]。过去东钱湖是整个宁波东乡区域居民生存、生产所依赖的水源，如今，饮用水已不再引自自然水域，东钱湖水主要用于农业生产，其灌溉渠灌溉范围接近宁波一半耕地范围。宁波自古有句俗语"儿子要亲生，田要买东乡"，从选择偏好上，体现出东钱湖的灌溉之利，为东乡灌溉提供了保证，直接提升了东乡的土地价值，以至于上升到了具有优越感的地方共识。因此有赖于其水利功能的社会群体，正是以东钱湖为核心的社会集团。

东钱湖水利集团的基础是"均包湖米"，该集团内的成员有享用东钱湖湖水的权力和资格，也有分摊缴纳湖税、治理湖水的义务和责任。在扩湖的过程中，废去农田税粮，由周围收益田均摊，从而使每亩田在原先纳税粮的基础之上再多"加米三合七勺三抄"，形成"均包湖米"的公共基础[2]。水利工程经费的来源，由受益地区通过计收水费的方法筹集。水费收入用于东钱湖长期的治理，包括定期加固、维修、清界、除葑等常规湖工，以及管理人员劳务报酬、工程维修养护、观测试验研究以及管理机构的办公经费[1]。尽管在东钱湖治理的历程中，经历过"官办民助"到"官督民办"再到"民间自主办理"的过程[3]，直至当前水利发展与建设规划中，均将定期治理、维护东钱湖、疏浚河道等作为常规工程，列入地方政府的基本工作内容（表2-7）。

综上所述，随着与耕地拓垦的同步进展，水利工程既受国家权力与制度的引导，也是普通民众的生存需求。东钱湖修筑、治理的社会因素，受这两者的共同影响，可谓"官有意、民有愿"才保持了历朝历代上下同力的保湖、治湖历程。

[1] 宁波市鄞州区水利志编纂委员会 . 鄞州水利志 [M]. 北京：中华书局，2009.

[2] 张俊飞 . 以东钱湖为中心的水利社会考略 [J]. 农业考古，2013(03):124-129.

[3] 宗发旺 . 水利与地域社会 [D]. 宁波：宁波大学,2011.

表 2-7　中华人民共和国成立后历次水利规划对东钱湖的治理措施

水利规划	整治内容	具体措施
鄞县水利建设规划 （1951—1955 年）	东钱湖整治	除葑 600 公顷，疏浚湖底，修堰塘碶闸 10 处
	疏浚塘河	疏浚鄞东南前、中、后塘河
五年水利规划 （1953—1957 年）	修建山区堰坝	550 处
	东钱湖整治	清除梅湖葑草，修理湖塘水闸
	疏浚河道	平原河道 2855 处
五年水利规划 （1958—1962 年）	修建小型山塘	水库增税 370 万立方米
	东钱湖整治	抬高水位 0.15 米，增加库容 300 万立方米
"三五"水利规划 （1966—1970 年）	修建山区水库	南岙水库
	疏浚河道	疏浚中塘河
	东钱湖整治	加高东钱湖堤坝
治山治水十年规划 （1966—1975 年）	东钱湖整治	加高东钱湖堤坝 20 厘米，增容 600 万立方米
	修建山塘水库	193 座，增水 500 万立方米
农田基本建设规划 （1976—1978 年）	东钱湖整治	—
	疏浚河道	13 条
农田基本建设规划 （1979—1985 年）	东钱湖整治	疏浚东钱湖，完成湖心堤
	疏浚河道	疏浚鄞东南 9 条塘河及骨干支河
	修建山塘水库	一批小型山塘水库
农田水利规划 （1981—1990 年）	东钱湖整治	东钱湖加高 0.7 米，增容 1400 万立方米，拆迁房屋 6717 间
	修建下水水库	补充鄞东南灌溉水源，坝址在下水村上有 450 米处
鄞县水利建设五年规划 （1986—1990 年）	东钱湖整治	东钱湖加高 0.7 米，引椅子岙等流域面积 10.1 平方千米，增容 1400 万立方米
鄞县水利建设五年规划 （1989—1993 年）	东钱湖整治	中型水库去白蚁
	小流域整治	亭溪、南岙溪整治
	疏浚河道	6 塘河及 20 条骨干支河清淤

四、水利冲突：兴废争斗的废湖之鉴

东钱湖的命运并非一帆风顺，一直受到两股力量的共同作用。这两股力量来源于两个利益群体，一是受东钱湖灌溉之利的东乡人民，二是通过东钱湖本身获利的资本集团。两者之间的冲突和斗争，从成湖之时，至演进过程的每一个阶段，并以新的冲突现象延续到今天。

东钱湖成湖过程本身，就是基于基本生存生产需求，牺牲局部或个人利益的结果。唐天宝三年（744 年），现在东钱湖湖底范围本为当时杨姓地主的家族私田，鄮县县令陆南金在围筑东钱湖时，废田 121213 亩（每亩约合现在市亩 0.25 亩，资料来源于清李瞰《修东钱湖议》），废去湖田赋税，分摊给受益田，每亩加米 0.376 升。虽然史书中并未有关于废田过程的详细记录，但其中所经历的斗争或协商过程，仍被当地人所流传（戴 WL 访谈）。

元代之后，反湖田化的保湖废湖之争出现了 9 次，实质上是多数人利益与少数人利益之间的争斗，即东乡整体水利集团与沿湖豪强势力之间的利益斗争。然而东钱湖能够在多次湖田化冲突中幸存，一方面是由于地方官员的长远目光，为保证整个东乡的农业生产，保证大部分民众的利益；另一方面，西乡广德湖和绍兴鉴湖的废湖之弊，也是东钱湖保湖之论中重要的反面论据。广德湖是鄞县境内另一个与东钱湖同样重要的湖泊，灌溉鄞西平原，灌溉面积约占整个鄞县耕地的二分之一。然而北宋年间民间日增的人地矛盾以及统治阶级的内部腐败，导致在政和七年（1117年），广德湖最终完全被垦为农田，此后鄞县西乡再无调节水旱的工程，王庭秀在《水利说》中如此评价广德湖之废："鄞西七乡之田，无岁不旱，异时膏腴，今为下田，废湖之害也。"绍兴年间有人做过调查，据当地老农说，广德湖废后，所收不及前日之半[1]。同样，会稽鉴湖的消失，对整个绍兴地区农业生产影响巨大，宋代胡榘在宝庆二年（1226年）上奏的文书中说："失今不治，加以数年，荚蒻根盘，水不可入，虽重施人力，亦终无补。会稽之鉴湖，盖可鉴也。"[2]南宋《宝庆四明志》的作者梁浚也曾用东西乡的对比来说明废湖带来的危害："惟是今岁夏初，秧插未毕，愆阳再旬，东乡惟恃钱湖以不恐，西乡渠流已竭，舟胶不行，人心惶惶，不可一朝居幸而祷雨随应。钱湖之闸未开而旱已，设更数日不雨，钱湖犹可资灌溉，而它山堰水绝无可救旱之理。"[3]由此可见，东钱湖得以在历史中得以留存，既源于地方百姓生存发展的客观需要，也是历代地方官员汲取同时期废湖教训的偶然结果。

纵观东钱湖发展史，在水利价值与土地价值博弈带来的兴废斗争中，公众利益持续占据上风。地方官民本着"无堤则无田，无田则无民"的基本原则，上下一心，强化了东乡民众的整体联系，使之逐步发展成为围绕东钱湖的东乡"水利共同体"。

第三节　湖域：封闭内聚的人居单元

在东钱湖湖域内，我们可以从三个方面分析人居活动的自然与社会背景：一是地形地貌多样，为择址定居提供了丰富的基础；二是资源种类充足，为居民提供了亦农亦渔的生产条件；三是地理环境内向封闭，为村落发展提供了安全稳定的社会环境，这三点构成东钱湖传统村落的生长基底。

一、湖域人居环境的历史脉络

纵观东钱湖湖域历史空间的形成与演变，在不同的历史时期，东钱湖湖域的区域背景，即经济、社会以及政策的变迁，是影响东钱湖湖域人居环境变迁的重要原因（图2-14）。

东钱湖周边的建设活动，以围绕淡水湖泊自然形成的人居聚落为主要类型。在外界社会背景与自生生长积累的双重作用下，从成湖之日起，水利治理带来了农业的生产兴盛，人口的迅速增加，导致物资需求量的扩大，市场发育更为成熟，让东钱湖周边的家族由此获得了充分的生存与发展机会[4]。历经唐宋元明清直至今天，东钱湖域的人居形态保持了一种持续生长的状态。而在各个历史时期，均

[1] 邹逸麟.广德湖考 [J].中国历史地理论丛,1985(02):208-219.

[2] 仇国华.新编东钱湖志 [M].宁波：宁波出版社,2014.

[3] 罗浚.浙江省宝庆四明志 [M].台北：成文出版社有限公司,1983.

[4] 黄文杰.文·化宁波：宁波文化的空间变迁与历史表征 [M].杭州：浙江大学出版社,2015.

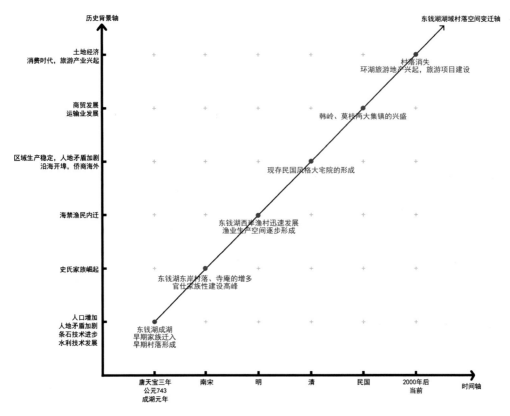

图 2-14　东钱湖湖域村落空间演变的历史脉络
(图片来源：笔者自绘)

有一定的社会背景或力量，主导着东钱湖周边的建设活动。由于东钱湖乃至宁波乡间的大部分地区并没有具体和完整的历史资料可考，村史只能从口耳相传的传说或故事中，以及从主要家谱脉络中，结合宁波地区拓殖定居、移民开发[1] 的历史，判断村落的形成与起源（表 2-8）。这里，以不同时期对东钱湖产生重大影响的事件为线索，分析湖域村庄的发展脉络（图 2-15）。

[1] 邱枫. 宁波古村落史研究 [M]. 杭州：浙江大学出版社,2011.

表 2-8　东钱湖湖域村庄历史成因

村庄起源	始因	历史概述
殷湾村	始于应氏	郑氏先祖以玖公于明永乐三年（1405年）定居殷湾；清光绪十五年（1889年），重修莫枝堰
莫枝村	始于水利	莫枝因水利而生。北宋嘉祐年间，置莫枝等4座碶闸，于闸上形成莫枝集市，逐渐发展为集镇
陶公三村	始于避难	最早有闻氏居于现利民村闻家弄一代，南宋，史唯则十世孙史兔之由鄞城迁入；明初，忻家始徙陶麓天境亭下
郭家峙	始于避难	明代村落兴盛，郭、高、徐三姓聚居；古刹"隐学寺"系西周徐偃王隐居之所；唐建中二年（781年）改院建寺，宋大中祥符二年赐额栖真寺，寺靠右即"徐偃王墓"，寺左面系明代"户部尚书余有丁之墓"
前堰头村	始于史氏	前堰头村建于宋代，史氏为村之开辟者
下水村	始于史氏	史家发祥地；北宋庆历年间，史成从江苏溧阳迁居东钱湖下水发族建村；一门三宰相、四世三封王、五尚书六大夫、七十二进士。有事母至孝的史诏、昭雪岳飞的史浩、忠君恤国的史弥远。清嘉庆元年（1796年）在下水立忠应庙
绿野村	始于史氏	南宋史家第三代史诏葬于绿野，现存国家级文物史诏墓道；绿野出进士77人
洋山村	始于杨氏	相传北宋中叶，有杨姓落户，因地处山岙，故为杨山岙；元至元二十一年（1284年），鄞县俞氏第十五世俞得一徙居杨山岙，遂改杨山岙为洋山岙；鄞东为俞氏家族的起宗之地
韩岭村	始于交通商贸	韩岭历史上曾为汪洋大海，后因地质演变，海平面退缩，形成东钱湖，而韩岭今地亦成为陆地，并逐步发展。因韩岭位于宁波与象山港之间，遂古时成为交通要道，促使其商业繁荣，沿线形成老街。韩岭亦因此草市大为发展。此后，陆续迁来郑、金等大姓，遂往东侧发展，建设了大夫第、全盛、德胜、良房、安房等传统合院，并形成后街的生活性巷道。总体来看，韩岭因老街而兴，后自身衍化有后街，故有双街并列的格局

1. 宋—权臣家族—湖东乡村发展

宋元时期，东钱湖周围的平原山岙基本开垦完毕，农耕村落已基本定型。北宋末期直至南宋中期，在东钱湖下水、绿野发迹的史氏家族，从耕读传家逐渐走向政治中心，在两宋时期，有着举足轻重的历史地位。史氏家族走出了三位宰相、兵部尚书、吏部尚书、龙图学士、朝议大夫等各种大小官，成为鄞州历史上第一个世家大族。史氏家族对宁波地区的建设意义重大，带动了明州城的城市建设，也带动了东钱湖周边的开发建设。史浩在月湖畔修建宝奎阁收藏御书后，许多文人志士纷纷在月湖畔的汀州上，修建书院和藏书楼，四明学术从此蔚然成风。

史氏家族将这样的影响力带到了东钱湖周边的乡村。一方面，史家将东钱湖东岸的家族发迹之地作为祖坟、祖祠等宗族性祭祀中心，史家墓葬群所涉及的范围方圆15千米，有史家墓道的石像生约160件，占整个浙东地区南宋墓道石刻的一半以上。另一方面，史氏家族在东钱湖周边置田地作为祖产，从下水绿野发家后，外迁至前堰头、陶公史家湾、横街史家等湖域6处自然聚落，以至于史家退出朝野后多年，东钱湖周边仍保留着史氏家族的宅地和别墅，以及史氏故里的特殊意义。

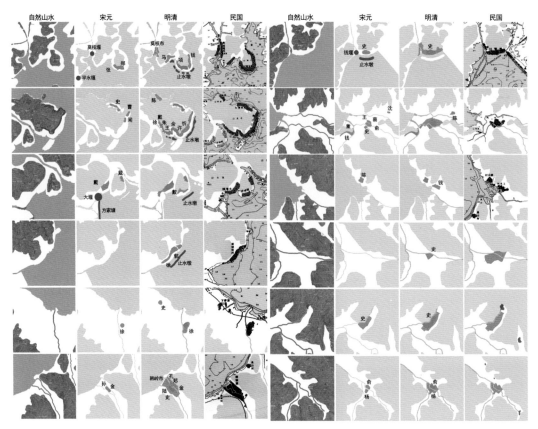

图 2-15　环湖传统村落历史演化过程图
(图片来源：笔者自绘)

此外，史氏家族信仰佛教，南宋的功德寺制度促进了佛教在东钱湖周边的发展和传播。叶氏太君墓的无量寿庵，史诏的中庵，史浩的胜像甲乙律院，史弥远的教忠报国禅寺、辩利教寺，以及史岩之为遂母心愿，在东钱湖中的霞屿岛开凿的普陀洞天等。其中史弥远的大慈禅寺，是著名的六朝古刹，始建于五代后晋天福三年（938 年），据今已有近 1100 年历史。根据元延祐志记载：大慈禅寺于宋绍兴二十年（1150 年）重建，南宋嘉定十三年（1220 年），宋丞相史弥远立为功德寺，宋宁宗特赐 "教忠报国寺" 匾额，驰名中外，高僧辈出，香火旺盛。以至于在南宋时，下水官驿河头至大慈寺之间，曾一度有 600 余家店铺林立，形成了一条专门售卖香火与胭脂花粉的商业街，如今这条 "香街" 已随着南宋王朝的灭亡和史氏家族的没落而消失，但留存有 "官驿河头" 与 "接官亭" 等历史遗迹 [1]。

2. 明—海禁内迁—湖西渔村发展

早年的东钱湖有 "失业工厂" 之称。每当战乱、灾荒，不仅是东钱湖四周农民，连上海、港澳水手、工人都来捕鱼谋生，而且余姚、上虞、绍兴的 "家小船" 长年云集捕捞。从明洪武年间到民国中期，东南沿海经历了三次海禁，分别为明洪武三年（1370 年）、明永乐年间以及清康熙年间，导致沿海大

---

[1] 伊国华 . 宁波东钱湖历史文化四明史氏篇 [M]. 香港 : 天马出版有限公司 ,2011.

量渔民来到内陆水域寻找生存空间。东钱湖西岸作为最早被渔民入迁的区域，殷湾、陶公等邻水村庄，在明代逐渐形成。陶公的忻家、王家、朱家、余家，郭家峙的郭家，殷湾的项家，均是在明中期因避难迁入，陶公钓矶、殷湾渔火，成为钱湖八景中的两景亦所由自然。

海洋捕捞本来集中在舟山群岛、象山及远洋海域，渔民就近居住在滨海地区。明洪武三年（1370年），朝廷因倭寇下令海禁，舟山 46 岛无田，岛民除 10 万人充卫所守军外，大部分迁至鄞州、镇海，依托东钱湖和境内江河，从海洋渔业转业淡水捕捞，县内业渔人大增。其中一部分渔民沿小浃江渡船而上，迁至东钱湖沿湖定居。以殷湾、陶公、大堰为代表的东钱湖渔民，聚居在东钱湖畔的村落。海禁开始后，东钱湖渔民转为湖上、海上两处捕鱼，并在洪武十九年（1386 年）发明了对船作业，大大挖掘了捕捞潜力。经历了明永乐年间、清康熙年间的两次海禁，东钱湖渔民成为外海渔业的中坚力量[1]。鼎盛时期，东钱湖渔民数量占整个鄞县渔民数量的三分之二到二分之一[2]。

从明代到民国，东钱湖渔民开创的"大对船作业"，极大地推动了整个中国东南沿海渔业的发展。400 年间，湖帮渔民在中国渔业史上留下的浓墨重彩的地位，被誉为"东钱湖时代"。这一阶段，东钱湖周边的渔村迅速发展，家族和人口不断增加，在渔业的高回报下，宅院不断建设，湖西岸村庄不论是从建设密度还是从建筑质量上，都高于湖东岸的乡村。直到 20 世纪 30 年代，湖帮渔民为了便利生活，大多迁居至沈家门一带，西岸渔村的繁荣胜景才有所衰落。

3. 清—市场开拓—商贸集镇发展

湖西岸渔村和东岸山村的同步发展，不断丰富了湖域周边的产品种类，在水陆交通带来的商品流通背景下，富余的柴竹山货与湖鲜水产参与商品经济交换，宋代就已在韩岭、莫枝等水陆转运枢纽形成草市。明中期以后，产品加工与劳作分工进一步成熟，农产品副业与服务业逐渐从传统农业、渔业中析出。商贸家族陆续迁入韩岭、莫枝，使得湖域周边的草市发展为固定街市，并结合生活区域演变成商贸集镇。清代，宁波作为整个中国仅有的四个对外通商口岸之一，与西方交流日渐频繁。作为宁波市区到象山港的重要水陆通道，韩岭成为浙东地区重要的货物集散地，逐渐形成拥有近百家店铺的大型集镇，韩岭老街也因此享有浙东第一街的名号。周边乡村随着人口不断增加，在莫枝、陶公、下水等人口稠密的水陆枢纽村庄也形成了乡一级定期集市，湖域乡村进一步向综合型村庄演变。

[1] 浙江省鄞县地方志编委会 . 鄞县志 [M]. 北京 : 中华书局 ,1996.

[2] 地少人多的鄞县等沿海地区生机日促，万历十八年（1590 年），因督训海洋捕捞颇成气候，明王思任《广志绎·江南诸省》中"在五月石首发……宁、台、温仁相率以巨舰捕之，其鱼发于苏州之洋山，以下子故浮于水面，每岁三水，每岁有期，每期鱼如山排列而至，皆有声，……每期下三日网，有无皆回，舟回则抵明智小浃江以卖，港舟轴舻相接，其上盖平驰可十里也，舟每利者，一水可得二、三百金"。由此可看出，鄞县经济已表现出稻渔并重的特色。清顺治十八年（1661 年），政府为方虞南明军郑成功部，勒令岛民与滨海居民一律内迁 30~50 千米，康熙二年（1663 年）又在定海定界桩，不许片板下海，海洋捕捞一度中落，舟山渔民再度大批入鄞。康熙二十三年（1684 年）开海禁后，海洋捕捞再度发展。据沈家门羊府殿碑记，光绪二十六年（1900 年），"本埠大对船约三百对"，此时舟山渔场，鄞县渔帮颇成气候，城郊区人口中，约 10% 是渔民和船民。光绪三十二年（1906），宁波渔渔局统计，整个宁波府共有渔民 7019 人，鄞县占 2435 人。整个鄞州地区已形成东钱湖、姜山、大嵩三大渔帮，其中以东钱湖的"湖帮"最为兴盛。1917 年，佘山样发现大批小黄鱼，鄞县东钱湖"湖帮"渔民的大对船先进入佘山洋开发渔场，因此也促进了大对船的大型化。仅本湖约有内河小渔船五百艘，海船（十五至三十吨）的大对三百多对，计六百多艘，冰鲜船（五十吨以上）六十多艘，对比其他地方（如崇明小船近千，但海船仅十几艘）规模甚大。1932 年，鄞县外海渔民已有近万人，其中东钱湖约 5000 人，占整个鄞县渔民的大半。

4. 民国—海派西化—侨乡资本发展

清朝晚期，人地矛盾带来的生存压力日渐激烈，随着通商开埠的对外交流机会，大批鄞县籍商人到上海经商，后来又转战香港。一些东钱湖湖域的无地居民也成为宁波帮的一分子，跟随"海飘"的浪潮，远离家乡打工谋生。其中打拼成功的一部分人回乡，将新兴制造加工业带回家乡，开办了最早的一批工厂，带动了东钱湖周边产业的机械化转型。如始创于1925年的韩岭烟厂，由金氏族人金吟笙先生创办，他早年在上海的烟草公司工作，从学徒升级到买办，1921年回到韩岭创办了中国韩岭烟厂，堪称浙江卷烟业的鼻祖，更是宁波地区最早的工厂之一 [1]。

还有一些家族侨居海外后，通过建设祖宅、兴办学校等方式，回馈家乡，并且带来了具有西洋风格的建筑形式，为乡村注入了许多西方的建筑元素。如韩岭的财宝洋楼、郭家峙的快发财洋房、陶公的曹洋房等，这一时期的乡村民居，也采用了许多巴洛克式的装饰符号。可以看出民国时期西方文化对村庄建设的影响。

5. 当前阶段—国家级旅游度假区—多种开发项目落地

中华人民共和国成立后，东钱湖及周边乡村作为偏远村落，曾一度随着水运交通和渔业生产优势的消失而没落。随着整体国民经济的发展及快速扩张的城市化进程，在人们日益增长的需求下，东钱湖凭借其良好的山水景观资源，成为宁波"中提升"战略的重点。2001年8月，浙江省宁波市委市政府作出加快东钱湖地区开发建设的重大决策，将包括鄞州区东钱湖镇、天童寺、阿育王寺、天童森林公园等地在内的约230平方千米确定为东钱湖旅游度假区规划范围，成立东钱湖旅游度假区管理委员会，大力发展旅游度假产业。2015年10月，东钱湖获评首批国家级旅游度假区，成为宁波地区热门的旅游假目的地。2017年3月，宁波市第十三次党代会指出，要将东钱湖打造为国内一流生态型、文化型旅游度假区，向国际知名的湖泊休闲新城的方向努力，力争从"宁波后花园"转变为"宁波城市客厅"。如今，东钱湖地区正日新月异地高速发展，一大批旅游度假项目和地产项目落地（图2-16）。湖域村庄作为稀有的可建设用地，大部分流转为景区建设用地，村民整体搬迁至居住小区模式的新农村社区，仅剩下的12个行政村暂未动迁。而根据《东钱湖旅游度假区总体规划（2005—2020）》可知，未来仅对环湖9个传统村落采取保护或保留的措施。且在撰文之时，郭家峙、前堰头两个环湖村庄的拆迁事宜已提上日程。

---

[1] 王万盈，何维娜，魏亭 . 宁波风物志 [M]. 宁波 : 宁波出版社，2012.

图 2-16　2017 年东钱湖旅游度假区已开发建设项目

(图片来源：笔者自绘)

二、湖域人居环境的村落现状

东钱湖湖域传统村庄信息如表 2-9 所示。

表 2-9　东钱湖湖域传统村庄信息（2014 年）

编号	村名	建设用地 /（ha）	户数 / 户	人口总量 / 人		
				户籍人口	外来人口	总人口
1	莫枝村	12.7	735	3414	565	4349
2	利民村	9.5	643	1518	80	1598
3	建设村	10.4	425	740	250	990
4	陶公村	14.8	652	1363	231	1594
5	殷湾村	12.2	739	1021	768	1789
6	前堰头村	10.6	607	1377	258	1635
7	象坎村	3.9	273	666	100	766
8	韩岭村	15.4	706	2607	485	3092
9	郭家峙村	8.9	795	1620	—	—
10	下水村	17.3	900	2233	67	2300
11	绿野村	7.5	415	991	48	1039
12	洋山村	4.7	332	698	35	733

1. 莫枝村

莫枝村并不是一个历史悠久的村落，村落形成于清代，是随着人群的聚集和商贸的兴起而逐步拓展出的集市村，后来延伸发展，和师姑山下的渔村相连。莫枝村临街一面都以店铺为主，其后依山缓坡鳞次栉比而上，颇具立体感，集水乡、湖村、山居和市镇于一体。过去最具特色的是沿街而建蜿蜒曲折的"过街楼"，特别是东街，从最南端起沿着堰坝逐步上坡，过坝后一路下坡直至八字桥，长达五六百米的沿街店铺家家都盖过街楼，此过街楼一般都从屋檐向前延伸五六米直至河岸，高四五米，为支撑楼顶棚，河边一字排开柱子，三步一根、五步一柱。从街的尽头向街内望，是望不到头的幽深曲蜒的长廊。街市两侧的民居以前店后坊式为主，至今仍有店铺遗存（图 2-17）。莫枝村东段于2015 年和殷家湾一同入选宁波市第三批历史文化名村。

2. 殷湾村

殷湾村地处湖北谷子湖，两岸青山相夹，纵深 3 千米，宽 200 米，是一处天然的避风小港，紧邻连通城区的中塘河。殷湾原名应家湾，最早为应氏家族居住，后来应氏迁走，郑氏、项氏、张氏、孙氏四个大姓保存至今，如今保存有大量历史建筑、家族院落与祠堂（图 2-17）。殷湾因渔闻名，旧时渔户云集，渔舟岸泊，夜晚时分，水湾深处渔火闪烁，形成东钱湖十景之一的"殷湾渔火"。殷湾村于 2015 年被评为宁波市第三批历史文化名村。

3. 陶公山三村（建设村、陶公村、利民村）

陶公山三村（陶公村、建设村、利民村）位于宁波东钱湖西岸三面环水的陶公岛上，因其封闭清幽的区位环境，自古就是躲战乱、避仇家的隐居之地，有着世外桃源的环境特征。陶公山三村由三个

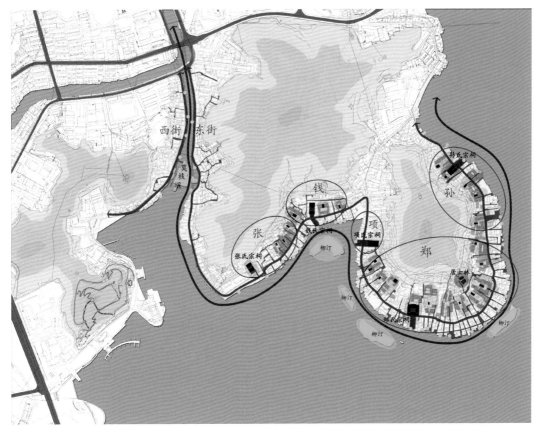

图 2-17 殷湾村、莫枝村现状
（图片来源：笔者自绘）

行政村构成，空间上三村连为一体，环绕陶公山主街串联起八个家族姓氏单元，围绕宗祠、支祠、堂沿等公共建筑聚居。因地制宜，临水而建，山体、湖水、村庄高度融合，生产生活、社会文化相辅相成，使环岛三村成为不可分割的有机整体（图 2-18）。陶公村荣获"发现 2013 中国最美村镇——人文奖"，2014 年 7 月被列为宁波市第二批历史文化名村，建设村和利民村也在 2016 年入列宁波市第四批历史文化名村。

4. 前堰头村

前堰头村是东钱湖正北邻湖的村庄，北靠梨花山，南邻东钱湖，是东钱湖风浪最大的村庄之一，紧邻湖北的钱堰碶闸，因钱堰而得名。村落始于南宋，以下水史氏迁入定居为主姓。村落保存下祠堂遗址、井灵泉、余相书楼遗址、万灵庙、老万灵庙遗址、关帝殿等历史要素，钱湖十景之一"双虹落彩"中的下虹桥也在前堰头村（图 2-19）。

5. 象坎村

象坎村位于东钱湖南岸，是以徐姓为主的单姓村庄。东钱湖南岸是旅游度假区开发的重点区域，在高尔夫俱乐部、雅戈尔别墅等高端项目的包围和挤压下，象坎村几乎没有生存空间，仅存两个徐家堂沿院落（图 2-20）。

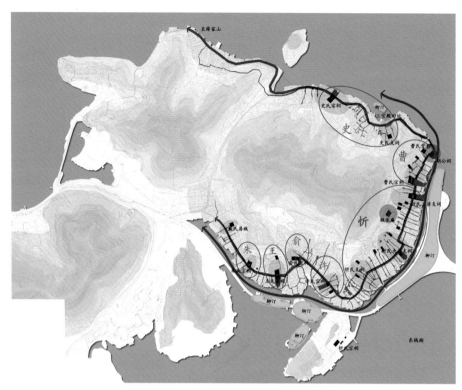

图 2-18 陶公山三村现状

（图片来源：笔者自绘）

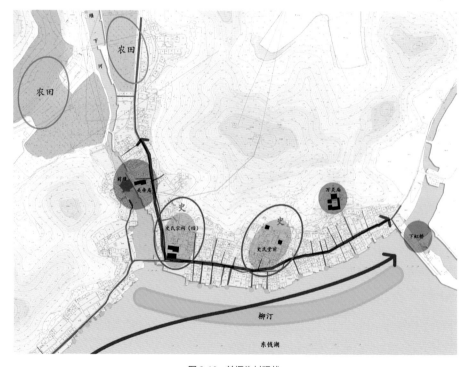

图 2-19 前堰头村现状

（图片来源：笔者自绘）

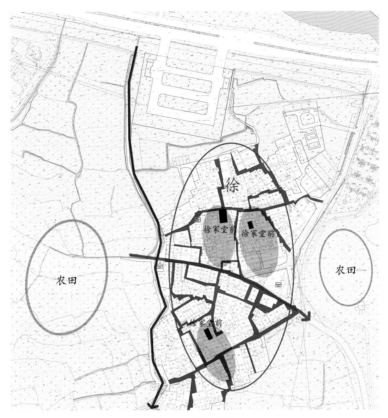

图 2-20　象坎村现状
（图片来源：笔者自绘）

6. 韩岭村

韩岭村坐落于东钱湖东南岸三山之间的山谷地带，村口临湖，陆路有官衢大道往塘溪及滨海，直达象山港畔，水路经东钱湖与鄞东南各条塘河舟楫通航直抵甬城。历代官员巡行和传递文书时，韩岭村是主要的驿站，各地商贾往返及物资流通时，韩岭村是重要的交通枢纽。成书于南宋 1227 年的《宝庆四明志》中称"韩岭市"，已经有沟通象山、奉化与鄞县城内的定期市集，每"逢五逢十"，在近千米的长街上，海边的海鲜咸货、山岙的竹木薪炭、湿地的萝卜菱藕、湖塘的鱼虾螺蚌，都在此会聚集散。直至 1950 年，韩玲村老街上的商铺多达 120 家，名声远涉整个浙东，被誉为"浙东第一街"，后来因公路交通的兴起，韩岭村的水路枢纽功能丧失，韩岭村迅速衰落。如今，老街两侧齐聚十二姓氏，以郑氏和金氏为大姓，遗存有郑氏大夫第、金氏三盛六房等民居院落（图 2-21）。2005 年，韩岭村被评为首批宁波市历史文化名村。

7. 郭家峙村

郭家峙村位于东钱湖西南隐学山下，背山面水，距湖咫尺。原名"郭高徐"，明代村落兴盛时，有郭、高、徐三个姓氏的家族聚居于此而得名（图 2-22）。如今村内遗存有徐家、郭家、闻家、朱家等几个家族院落。

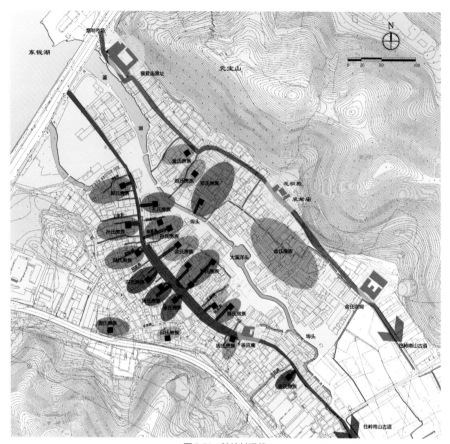

图 2-21　韩岭村现状

（图片来源：笔者自绘）

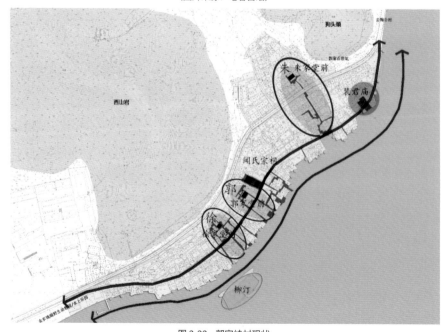

图 2-22　郭家峙村现状

（图片来源：笔者自绘）

8.下水村

下水村位于东钱湖东岸的山岙之口，五峰汇翠，北有天童山脉，南有福泉山，南北指状延伸至下水村。山间有福泉溪、南岙溪和大慈溪三条水系，汇入东钱湖。形成三溪五山汇下水的"水口"环境，并在东钱湖畔自然形成水岸交融的沼泽地——下水湿地。其中南岙溪是东钱湖区域内72条溪流中的第二大溪流，在西村穿村而过，与村庄环境最为密切（图2-23）。下水岙为东钱湖东岸"纵深最大的山岙"，土地肥沃，良田桑竹，阡陌纵横（图2-24）。下水村是南宋史氏家族的发源地，亦山亦水亦田园的水口环境，受南宋文化影响，最能体现竹篱茅舍、鸡犬相闻的意境特色。

9.绿野村

绿野村位于下水岙内，并不直接邻湖，是一处山野村庄，历史与史氏家族密切相关。史诏小时候随母亲叶氏到鄞县东部的大田山隐居，居住简陋，筑草庐于绿野岙梅园山脚，正是现在的绿野村。山岙内沟渠迂曲，阡陌纵横，后来晋国公史弥忠名其"绿野"。从村口牌坊入村，建筑在山谷中沿等高线依次排开，依地形向上的山村，来到山岙深处的村尾，一片绿水铺展开来，四周青山环抱，回头遥望脚下的绿野村屋顶鳞次栉比地融于山谷中，远处山峦叠翠、层次丰富（图2-25）。

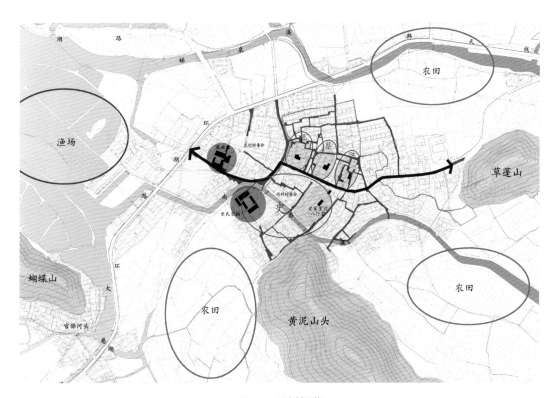

图2-23 下水村现状
（图片来源：笔者自绘）

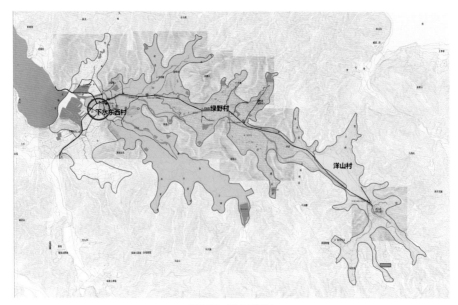

图 2-24 下水岙三村

（图片来源：笔者自绘）

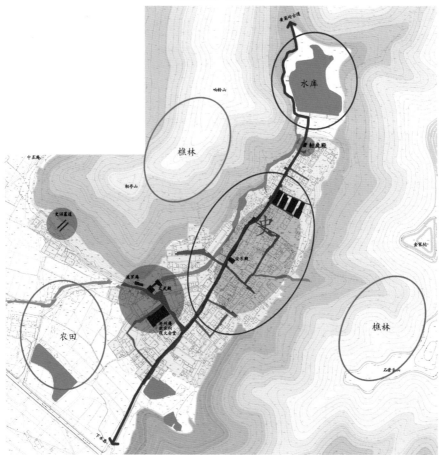

图 2-25 绿野村现状

（图片来源：笔者自绘）

10. 洋山村

洋山村位于下水岙岙底，也是一个山野村庄。古时村庄地貌呈球状，地形成梯形，有福泉明珠之称。村庄坐北朝南，三面靠山，三溪（即门坑溪、大嵩岭溪、后坑溪）汇集之地，有"三龙护珠"之传说。其中门坑溪为东钱湖的源头，是东钱湖七十二溪中最长的一条溪流，全长 8000 米。三溪流过洋山村庄，汇合后称福泉溪，福泉溪流经绿野村、下水东村入东钱湖。现以俞姓为主（图 2-26）。

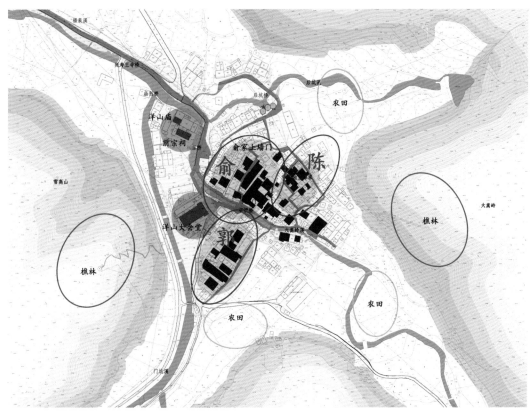

图 2-26　洋山村现状
（图片来源：笔者自绘）

三、湖域人居环境的整体特征

1. 内向的地理区域

中国人自古以来在选择及组织居住环境方面就有采用封闭空间的传统[1]。东钱湖所在的山前台地，是一个四周环山的封闭区域，从外围看去，只是平原背景中的一片丘陵。越过山丘到达湖域周边，村庄隐匿在山岙水畔，依托淡水与丘陵，建立生存基地。基于自然禀赋的物产条件，每个村庄自给自足，以家族为社会单元持续生长。各个村庄领域相互独立，虽然被水域、山体间隔，但都围绕湖泊，与湖

---

[1] 徐杰舜, 刘冰清. 乡村人类学 [M]. 银川：宁夏人民出版社, 2012.

水建立关联，村落从山脚向湖泊生长，形成一种内向积聚的空间状态。村庄之间，又依托水运、水利、水产、山货、农副产品相互补充，渔村、乡村、集镇在经济上彼此关联。同时，这种地理区域的边界感，长期以来将周边村庄的嫁娶限定在湖域内，这使得东钱湖周边村庄一直处于吸纳人口而非输出人口的生长状态，湖域村庄之间有着密集的血亲姻亲关系，强化了社会关系的内向性。

2. 稳定的行政边界

现在的鄞县区域，即从西至四明山，东至天台山外东海海滨，从夏商时期起，就成为"鄞"，秦时设"鄞县"，即为最古老的行政建制区域之一[1]。此后跨越千年，"鄞"这一行政名称，无论是作为州还是县，都与宁波东西平原所在的地理单元直接对应，从古至今政区边界变化少，长期保持在一个固定的管理辖区之内。而作为鄞东重要的水利工程，东钱湖湖域的管理分为两层。湖体本身由特定的水利机构管理，受县、州或市一级政府直接管辖，统筹调控宁波东乡区域的整体水利，而在1984年前几千年的历史时期，周边的乡村被东钱湖所分割，隶属于不同的乡或区（表2-10）。

根据历代地方志记载，几千年来，受交通和管理条件所限，东钱湖广袤的水域在地理上被视为不易跨越的边界。周边乡村作为围绕水库的人居区域，在行政关系上并未成为一个整体，而是结合血缘和地缘关系，以交通可到达的地理区域划分为各个自治的区块单元。但行政的间隔并不阻碍村庄之间的向心力，正如杜赞奇所说："在县界经过的流域盆地，由于存在纵向（向上）和横向（向本县绅士）联系，其向心力及组织力量往往强于其他地区。"[2]千百年来，湖域村庄因水利、交通、社会、经济建立起的网络状联系，形成了隐性的东钱湖地区。1992年，这种向心力显性强化，湖域合并为整体的东钱湖湖区，撤乡并村，所有村庄受东钱湖镇政府整体管辖，结束了近1000年湖域村庄的自治状态。

3. 和谐的社会环境

相对于战争频繁的兵家必争之地，宁波平原是宁绍平原最东侧的盆地，属于疆域的边界，受东南西侧山体保护，战事较少，社会环境较为稳定，成为偏居一隅的避难之所。从区域历史地理的视角看，整个宁波平原都是明清战乱年代归隐避难的佳地，区域内许多家族村落都是因躲避战乱迁居的。中原战事时期，人民举家向东迁徙，海战时期，滨海居民向内陆迁徙。前文的史实说明了战争时期宁绍平原的人口激增状况。如下应街道姜村大江沿自然村的方家是在明初为避战乱自慈溪方家迁来，为该村始祖；石碶街道星光村上店自然村的李家是南宋时从福建泉州逃荒而来。尤其是位于平原尽端的东钱湖湖域，空间隐蔽，自古以来都是避难隐居的佳地。不仅有范蠡和西施隐居陶公、徐偃王归隐隐学的传说，还有明代礼部尚书余有丁退隐于月波山庄的史实，更有朱、王、许、项、忻等家族避难隐居于此的历史。由此可见，自然地理所造就的封闭环境，契合了归隐避难行为所需要的生存空间，同步形成了湖域和谐稳定、互利共荣的社会生态环境。

---

[1] 徐杰舜，刘冰清. 乡村人类学 [M]. 银川：宁夏人民出版社,2012.

[2] 王万盈，何维娜，魏亭. 宁波风物志 [M]. 宁波：宁波出版社,2012.

表 2-10　东钱湖湖域村庄建制发展历程

村庄名称	下水村	绿野村	洋山村	韩岭村	象坎村	横街村	郭家峙村	莫枝村	殷湾村	青山村	建设村	陶公村	利民村	大堰村	高钱村	前堰头村
宋至清	阳堂乡太白里 十都四图	十都三图	无	十五都一图	十四都一图	十四都二图	十五都二图	翔凤乡沧门里 十六都三图	十六都三图	十六都三图	十六都四图	十六都四图	十六都四图	十六都六图	老界乡赤城里 三、二都一、二图	阳堂乡太白里 十都二图
民国（1912—1931年）鄞县	大成乡	大成乡	大成乡	大成乡	大成乡	大成乡	鸣凤乡	鸣凤乡	渔源乡	渔源乡	渔源乡	渔源乡	渔源乡	渔源乡	郧溪乡	凤鸣乡
民国（1932年）鄞县								鄞县第四区	鄞县第四区	鄞县第四区	鄞县第四区	鄞县第四区	鄞县第四区	鄞县第四区	鄞县第五区	
民国（1933—1935年）鄞县								鄞县第九区	鄞县第九区						鄞县第十区	
民国（1936—1945年）鄞县	下水乡	下水乡	下水乡	韩岭镇	韩岭镇	韩岭镇	无	莫枝堰镇	殷湾乡青山	渔源乡	大公乡	大公乡	大公乡	大堰乡	高钱	高钱
民国（1946—1948年）第九区 鄞县				韩岭乡			无	郧源乡	渔源乡	渔源乡	大公乡	大公乡	大公乡	大堰乡	高钱乡	高钱乡
中华人民共和国（1949—1950年）	下水乡			鄞县韩水区 韩岭乡				郧源乡	渔源乡	郧源乡青山	鄞县钱湖区 大公乡	大公乡	大公乡		高钱乡	高钱乡
土地改革至互助组时期（1951—1956年）	鄞县天童区 下水乡			鄞县横溪区 韩岭乡				鄞县丘介区 莫枝镇	渔源乡	渔源乡	大公乡	鄞县横溪区 大公乡	大公乡	大堰乡	鄞县天童区 高钱乡	高钱乡
互助组至高级公社时期	下水乡			韩岭乡				莫枝镇	莫枝乡	莫枝乡	鄞县钱湖区	鄞县钱湖区				
人民公社时期（1958—1959年）	下水大队			韩岭大队				莫枝人民公社	莫枝大队	莫枝大队	大公大队	大公大队	大公大队		天童人民公社	天童人民公社
1960—1972年 鄞县	鄞县横溪区			鄞县横溪区				鄞县丘介区	莫枝镇		鄞县丘介（隘）区	鄞县丘隘区			鄞县天童区	鄞县天童区
1973—1984年 鄞县	鄞县横溪区			鄞县横溪区				鄞县钱湖镇			鄞县丘隘区	鄞县丘隘区			鄞县天童区	鄞县天童区
1985—1992年	下水乡人民政府			韩岭乡人民政府				莫枝镇人民政府	鄞县钱湖镇人民政府						高钱乡人民政府	高钱乡人民政府
1993—2001年	鄞县东钱湖旅游度假区管委会															
2002—2013年	宁波东钱湖旅游度假区管委会、宁波东钱湖风景名胜区管理局，东钱湖镇人民政府（下设 35 个行政村，4 居委会，4 渔业队，2 社区，1 合作社）															

来源：整理自《新编东钱湖志》。

四、湖域人居环境的生长机制

一旦人从物质自然中出现，那些使他成为一个物种（他的本质）的诸般事物也就被外化成好像是物质自然的东西了。从全世界范围来看，农民往往是社会变革中的一只保守的力量[1]。由于个体的改变在集体看来是一种异化，而在较为封闭的社会环境中，集体认同即主流，这使得每个人都对变化产生怀疑。乡土基因是一种极为稳固的文化，极少发生内生性的改变，大多只有在外部环境发生变化时才被迫进行适应性变革。即使在新科技、新技术普及的今天，许多农村居民多多少少都依然保存着传统的思想观念与生活习惯。洗衣机下乡是一个非常典型的例子，在笔者调查的许多村庄，不少居民家中购买了洗衣机的村妇，依然在并不干净的溪水中洗衣。她们不仅是出于节约水和电的考虑，更是由于她们（特别是妇女）从小养成的手洗衣服的传统习惯，而这种习惯和整洁、勤劳、贤惠等美德建立起关联，她们从中获得存在感和价值感。甚至一些已经居住在城市小区的人家，妇女们仍然坚持每天在卫生间手洗衣服（必然配置了洗衣机），似乎洗衣机会变相剥夺她们的家庭职能。她们认为"洗衣机洗出来的衣服没有手洗得干净"，以此获得自我认可。因而与日新月异的城市相比，乡土文化本身具有稳定性。

绝大多数农耕时代乡土社会中的人们，总是或长或短地定居在一个地方。由他们聚居生息而逐渐形成的村落，长期处于一个固定的环境之中[2]。除去外部变化，以乡村为主体的东钱湖域人居环境，千百年来持续以家族集体为单元，稳定延续生长，从"生物的人"到"社会的人"，再到"精神与审美的满足"，已实现了吴良镛先生所说的"整体完满的良好人居环境"，佐证了人类对居住空间需求层次递增，与居住建筑、聚落空间演化的关系[3]（图 2-27）。

对于一种处于稳态的人居系统，其内在的演化通常呈缓慢的生长状态。这种近似于生物性的特质中，其动态的发展是自然选择的结果，体现出聚落从无序到有序、低级到高级的内在演化和发展的规律[4]——复杂的自组织规律，即乡村生活的自身逻辑，包括前文所说的生产逻辑、社会组织逻辑和信仰崇拜逻辑。因此，村落空间的演化正是这一系列生活逻辑内在演化的外在表征。正如东钱湖沿岸防波堤的消失，从表象上是生产空间的变化，但细探其消失的漫长过程，实质上是技术提升带来的功能的消亡、效用的转变。湖心堤的建成，使原有的防浪设施的使用需求降低，进而导致其功能的转变，而本着效用最大化的原则，原有的防浪堤建造材料转而用作建设民居，进一步加剧了这类空间的消亡。在某种程度上，村落空间从结构到要素，都是复杂的传统人居网络状的文化内涵的叠加。这些演变，既受到功能性和实用性导向，又受制于念旧情结与集体记忆的约束，既受个体意志的驱动，又在家族社会的规范中稳定延续。

因此，村庄的内生变化，都是局部的、细节的、要素的，并非是翻天覆地的结构式的演化。譬如东钱湖的村民在新宅基地上建屋时，一定会用砖混结构建造，而不会用传统的砖木结构。如果是对老屋老宅的更新，则会采取能留就留、能用则用的原则，这一方面当然是出于经济的考虑，而另一方面，也有对祖屋的尊敬和敬畏的感情。而不论怎么改变，都不会影响到整体院落的结构，或者家族组团的布局。只要不受外部因素的影响，村庄自组织的内在稳定性至今仍在延续。

[1] 芮德菲尔德. 农民社会与文化：人类学对文明的一种诠释 [M]. 王莹，译. 北京：中国社会科学出版社, 2013.

[2] 陈志华. 村落 [M]. 北京：生活·读书·新知三联书店, 2008.

[3] 冯淑华. 传统村落文化生态空间演化论 [M]. 北京：科学出版社, 2011.

[4] 张芳. 城市逆向规划建设：基于城市生长点形态与机制的研究 [M]. 南京：东南大学出版社, 2015.

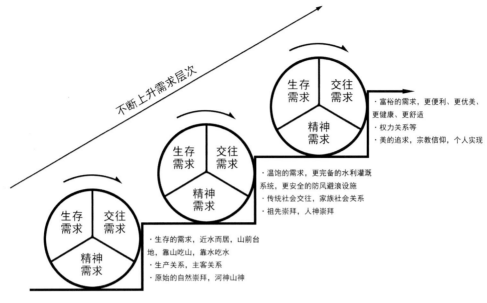

图 2-27　不断上升的人居需求是村庄的生长机制
（图片来源：笔者自绘）

第四节　村庄：顺应自然的村落格局

《汉书·沟洫志》中说："或久无害，稍筑室宅，遂成聚落。大水时至漂没，则更起堤防以自救。"从生存和生活的角度，村庄的形成与地理条件关系密切，如近水坡地、背山面阳等，满足安全、宜居、防灾等基本生存需求。

一、水域高程影响村落择址

水平面影响东钱湖住民对村址的选择和迁移。从长时段的角度看，村庄选址逐渐从地势较高的山坡地带演变至地势较低的水岸区域。东钱湖周边区域属于宁波平原开发较早的区域。一是由于近水又属于高地的地理优势，二是由于近鄞县县治（现五乡镇附近），因此早起就有先民居住。这一时期，东钱湖仍处于刀耕火种的海洋滩涂地带，有先民，难开垦。

7500~6500aBP 全新世末海侵的鼎盛时期，海岸线到达近海低山丘陵前沿，目前所有的沿海堆积低平原全部淹没，甬江口曾后退到奉化区江口以上[1]，根据江口海拔高度（约 7 米）以及资料记载，基本可断定在这一历史时期，宁波平原水面高程在 5~7 米。因此，早期的东钱湖地区是浅海地区，水位跟随潮汐变化，按 7 米高程计算，现今湖泊周边的大部分村落、田地，当时都在水面之下，都在当时的高水位之下。海侵退去后，东钱湖所在的山脚盆地是一片汪洋泽国，东南汇溪，湖水从西侧多个

---

[1] 赵希涛.中国海面变化 [M].济南：山东科学技术出版社,1996.

山口之间的谷地泄出，雨则溢，晴则旱，水域边界不稳定，先民们也不会在靠近湖岸线的地段定居，湖下地区也未能开垦为稳定的农田。根据西晋陆云《答车茂安书》的"遏长川以为陂，燔茂草以为田"，可推测在西晋时，该区域仍采用火耕肥田的原始农耕方式。在此基础上，人居条件的有限制约着人口以及聚落的规模和数量，先民在为聚落择址时，为了避免水患灾害，不会近水定居，而是选择居住在与水面有一定距离的山腰台地前沿。

根据东钱湖韩岭村郑姓老先生的口述，韩岭村在海侵时期就已经有早期先民，当时水位较高，早先聚落位于现韩岭村南侧的窑山海拔 30 米以上的区域；水位退去后，聚落在庙沟海拔约 15 米处一带发展开来；唐代东钱湖边界稳定后，随着区域性贸易的兴起，韩岭村才逐渐形成，后来聚居地在现今的位置发展起来，海拔在 7 米以下。韩岭村聚落在几个历史时期的选址变迁，与海侵时期的高程变化基本一致，一定程度上可为水平面因素对聚落择址的影响作证（图 2-28）。

图 2-28　韩岭村早期人居点的变迁
（图片来源：笔者自绘）

二、光照、风向影响村落边界

在东钱湖蜿蜒绵长的岸线中，风、水和山体构成的微环境是决定房屋选址、村庄生长的关键因素，类似于传统意义上的风水因素。风水的实质是在选址方面对地质、水文、日照、风向、气候、气象、景观等一系列自然地理环境要素的评价和选择，以及选择所需要采取的相应规划设计的措施，从而达到趋吉、避凶、纳福的目的，创造适于长期居住的良好环境 [1]。

　　宁波地区地属亚热带湿润季风气候区，结合东钱湖东高西低的区域地理环境，导致东钱湖地区冬夏两季均是强对流天气的多发地区。夏季 8—9 月易受台风活动影响，年平均有台风 1.8 次 [2]，常有大暴雨出现，加之东南溪水涌入，陶公村、殷湾村、前堰头村、下水村等环湖水口村庄易形成洪涝灾害；冬季西北风盛行，近山邻水，大风、低温、大雪等灾害性天气时有发生，特别是在韩岭村、莫枝村这类两山相夹的风口地区，风力尤为强大（图 2-29）。台风、洪涝是东钱湖水域多发的灾害类型，尤其对于湖畔渔村，大风和洪涝是这类村庄面临的首要威胁。躲避台风侵袭成为渔村择居的首要因素，其次是防洪排涝，最后是建造成本、日照条件等 [3]。

　　以东钱湖湖岸线的地理形态，整个东南侧水岸线分布着下水村—上水村—韩岭村—象坎村，处于下风向，冬季风力尤为强劲，不适合船只停靠；而整个西北沿线的前堰头村—殷湾村—陶公村—郭家峙村一带，山体以丘陵为主，水岸线曲折多变，山岙具备"挡风聚水"功能，山构成避风屏障，湾形成避浪腹地，岙位于山与湾之间，是最佳的人居空间，是建渔村的最佳之选 [3]。因此湖域渔村集中在湖之西北，湖东南的村庄即使邻湖，也并非渔猎村庄。

　　遵循避风、光照等自然逻辑，村庄往往是从朝南、背山面水的高地开始，随着人口的增多，逐渐沿着溪水生长发展。受山水空间及土地资源限定，最终成长为特定的有机形态。

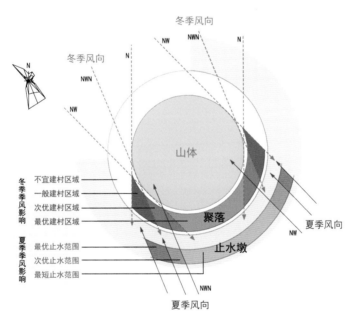

图 2-29　朝向风向影响下的最佳定居区域
（图片来源：笔者自绘）

[1] 徐杰舜，刘冰清 . 乡村人类学 [M]. 银川：宁夏人民出版社 ,2012.

[2] 浙江省鄞县地方志编委会 . 鄞县志 [M]. 北京：中华书局 ,1996.

[3] 潘聪林，赵文忠，潜莎娅 . 滨海山地渔村聚落特征初探——以舟山为例 [J]. 华中建筑 ,2015(03):191-194.

三、坡度坡向影响街巷格局

防洪排涝是形成村落内部街巷格局的主要因素。遵循地势规律，根据水流流势，街巷系统也呈现出自然不规则的特征。其中，最高水位形成的主街以及泄洪沟渠形成的巷道，共同构成村庄的街巷系统。

横向的高水位等高线是形成主街的核心要素，尤其以滨水渔村最为典型。东钱湖现存的陶公山村、殷湾村、前堰头村、郭家峙村四个邻湖传统村落中，均有一条最主要的交通型主街，形态蜿蜒曲折，串联起村中所有垂直于水岸线的巷道。主街线形与自然山体的等高线、水岸线基本平行，海拔3.80~4.20米。主街约4米的高程，与东钱湖历年高水位水平面高程一致（图2-30）。当前，东钱湖正常蓄水位3.77米，防洪限制水位3.37米，50年一遇设计洪水位4.20米，500年一遇校核洪水位4.43米，死水位1.77米[1]。又根据历史记载，1958年曾加高湖塘0.5~0.6米，可推算出在此之前，正常蓄水位约在3.2米，最高洪水位约在3.8米。这一数字恰好在村落主街高程之下。说明在过去，村落的建设范围集中在主街以上，基本不会被水淹，而主街以下，可能会受到洪涝灾害影响。因此，村中的木构民居基本集中在主街至山脚区域，数量远多于主街之下水边的木构传统民居。主街之下以近现代建设的砖混民居为主，这类民居比砖木结构的传统民居更防水、防风，可以建在靠近水面的岸边。

纵向高差的地势变化，形成自然排水沟渠，这是房屋之间巷道的雏形，也是私宅之间排污泄洪、出入通行的公共区域。对于湖东岸的山村和乡村，山溪穿村而过，形成村庄的街巷。湖西岸的滨水丘陵山体低矮，呈圆锥形浮于水上，坡面垂直于水面，山溪自然形成一条条垂直于水岸线的排水通道。村民在建设屋舍时，主动规避自然水渠，以最省力的方式，减少屋内、院内积水。排污、排涝的水渠同时也承担交通功能，作为公共事务进行合作、合资管理，本质上是满足自然排水的基本生存需要。因此在环绕山体的湖畔村庄中，形成了无数垂直于主街、岸线的巷道，在陶公山村、殷湾村、前堰头村和郭家峙村，均可看到这类鱼骨状形态的街巷。

[1] 宁波市鄞州区水利志编纂委员会. 鄞州水利志 [M]. 北京：中华书局，2009.

莫枝东西街高程由塘河到东钱湖
从2.4米上升到4米

2.43
2.45
4.05
4.89
4.18
3.95
4.11

殷湾主街
平均高程约4米

3.89
3.90
3.85
4.03
3.75
3.91

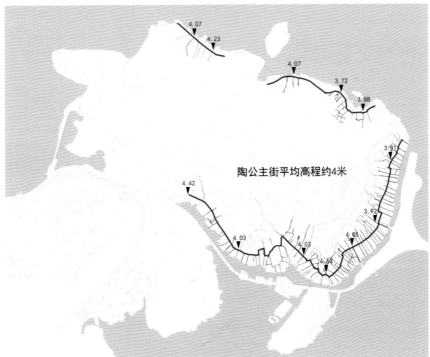

4.07
4.23
4.07
3.72
3.88
3.81

陶公主街平均高程约4米

4.42
3.92
4.03
4.03
4.05
4.64

图 2-30　环湖渔村主街高程
（图片来源：依据《鄞县通志》改绘）

第 3 章

■渔业生产影响下的系统空间

"初八、廿三，解网成堆。廿九、十四黄网下，初五、二十黄网上。

岱衢港一缸金，黄大洋一缸银，随侬咋捞捞不尽。

立冬迎佘山，立春挖大陈，坚持到春分，高产笃笃定。"

——舟山渔业谚语[1]

农事节律是乡村生活的基轴，绝大多数乡村活动都是围绕农事活动节奏而展开的[2]。同样，大部分的村落空间也是因基本的生产需要而形成，农业生产的规律构成乡村空间生成的内在逻辑。清末民初是东钱湖周边乡村经历的最后一个传统社会形态的历史阶段。经过历代的积累，东钱湖周边的产业以渔业为首，商业等副业次之，农业第三。这三类产业促使湖域周边三类村落的形成和发展，形成了湖西渔业、湖东农业以及韩岭、莫枝东西两集镇。其中渔业生产以其明确的分工组织、特殊的劳作工序，比农耕村落和集镇村落更具工业化的系统性特征。本章以东钱湖第一大产业渔业为例，以民国时期的渔业为对象，从空间生成的角度分析在渔业生产逻辑的影响下，渔村空间的系统性特征。

第一节　渔业生产的特征

东钱湖渔民从事外海渔业与内湖渔业两种渔业生产。内湖渔业历史伴随淡水湖泊的形成而出现，据《浙江当代渔业史》记载，东钱湖的渔业养殖始于唐天宝三年（744 年），是我国最早开始水库养鱼的地点之一[3]。外海渔业始于明代，至 20 世纪 70 年代以前，从事外海捕捞的东钱湖渔民声名远扬，产业规模和历史地位均盛于淡水[4]。两种渔业模式因生产方式的不同，具有不同的生产特征，外海渔业具有系统性特征，具有分工合作等工业经济的特点；而内湖渔业则与农耕生产更接近，属于自给自足的小农经济（图 3-1）。

[1] 徐波, 张义浩 . 舟山群岛渔谚的语言特色与文化内涵 [J]. 宁波大学学报 (人文科学版),2001(01):27-30.

[2] 王加华 . 近代江南地区的农事节律与乡村生活周期 [D]. 上海：复旦大学 ,2005.

[3] 张立修, 毕定邦 . 浙江当代渔业史 [M]. 杭州：浙江科学技术出版社 ,1990.

[4] 浙江省鄞县地方志编委会 . 鄞县志 [M]. 北京：中华书局 ,1996.

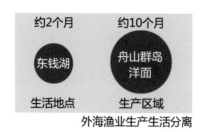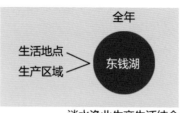

图 3-1　外海内湖渔业的生活生产差异
(图片来源：笔者自绘)

一、外海渔业生产特征：合作经济，生产与生活分离

渔业属于大农业范畴，但从产业性质上看，具有农业和工业的复合型特点，体现在对自然物的采集加工，以及具有鲜明的工业化分工特征[1]。尤其是外海渔业这类专业化程度较高的生产类型，劳动分工细致，生产和消费分离，经济活动与家庭生活分离，这与农耕生产与生活的关系截然不同[2]。

1. 季节性特征，以水产周期为生产节律

渔业生产是人工对自然资源的直接获取，在自然产物的基础上捕捞加工，需遵循鱼体生长周期，把握水体产鱼的阶段性与生产潜力，因此生产活动具有很强的季节性与周期性[3]。渔业捕捞，特别是外海渔业捕捞，通常在鱼汛之时出海作业。鱼汛是某种鱼类因产卵、索饵或繁殖需要，集中出现在某一特定区域[4]，是生产旺季。因此鱼汛的季节性以及鱼群的不确定性，使渔民必须在船上生活，遇到鱼群立即进入捕捞状态。这种风口浪尖的高风险工作，要持续数月甚至半年[5]。

这种长期在海上作业的生产方式，导致渔民们的生活与生产分离，居住空间和工作场所分离。渔民家庭的主要劳动力都集中在远洋工作，每 3~9 个月才能回到家中，停留时间不超过半个月。这期间，家中的老弱妇孺等非主要劳动力仍留在村中，参与农渔副业生产，如渔具修理、渔网织补等工作，有的家庭则参与农业生产或小商品副业等。

2. 工业性特征，以分工合作为组织架构

渔业生产是一项建立在合作分工、供销兼营基础上的系统性工作。浙东海洋渔业捕捞在舟山渔场及外海，销售于洋面，以冰鲜船或进甬，销往乍浦、杭州、沪埠地区[6]。中华人民共和国成立前，围

[1] 王建友."三渔"问题与渔民市民化研究 [M]. 武汉 : 武汉大学出版社 ,2014.
[2] 孟德拉斯 . 农民的终结 [M]. 李培林，译 . 北京 : 社会科学文献出版社 ,2010.
[3] 侯杰，王玉红，刘如江 . 家庭农场经营管理 [M]. 北京 : 中国农业科学技术出版社 ,2015.
[4]《农业辞典》编辑委员会 . 农业辞典 [M]. 南京 : 江苏科学技术出版社 ,1979.
[5] 东钱湖所在的浙东地区，带鱼（汛期八月到大雪）、小黄鱼（汛期大寒到立夏）、大黄鱼（汛期春分到立夏）是传统渔业的核心，鱼汛捕捞时间因作业方法不同略有差别。渔民们通常在农历八月中秋佳节出发，至镇海口，集中于渔业基地沈家门然后出海远征，至次年三月上旬回洋，历时近八个月，主要作业工具为大对船；墨鱼捕捞紧随其后，于农历三月中旬出海至同年夏至返回，于近海捕捞，作业工具为船身略小的瞎眼船；小杂鱼捕捞是同年第三次出海，于夏至后出发，中秋回湖。习惯上在农历八月出洋，次年五月返回的叫长船；正月出海，三月返回的叫春船；八月出海，次年三月返回的叫短船。捕捞时间主要集中在农历八月至次年五月，"湖帮"每年有九个月在舟山渔场作业。
[6] 浙江省鄞县地方志编委会 . 鄞县志 [M]. 北京 : 中华书局 ,1996.

绕渔业，从工序上派生出出海捕捞的渔民、渔工，在海上购买、储运生鲜的鲜客，出售、出租渔具的渔行、渔栈，船舶航运等上下游产业门类。

由于生产资料和资本的占有不同，渔业生产需要配备一堆大对船或瞎眼船（乌贼船），投资巨大，非一般渔民所能胜任[1]，外海渔民在生产实践中自然形成了两个阶层：资方和劳方。在多种资产与劳动力的组合中，除一户一船的个体经营外，主要有长元制、硬脚制和信用合作供销兼营制。其中，主要的生产资料都掌握在渔行主、渔业资本家等资产大户手中。根据 1952 年的调查，在全县 695 户渔民中，有渔行主 6 户，渔业资本家 21 户，独立劳动者 117 户（以清末民初东迁的绍兴渔民为主），资产微薄需出卖部分劳动力的贫苦渔民 191 户，完全受雇于人的渔工 360 户。从这个人数比例上来看，约 4% 的人部分掌握着 27% 的渔民部分生产资料，完全掌握着 52% 的渔工所有的生产资料。这个比例在中华人民共和国成立前的渔业鼎盛时期，可能更为悬殊，因此在 1931 年鄞县县政府打算在东钱湖推行渔业合作事业的试验区，建立渔业生产、捕捞、信用、供销兼营等合作内容时，参与合作社的主要是渔业资本家、渔船主和经营渔业的其他私商，因此对一般的渔民并无裨益。根据 1933 年对东钱湖大对船的调查，一条长船一年毛收入 6000 元，除去租船、伙食、器具、利息回扣等成本，渔伙每脚约得 106.7 元，长元得 720 元，长元一人收入是渔伙的近七倍[2]。

此外，还产生了一批与渔业相关的上下游手工业、加工业，许多渔民家庭的非主要劳动力纷纷参与其中，增加家庭年收入。渔民在休渔期，或渔民家属的日常时间，会尽可能地参与渔业工具的制作修理，如修补渔网、虾网，以补贴家用。根据《鄞县通志》，结网业属于三大家庭工业门类之一，在"段塘石碶一带，妇女多以结网为业，其原料以麻为之，岁约产七八千顶，每顶值银十余圆至三四十圆不等，皆售诸渔人。本邑东钱湖、姜山等处，渔民皆直接至居户收买，外县如定镇奉象等处，则由贩客收买，商铺转售，渔民居户结成之网皆系本邑渔民用猪血或洋栲等染之使成棕黑色方经久耐用。"[3] 因此在渔业鼎盛时期，东钱湖周边的居民都参与渔业周边产业，家家户户织网，产品直接与渔民交易。

二、内湖渔业生产特征：小农经济，生产生活结合

1. 一户一船，半农半渔

与海捕不同，内湖淡水渔业最初属于农民的副业[2]，农闲之余，在湖中或塘河捕鱼，丰富农产品种类，采取个体作业，一户一船，半农半渔。宋代胡榘建议维护湖泊、浚湖除葑的文书中提到"湖上四望，渔户可以日获锱铢之利"，宋史浩曾描述为"鸣榔掷钓渔艇短，数百成群来往欵"[4]，都说明宋时已有东钱湖渔户进行淡水捕捞的明确记载。到清末民初，绍兴籍渔民大批入境，专业淡水捕捞才从农业中分离出来，此时的淡水渔民大多一户一船，漂泊无定，居于湖上。后来随着黄鱼产量的萎缩，海洋渔业的发展和分工，许多渔民在从事墨鱼生产后，不再出海，渔主修船备网，海捕渔民改向东钱湖进行淡水操作。土地改革后，半农半渔的渔民均转为农业。专业淡水捕捞的则逐步采用以养为主、养捕结

---

[1] 郑实 . 殷家湾史 [Z]. 未出版 ,1988.

[2] 浙江省鄞县地方志编委会 . 鄞县志 [M]. 北京 : 中华书局 ,1996.

[3] 张传保 , 汪焕章 . 鄞县通志（上下）[M]. 宁波 : 鄞县通志馆 ,1935.

[4] 引自（宋）史浩《东湖游山·庚申居下水》。

合的生产方式。1989 年，全县有淡水渔船 1054 只，基本采用网具和钓具作业 [1]。直至东钱湖养鱼场的成立，专业发展淡水养殖捕捞，并于每年进行冬捕，东钱湖的淡水养殖遂成为以湖体为整体的地方产业。

与其说淡水渔业是生产与生活相结合，不如说是农业生活的一部分，或者说穿插在农耕活动间隙，农渔共同构成农村生活的主体。淡水渔业包括捕捞、售卖、加工、腌制、晾晒等工序，成为环湖农村家庭生活的重要组成，成为具有地方特色的非物质文化习俗。至今到了冬季，村民仍会腌制青鱼干，摊在竹篮上，放到自家房前屋后晾晒，形成极具特色的文化景观。

2. 家庭作业，小农经济

在近代以前，东钱湖渔业都属于亦农亦渔的家庭作业，生产产品旨在丰富村民的物产结构，既有粮食生产，又有渔业捕捞，种植蔬果、饲养禽畜，富余产品可进行商品交换，丰富自己的生产资料和生活资料。湖域村庄的淡水渔业产品主要还是为了满足家庭的日常生活所需，这种自给自足的小农经济，实现了家庭生产和消费的平衡，物产丰腴的鱼米之乡给当地居民提供了良好的生存条件。

第二节　渔业环境的系统构成

一、外海渔业生产环境：外海渔业内港

根据《鄞县志》记载的外海渔业渔民集体的作业工序，基本可分为准备生产资料、出洋捕捞、海产运输、加工售卖四个阶段。生产资料的准备工作包括渔船渔网等工具的制作、修补、购买等；出洋捕捞作业主要位于外海地区，也有推进到远洋作业的集团；海产运输由专门的冰鲜船负责，主要的捕捞船只在出海期间不会短期内来回，而是停留在洋面作业；海产的一级售卖同样在洋面进行，运输至港埠再进行二级售卖及加工。因此，海洋捕捞的上下游产业以及相关服务业大部分在沈家门海港进行，东钱湖主要作为内湖港口，提供交通性小型船只的停泊功能。明清时期，东钱湖的渔船可经小浃江入海，东钱湖周边渔村一度成为渔港 [2]。后来随着远洋捕捞对大船体积要求的增大，渔民主要乘驾河条船和墨鱼拖船出入。湖域渔村则承担渔家居住功能，这也是为了便于携带生产工具的定居之地。反映在空间层面，则是大型船只停泊的渔火，举行出航开渔祭祀仪式的场所，渔业大户的宅院。

根据以上生产步骤可知，外海渔业生产的空间系统包括以下几个部分（图 3-2）。

1. 生产资料准备空间

因为得天独厚的航运条件，东钱湖可看作是海洋渔业生产在内陆进行作业准备的功能性延伸空间，等同于外海渔业的内湖渔港。1398 年 (明洪武间) 的东钱湖时代，大对船（当时大对船体积规模较小，属于从河条船刚改造为对船的早期阶段，可以通过莫枝堰）汇集在鄞县莫枝堰，由内河经小浃江通海，

[1] 郑实 . 殷家湾史 [Z]. 未出版 ,1988.

[2] 浙江省鄞县地方志编委会 . 鄞县志 [M]. 北京 : 中华书局 ,1996.

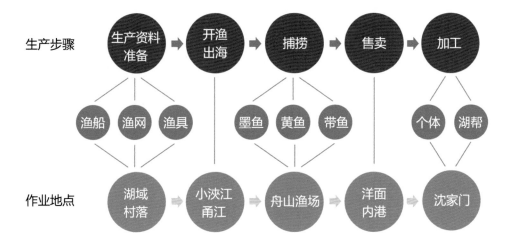

图 3-2　外海渔业生产步骤与作业地点
（图片来源：笔者自绘）

形成渔港[1]。正式捕捞作业前后的生产资料准备工作都在东钱湖内进行。这一系列准备工作包括准备渔船、渔具、生活必需品等。各生产资料按门类和空间不同，在内湖的不同地点进行准备事宜。

外海渔船包括三类（表 3-1），从小至大分别为墨鱼拖、河条船、大对船。墨鱼拖俗称"乌贼船"，既可作为近海捕捞的船只，也可作为淡水捕捞船只，船上有桅杆，挂有马灯。河条船原本是东钱湖渔民用于户内捕捞的船只，两头翘、底平宽、载重大，可进出塘河堰坝，能够抵抗较大的风浪，成为渔民进出内湖外海的主要交通工具，以及用于运送捕鱼工具、物资等辅助工作。大对船是在明洪武、永乐年间，东钱湖渔民在河条船的基础上经过逐步改造定型的大型船只，用于海洋捕捞[1]，后各地渔民相继模仿，成为主要的海捕渔船。大对船在东海区域的使用，从明代一直延续到中华人民共和国成立后被大捕船所取代，历时近六百年。大对船对于中国渔业有划时代的意义，因此《中国渔业史》把大对船作业时代称为"东钱湖时代"[3]。三种渔船中，乌贼船、河条船以及早期的大对船体积较小，可以通过内陆的江流或塘河，来往于东钱湖湖面和外海。后来随着建造能力的增强、船只体积的增大，成熟的大对船能够通过甬江入海口进入甬江至三江口，但受塘河沿线桥洞、堰坝碶闸的限制，很难进入河网水系，基本停靠在舟山的沈家门码头。历史上东钱湖曾有两艘大对船停入湖面，但这件劳神费力的事情并非停泊或生产需要，而是该船主炫耀财富、彰显身份地位的方式。而墨鱼拖、河条船的停泊区域包括平满山下的殷家湾，北起渔源路北端，沿平满山麓由东转南再往西，即殷湾东村和西村的湖畔水域。

[1] 宁波市地方志编纂委员会 . 宁波市志 [M]. 北京：中华书局 ,1995.

[2] 宁波市鄞州区档案局，康城阳光宁波帮文化研究基金会 . 鄞州寻踪 [M]. 宁波：宁波出版社 ,2012.

[3] 周科勤，杨和福 . 宁波水产志 [M]. 北京：海洋出版社 ,2006.

表 3-1 东钱湖渔业渔船类型

船只类型	尺寸	风帆	载重	载人	捕捞功能
乌贼船	长 6.3~8 米，宽约 1 米	1 帆，双开橹	载重约 0.6~1.5 吨	载 5 人	近海捕乌贼内湖捕淡水鱼
河条船，又名小划船	长 5~6 米	海水备用一张帆	载重约 0.3 吨	载 10 人	运输物资、人员、货物、捕鱼工具等
大对船（网船、煨船）	长 10~14 米，3 米宽，主桅杆直径约 40 厘米，高 5~6 米	1~2 张风帆，双开橹	载重约 10 吨	载 20 人	外海捕捞黄鱼、带鱼，其中煨船为指挥船

表格来源：《鄞县志》。

村庄沿湖均有一段段空地，作为晒鱼、晒网、晒虾笼的场地。有些较小的场地属于一巷一空地一埠头的配置模式，有些较大但高程略低的内湾场地，则连接多条巷道，自然成为几组民居的公共晒场或船坞。在社会空间上看似属于巷道对应的家族，但在生产空间上仍供周边渔民共同使用。传统木船在休渔期捕捞回航后，都需要拖上岸至船坞，晾晒修补后，刷桐油维护，为次年作业做好准备。墨鱼拖、河条船的维护，都在湖畔村庄中进行，因而在湖西渔村船坞旁保留有多处平缓入湖的沙滩，平缓斜坡和沙粒材质能够减小摩擦力，方便将船只拖入船坞。此外，还需大面积的晒场作为维修、晾晒渔船的场地。如民国二十四年（1935 年）东钱湖地图所示，殷湾、陶公、大堰等渔业村庄沿湖形成了锯齿状的滨水空间，即渔业生产资料的准备场地（图 3-3）。这些场地以生产组织单元为单位预留，中华人民共和国成立前分属于各个家族或渔业主，中华人民共和国成立后分属于各个生产大队，因此空间上也与各个自然村落领域相对应。直至 20 世纪 80 年代渔业萎缩后，一部分滨水空地失去了使用功能，才作为新增宅基地建设新民居。

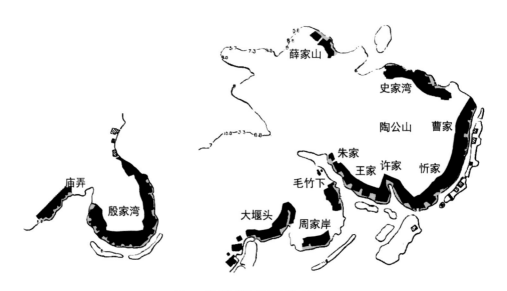

图 3-3 湖畔渔村的晒场、船坞区域
（图片来源：笔者自绘）

2. 开渔与出行路线

　　每年休渔期后，东钱湖渔民经过短暂的休息补给，又将前往外海进行捕捞作业（图 3-4）。出海之前，东钱湖各个渔村要举行具有开渔祈福性质的祭祀仪式，但和象山、舟山临海渔村统一的开渔节略有不同。湖畔渔村的开渔仪式是各个村庄自己组织，结合一年一度的游神活动进行，祭祀对象并非妈祖，而是供奉各个村庄的地方保护神。陶公山开渔时间通常在农历九月初十左右，于陶公山鲍公祠游神进行，比赛在陶公山东南侧湖面进行。龙舟从鲍公祠前出发，绕行至薛家山侯舟亭，再回到鲍公祠。在请神、游神之后，渔民要举行赛龙舟大赛，即将出海的渔民争相竞取，抢到老酒者获得开门红，寓意丰收平安的美好祝福。接下来七天的搭台唱戏之后，渔民们即将出发，进行长达半年的远洋作业。尽管现在东钱湖畔已没有外海渔业，但开渔仪式转变为具有纪念意义的赛龙舟习俗，依然延续至今。

　　渔民出海路线形成于明代，一直延续至中华人民共和国成立后海捕产业消失。出行区间主要从东钱湖渔村到舟山沈家门的"湖帮"基地。外海渔民出海基于东乡水利河网，选择主干河道和自然河流，如中塘河、后塘河、小浃江，乘河条船或墨鱼拖，可沿两条线路前行至沈家门。一条从钱堰出发，经过五乡镇行至小浃江，过梅墟出甬江口至近海，至沈家门集中；另一条过莫枝堰经中塘河，过宁波九

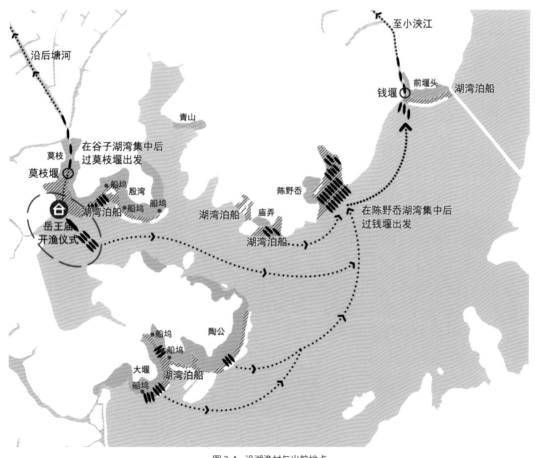

图 3-4　沿湖渔村与出航地点
（图片来源：笔者自绘）

眼碶下甬江，出镇海奔至沈家门（图 3-5）。到达沈家门后，渔民换乘大对船出海至舟山渔场进行深海鱼类对船捕捞，或用大对船、大捕船等大型渔船载运或拖拽墨鱼拖至海岛渔场，进行"乌贼船"单船桁杆无翼底拖网作业[1]（图 3-6）。

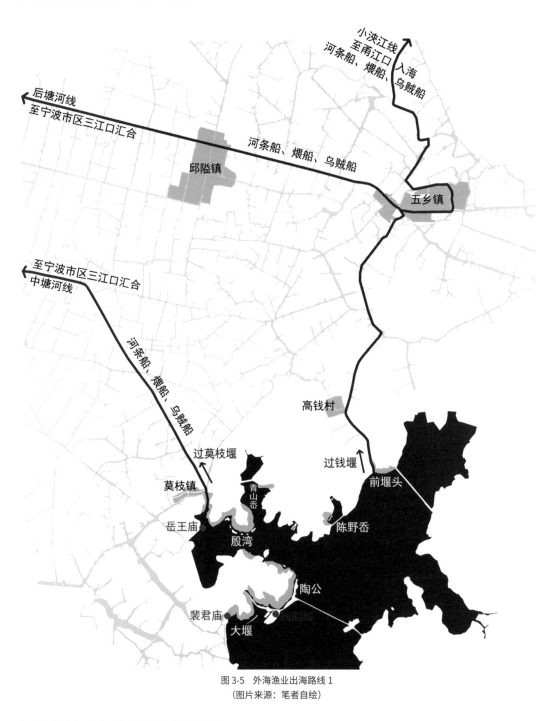

图 3-5　外海渔业出海路线 1
（图片来源：笔者自绘）

---

[1] 周科勤, 杨和福. 宁波水产志 [M]. 北京：海洋出版社, 2006.

图 3-6　外海渔业出海路线 2
（图片来源：笔者自绘）

　　"船上各种五彩三角旗飘扬，渔工用一种小竹箅一箩一箩地往船舱里装卵石，叫作压舱石，因为出海时船是空的，否则上重下轻经不起风浪，捕到鱼后把压舱石抛弃以装鱼，待装好渔网、生活用品、淡水等，准备就绪，择好吉日，就鸣放爆竹开船，经中塘河在江东大堰碶过坝由甬江从镇海口出海，去舟山渔场捕鱼，主要是捕大黄鱼和小黄鱼，也捕鲳鱼、带鱼等鱼货。"

3. 捕捞地点、捕捞时间与分工作业

　　外海渔业捕捞是从自然界直接获取产品，捕捞作业的时间、地点、分工均依照自然规律。以东钱湖"湖帮"为首的鄞县渔民，作业地点在舟山渔场，主要捕捞四种鱼品：大黄鱼、小黄鱼、带鱼和乌贼。东钱湖渔民集体——湖帮，主要作业地点在镇海关外的舟山渔场[1]。20 世纪初，湖帮集团已发展到一年十二个月均在外海捕捞，根据海产品汛期的不同，捕捞产品和作业地点略有差别（图 3-7）。带鱼（汛期八月到大雪）、小黄鱼（汛期大寒到立夏）、大黄鱼（汛期春分到立夏）是传统渔业的核心，在农历八月中秋佳节出发，至镇海口，集中于渔业基地沈家门然后出海远征，至次年三月上旬回洋，历时八个月，主要作业工具为大对船；墨鱼捕捞紧随其后，于农历三月中旬出海至同年夏至返回，于近海捕捞，作业工具为船身略小的瞎眼船；小杂鱼捕捞是同年第三次出海，于夏至后出发，中秋回湖（表 3-2）。其中，大小黄鱼、带鱼在洋面时售于冰鲜船或进甬、乍浦、杭州、沪埠，而墨鱼由中路船进甬销售，东钱湖渔民将墨鱼集中在舟山沈家门渔业办事处，晾晒制成墨鱼干后销售，少量带回自用。

---

[1] 宁波市地方志编纂委员会 . 宁波市志 [M]. 北京：中华书局 ,1995.

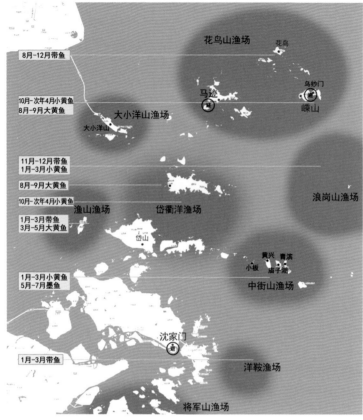

图 3-7 外海渔业捕捞渔场与鱼汛时间
（图片来源：笔者自绘）

表 3-2 外海渔业水产时间与渔场地点

鱼汛	节令		鱼品	渔场	避风港
	出	回			
早冬	立秋 8月7—9日	小雪 11月22—23日	带鱼、米鱼	将军、花鸟山	沈家门、嵊山
冬汛	小雪 11月22—23日	大雪 12月6—8日	带鱼	花鸟山、浪岗山	嵊山
	大寒 1月20—21日	春分 3月20—22日	小黄鱼、米鱼	浪岗山、中街山	沈家门
			带鱼、蟹、鳗	洋鞍、渔山	
春汛	春分 3月20—22日	立夏 5月5—7日	小黄鱼、大黄鱼	渔山、佘山	沈家门、嵊山
夏汛	立夏 5月5—7日	小暑 7月6—8日	乌贼	中街山（青滨、黄兴、小板、庙子湖、花鸟、洛华等）	马迹

表格来源：《鄞县志》。

二、淡水渔业生产环境：内湖渔业渔场

内湖养殖渔业则是日常生产活动，淡水渔业渔民全年都在东钱湖上作业，养殖、捕捞、产品储存、加工、售卖与运输，以及生产工具的储备补充，都在湖上或湖畔进行。与海洋渔业不同，在淡水养殖产业化之前，淡水捕捞是作为个体作业的。以家庭为单元的淡水渔业，包括捕捞、售卖、加工、腌制、晾晒等工序，各类生产空间主要分布在湖域及周边村庄，主要为淡水作业的各个环节服务。为了渔业生产需要，过去渔村前的湖面上都有一段段的止水墩，上面种植柳树，与村庄之间形成的内河，是小型船只防风避浪的停船港湾，较大一点的止水墩还有储存活鱼的鱼塘、晾晒渔网鱼干的晒场。这些基本上是从淡水渔业工序中衍生、分化出的生产空间。

1. 全湖捕捞

淡水渔业作业区域包括内陆淡水区域，包括东钱湖及湖西平原水网（又称外荡）。渔民捕捞时，通常根据不同鱼种的生长习性，选择不同类型的水域环境进行作业。作业地点的选择采取就近原则，水网村落渔民在塘河捕捞，湖畔渔村在湖面捕捞。不同时期，东钱湖淡水渔业作业主体不同，因此养殖捕捞水域也有所差别。个体散户作业水域集中在沿湖各湖湾地带，如二灵山下、下水港口、霞屿岛旁，只要是近村湖边，都是渔民下网诱钓的地点。由集体出资、承包、围建的鱼塘，则选择在较为封闭完整的自然山岙或结合湖塘作为边界，用竹箔、网箔围筑，主要位于谷子湖、梅湖、赤塘岙水面、殷湾东村和对湖尖咀湾等水域，也有资产大户全湖养鱼。

2. 沿村泊船

淡水渔业常用的船只——小钓船，比外海渔业小很多，可以停靠在内河港湾，或滨水民居前的埠头上。此外小钓船既是生产工具，又是出行工具，价格较便宜，因此成为沿湖淡水渔民的家庭标配（表3-3）。沿湖渔民通常驾一叶扁舟，未明出湖，集中于陈野岙旁、二灵山下、下水港口、霞屿岛旁，左右开工，垂钓引鱼，一天工夫能钓上五到十斤的白鱼。或在白天，黑夜近村湖边下油丝网，敲钹鸣锣，惊鱼入网；也有以饵为诱，以钓为具，捕捞深水鳗鱼等[1]。这种捕捞作业主要以鱼品水生习性为经验，依托天然湖湾进行捕捞，产量较小，除换取少量现钞外，也自用以丰富食物产品。直至民国时期，东钱湖上除了分散的渔民进行流动捕鱼外，专业的东钱湖渔荡业由资方划湖经营养殖，从淡水渔业中分离[2]。

---

[1] 郑实.殷家湾史 [Z]. 未出版,1988.

[2]20 世纪 20 年代抗日战争前，东钱湖养鱼公司在梅湖辟水面 5400 亩养鱼，同时，殷湾工商业者、大堰头水产部、渔民沈鹤友、绍兴籍老技工傅五十等先后在谷子湖、赤塘岙水面、殷湾东村和对湖尖咀湾建成鱼塘，拦箔养鱼 1080 亩，但因收益无几而停业。20 世纪 30 年代，除傍岸浅滩等不适应养鱼的区域外，湖体划分出四处湖荡，以组织或个人承包的形式，各自承租一片湖荡进行淡水养殖。东钱湖图书馆承租南沧湖，面积 12000 亩。忻鹤宙承租东沧湖，面积 10000 余亩。忻鹤寿承租赤塘岙，面积 1000 亩。邻湖小学承租谷子湖，面积 700 亩。在租期上，除忻鹤寿规定为 1 年外，其余均订定 5 年。1951 年，鄞县在东钱湖建立"地方国营东钱湖养鱼场"，采取人放天养的模式，全湖养鱼水面为 27000 亩，成为全国大水库淡水养殖"大户"。

宁波市档案馆.《申报》宁波史料集 [M]. 宁波：宁波出版社,2013.

戴金裕.湖上淡水渔业 [J]. 钱湖文史（内部刊物）,2013:23-24.

表 3-3　淡水渔业捕捞工具

小划船	船宽／米	型深／米	载重／吨	橹或桨／支	1952 年数量／艘	机械
淡水船 小钓船	0.6	0.3	0.51	木橹 1 划桨 1	1398	逐步安装 3~5 匹马力

表格来源：《鄞县志》。

3. 就地售卖

淡水鱼捕捞后，大多在就地市场出手[1]。水产的售卖分两种形式，可以看作是小农经济的两种市场模式。一种是依托交通轴线，以商品交易为导向的市镇市场，呈现形式为定期市集。其中淡水渔业的售卖，与航运路线和节点密切关联，通常位于水运枢纽或水陆枢纽。水产品的售卖以"鲜"为要务，渔民于清晨捕捞的水产，当即运至曹家山头鱼畈处，换来现钞，供一家人生活之需[2]。另一种是依托生活空间，以购买需求为导向的乡村市场，呈现形式为流动的商贩。一部分白天捕捞的水产小贩，用舟船将新鲜的鱼虾运送至沿湖村落的埠头，吆喝售卖给周边的居民，直接在岸边交易。这既是个体渔民生产销售的环节，也是本地村民日常生活的细节之一（图 3-8）。

图 3-8　埠头售卖湖鲜
（图片来源：笔者自摄）

东钱湖陶公山田野调查实录

时间：2017 年 1 月 28 日

地点：陶公山建设村许家东边埠头

下午 5 至 6 点，一渔民开机动小船从湖面行至陶公山许家东边埠头一带的井头湾，村民许氏（女）在湖边洗菜，将渔民召唤至自己埠头。靠岸后，见到船上有鱼虾等湖鲜，渔民说是刚从湖里虾笼捕捞上来的，许氏在埠头上购买了鱼虾等湖鲜，另一位村民许氏（男）闻声也从自家屋子出来，走到埠头上，从渔民船上购买了一些鲜虾。交易结束后，渔民开船离开。

由于东钱湖是东乡最大的淡水鱼产地，莫枝和韩岭自然也成了湖鲜山货的交易地（图 3-9）。随着商业活动的演进，到了民国时期，莫枝和韩岭已经从定期市集发展成坊居一体的商贸集镇，主要服

[1] 浙江省鄞县地方志编委会 . 鄞县志 [M]. 北京：中华书局 ,1996.

[2] 郑实 . 殷家湾史 [Z]. 未出版 ,1988.

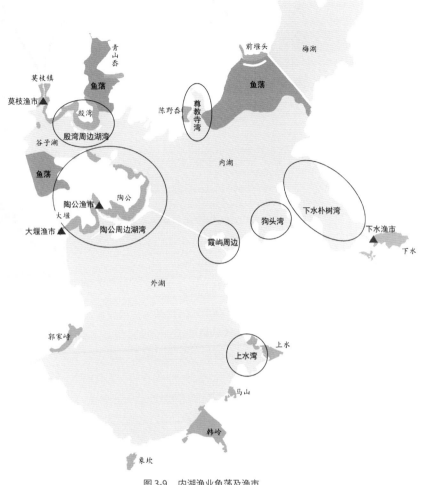

图 3-9　内湖渔业鱼荡及渔市
（图片来源：笔者自绘）

务于宁波东乡与沿海象山、咸祥等地，提供各类货品的交易、加工服务，甚至发展出当铺、银楼等生产性服务行业。在下水、陶公、大堰等乡政府所在地，形成了多处定期的乡村市场，至今仍延续着早市的传统（表 3-4）。这些大型的居住型村落同样是驾船经营的流动商贩通常前往的售卖地点。

东钱湖陶公山田野调查实录

时间：2017 年 1 月 29 日

地点：陶公山建设村许氏宗祠前广场

除夕头一天的中午，有从宁波开车赶来的市民一家，到陶公山购买湖虾。渔民从船上把用竹篓装着的刚捕捞上来的湖虾取出供买家挑选，售价 100 元一斤（同时超市中湖虾价格在 30~40 元一斤，在东钱湖周边高端酒店湖虾价格约 80 元一斤，因此在陶公山现场买卖价格要高于其他地方）。买家最后购买了三斤湖虾后离去。

问：为什么要开车跑这么远来买虾？还是除夕的时候。

买家：晚上年夜饭，中午过来买，新鲜，比其他地方的都好吃。

问：你们每年过年都来吗？

买家：对啊，每年除夕都过来买虾，现在虾的个头越来越小了。

表 3-4　民国时期东钱湖周边村庄集市一览表

名称	地址	市集日期（农历）	商店数量 / 个	备注
莫枝堰市	县东南 13 千米	一、四、六、九	135	—
殷家湾市	县东南 14 千米	三、八	54	—
陶公山市	县东南 15 千米	二、七	141	每逢三、五、八、十在三房，四、九在梅树下，一、六在山头，二、七在碾子弄，每日早晨有集市
大堰头市	县东南 14 千米	四、九	50 余	—
下水市	县东南 19 千米	四、九	10 余	—
韩岭市	县东南 19 千米	五、十	110 余	以竹木为大宗，河鱼次之，蔬菜又次之
横街市	县东南 21 千米	四、九	5	其摊户大半为下水商贩

表格来源：民国 20 年（1935 年）《鄞县通志·舆地志》庚卷。

4. 入户加工

旧时东钱湖湖域的居民为防风避浪，在环湖村庄前的湖面修筑止水墩，并在一些较大规模的止水墩内围筑鱼塘。捕获的水产除即刻售出给鱼贩运销外，少量活鱼储存在止水墩内的鱼塘中。旧时的淡水渔业加工以一户一坊式的家庭作坊生产，具有初级加工业的特征。新鲜湖虾以及朋鱼（翘嘴鲌）、鲫鱼、青鱼去内脏洗净后，用盐和酱油腌制，摊在簸箕或竹筐上，置于房前空地或屋顶晾晒风干，再将腌制后的虾米鱼干带到集市上销售，少量留在家中自用。冬日殷湾、陶公的滨水空地上，常可以看到一排排色泽鲜亮的鱼干在太阳下晾晒着，成为邻湖村庄一道独特的景观（图 3-10）。

图 3-10　晾晒青鱼干
（图片来源：戴善祥摄）

第三节　渔村聚落的组织规则

东钱湖湖域大部分村庄的起始时间不可考，一部分可以依据家族迁入时间来判断，但在家族入迁之前，是否已经有居民点的存在不得而知。这里通过以上农渔经济的发展状况以及历史背景与社会环境，加上流传下来的诗句文字，综合分析东钱湖湖域村落形成与发展的特点。

一、地点选择：未经开垦的山阳水畔

从历史脉络上来看，南宋、明代和民国时期是渔村人口发生机械性增长的三个历史时期，也是渔村聚落空间增长的主要阶段。

南宋时期，在宁绍平原人口激增的大环境下，东钱湖周边区域的开垦是形成环湖村庄的第一个历史阶段。其时，渔业是从农业中分离出来的一部分副业，以淡水养殖捕捞为主，在宋代已经出现，但仍作为辅助，仅为环湖村庄丰富自身物产的方式，而并非赖以谋生的手段。因此宋代东钱湖周边已有渔家，但并未形成大型渔村，仅有大堰村、毛竹园下，应为东钱湖西岸渔村中建村最早的村庄[1]。另外，虽然没有关于渔民具体数量的记载，但有诗句作为空间描绘的佐证。宋史弥宁（宋宁宗庆元年末）《东湖泛舟》的"绝爱陶公山尽处，淡烟斜日几渔家"，与明包燮（明末清初）《东湖》的"长堤日落渔人聚，烟生细网不知处……陶公岭下多居人，一枝一叶凭有神"，虽然只是一种意境描绘，但两个时期对陶公山的诗句对比，能够反映出从宋代到明代，陶公山渔民数量的增加。且根据笔者对陶公山现场田野调查的采访，能追溯宋时陶公山的聚落状态。

> 东钱湖陶公山田野调查实录
>
> 地点：陶公山利民村
>
> 采访对象：忻氏，男，75 岁
>
> 问：忻家是在明代迁到陶公山发家的，请问在忻家之前，陶公山有居民吗？
>
> 答：有，最早是姓闻的在这里。
>
> 问：闻家是做什么的？
>
> 答：捕鱼的。
>
> 问：有没有跟闻家相关的物证？
>
> 答：有，有一条弄堂叫闻家弄，在山坡上，我带你去。（指靠近山体最里面的一条很短的窄弄）

这就是闻家弄，（指旁边一座排屋）这是闻家堂沿，现在闻家就这三间房子了。

明代海禁导致外海渔业内迁，许多外海渔民转为内湖内河作业，在生存技能的引导下，许多渔民迁至东钱湖定居，湖域渔村在这一时期发展迅速。也是在明代，东钱湖形成了专门的淡水渔业部门，并在明末至清代重兴海洋渔业后，发展为著名的东钱湖渔帮。陶公、殷湾、大堰三个主要的沿湖渔村在这一时期基本形成。

民国时期经历了战乱，近代战争使更多绍兴渔民东迁，来到东钱湖畔安家落户[2]。他们大部分在四古山定居，带来了高超的捕鱼技能和方法。这批渔民与殷湾本埠外海渔民不同，带来的主要是淡水

---

[1] 根据《戴氏宗谱》记载。上海图书馆. 中国家谱总目 [M]. 上海：上海古籍出版社,2008.

[2] 也有资料表明，绍兴渔民是在清末民初大批涌来。洪贤兴. 中国渔文化研讨会论文集 [M]. 宁波：宁波出版社, 2005.

渔业技术，推动了东钱湖淡水渔业的发展和繁荣[1]。绍兴渔民的淡水捕捞风俗为一户一船，以个体或船上人家的家庭作业为主[2]。

　　渔村的择址地点大多选择土地稀少、未经开垦的山阳水畔。除受到前文中所述的自然地理因素影响外，渔村择址还受土地因素制约，是在稀缺的生存空间和生产方式的双重背景下做出的主动选择。明初，浙东一带拓殖的土地已基本饱和，闲荒山地都被开垦完毕，东钱湖周边同样如此。因海禁内迁至东钱湖的渔民依然是无地状态，无法耕种谋生，只能继续依靠不需要高成本农田的渔业生产谋生。因而湖西岸的渔村在各个历史时期都成为接纳避难或失业渔民的大本营。渔民选择未被开垦的滨水山脚地带建房定居，因而湖西南的面阳山脚大多是渔业聚落地带。民国时期，有一百多户来自绍兴的渔民到东钱湖捕鱼谋生，一开始作为外来人员的贫苦渔民没有住所，只能居于船上，为"湖上人家"；后来绍兴渔民以一户一船的模式在内湖渔业发展开来，积攒一定钱财后，上岸租住或者购置房屋，定居在殷湾和莫枝之间的四古山下，成为新东钱湖人。

　　与渔业 M 书记的访谈

　　问：清末民初，有多少绍兴渔民来东钱湖定居？

　　答：我（祖上）就是绍兴渔民啊，逃荒过来的。我们到东钱湖定居大概有 80 年了。我们村 400 多人，大概三分之一是从绍兴过来的。这里姓马的都是绍兴过来的，还有姓顾的。我是父辈过来的，我老爸今年 75 岁，他 18 岁过来的。

　　问：那当时过来挺不容易啊？挺危险啊。

　　答：是的，谋生啊。

　　问：当时是划个船就过来了吗？

　　答：是啊，划个船，从余姚江，这样划船过来的。

　　问：那当时是一个家族一起过来，还是一两户人家一起过来？

　　答：一般是男的劳力先过来，这里有一个经济基础了，有个住处了，其他的家人再接过来，或者在这边结婚生子。这批渔民很辛苦的，背井离乡。

　　问：那这批渔民一开始过来还没有住的地方，只能住在船上面？

　　答：对，没有的，一部分是住在船上。

二、环境营造：定居基础的止水墩

　　为了能够在水边生活，村民充分利用自然环境，在村庄建设时，营造出了一系列有利于生活和生产的环境设施，其中最典型的就是止水墩的建设。

　　东钱湖所有邻湖村庄前的水面上，都建有止水墩，又名防波堤。顾名思义，防波堤最本质的功能是防风避浪，伴随着湖畔村庄同步形成，或者说，防波堤是滨湖渔村建设的必要基础设施。在湖心堤建成之前，季风来临时，湖西沿岸浪高可达 2~3 米，直拍山脚下，洪涝灾害严重。沿湖居民为减少风浪对房屋的影响，巧妙利用地形，在距离村庄 20~40 米的湖面人工建造防波堤。防波堤的工程性极强，在湖中用泥土堆成浮于水面的土丘成堤，为避免长期冲刷损耗，外围用切割整齐的石块砌筑加固，又

[1] 郑实 . 殷家湾史 [Z]. 未出版，1988.

[2] 洪贤兴 . 中国渔文化研讨会论文集 [M]. 宁波：宁波出版社，2005.

在堤上种上柳树和桃树，同样也起到固土防浪的作用。因此人们因其景观赠其雅号"柳汀"，便营造出更诗意的环境景观意境（图3-11）。

图 3-11　殷湾村的环岛止水墩
（图片来源：笔者改绘）

防波堤的形态多样。有的呈块状，主要分布在湖东南的邻水村庄，如上水、下水、沙家山、韩岭前的防波堤，均似不规则的块状半岛，三面入湖，一面与陆地相连。这一类形态的形成，与村前自然湿地的地理环境相关，在原始湿地的基础上加工形成，因此呈现出不规则的自然形态。而湖西、湖北村庄的止水墩，主要呈带状，如前堰头、陈野舍、周家岸前的防波，均为平行于湖岸线的带状长条，有的呈串状，即一连串小的防波堤，环绕村庄一圈，以殷湾和陶公山周围的防波堤最为典型。这类止水墩的形成与其建造过程和建造主体相关。

防波堤的建造并非一家一户就能完成的易事，需要消耗相当的人力财力，通常以家族集体为建设主体，合力建造具有规模和功能性的防风浪设施。防波堤庇护的区域，通常是自家的家族领地，因此防波堤通常与家族空间相对应。这也可以解释，对于前堰头、郭家峙这类主姓村庄，止水墩为一整条带状形态，而陶公、殷湾这类多姓村庄，止水墩则为一连串不连续的环岛防波堤，打断的位置成为自家船只进出的"大门"（图3-12）。

在基本生活需求的基础上，聪明的环湖居民还从止水墩上，派生出了更多功能。防波堤和村庄之间的水域，俗称内河，两山相夹的凹形水域，俗称湖湾，内河与湖湾，是村民们日常泊船区域；止水墩上种植蔬菜瓜果，为土地稀少的渔村增加耕种土地，如最北端的前堰头村由于风浪最大，止水墩宽度近百米，作为农田种植农产品；陶公、殷湾的止水墩上挖有鱼塘，储存鱼虾水产保鲜；晾晒渔网，修补渔具；种植柳汀美化村庄环境；等等。

止水墩之外，为生产和生活需要，居民充分利用自然条件，营造更宜居宜业的生存环境。如前文所述，村民还将部分邻湖区域开敞为渔业生产辅助空间，避免洪涝的同时，随水浪顺自然力将船只拉上湖滩。

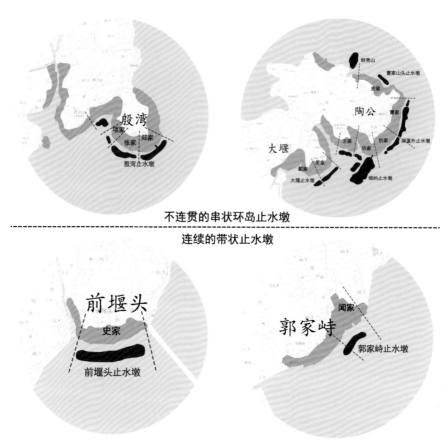

图3-12 止水墩与村落家族的对应关系
（图片来源：笔者自绘）

总之，在长期的生产生活中，人们均顺应自然力，因地制宜、因地巧构，营造出一系列满足自身需要的村落环境。

三、序列组织：排水与生产并置的序列单元

由于时间久远，对村落空间生长特征的分析很难有切实的物证依据，只能根据村中现存历史民居，结合历史地图对比，分析出村落空间序列的组织规则。

1. 横向排水序列

在渔村择址的狭长水岸与山脚坡地，风浪直拍房前，在防洪排涝的首要需求下，村民依据地形走势组织起自然的排水单元。由于房屋建筑均背山面水排列，为了尽快排出院内的积水，院落宽度不得做得过大，通常以两到三个开间为建筑单体，单体之间须有纵向排水通道，自然形成了房屋之间的纵向巷道。因此，陶公、殷湾两个村庄都呈现出放射状的街巷，且主街之下易涝区域的巷道比主街之上的巷道更为密集（图3-13）。

2. 纵向生产序列

根据渔业尤其是淡水渔业生产的行为逻辑，村民在村前的水岸区域组织一系列生产区域。湖面捕鱼、

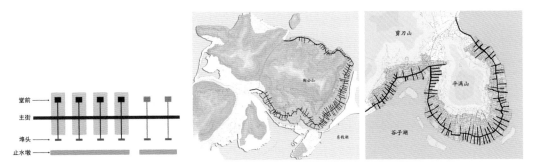

图 3-13　陶公山三村、殷湾村的鱼骨状街巷格局
（图片来源：笔者自绘）

止水墩鱼塘存鱼晒网、内河泊船行船、埠头停船上岸或交易买卖、村前晒场晾晒鱼干船只、各户各院织网补笼。这一系列工作流程组织起的空间序列，形成特定的渔业空间要素和渔村模式，在沿湖渔村均有分布（图 3-14）。

　　不论是环状还是带状，主街基本上平行于水岸线并从村中穿过，串联起各族各巷，是村民们日常出入的通道。一条条小巷道垂直于主街和岸线，是出入房屋的小路，巷头是某户人家以堂沿为核心的宅院，巷尾是埠头，停靠小船，也是村民日常盥洗的地方。

3. 由山脚到水岸的生长序列

　　早期的渔民大多选择在距离水岸较远的高地定居，随着人口的增多以及建造技术的提升，村落逐渐向水岸生长。在殷湾村和陶公村，宋时迁入的郑氏和明迁入的忻氏，均非底层渔民出身，而是官宦家族的后人所迁居之地，是有一定原始财富的家庭。他们都选择将家族性院落——堂沿宅院建于主街之上，靠近山脚的位置，说明在有选择的前提下，首先会考虑防灾避难的安全需求。后来，由于近山高地逐渐饱和，后人们才逐渐前往低处建房。即便如此，也将易洪易涝区空置，作为晾晒与加工场地，或是祖产祭祀用的田地。随着建筑技术的发展以及家族资本的积累，民国渔业大户逐渐在水岸边建房，

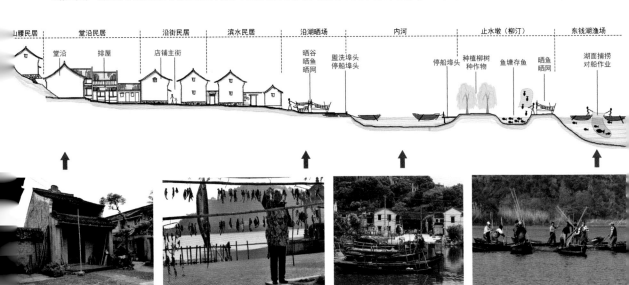

图 3-14　渔村生产空间序列
（图片来源：笔者自绘）

以方便贸易的进行。位于陶公山珠山头的王氏宅院，是民国时期建造的，虽然临水，但用了大量石材抬高地基，屋内地面远高于水面，从建造技术上解决了内涝的问题。

四、阶层分异：贫富差距的宅院

民国后期是外海渔业与内湖渔业最为兴盛的时期，在农、渔、商三大产业中，渔业收入较高，渔民生活情况好于农户和小商户。在渔业产业链中，拥有船只的渔船主掌握着主要的生产资料，与底层渔工之间既是合作关系，又是雇佣关系，亦如田地中的地主和雇农的关系[1]。东钱湖渔民从宋明开始，历经几百年的原始积累，到了清末民国，已成为鄞县地区最富裕的群体。1932年，东钱湖"湖帮"拥有大对船320对、冰鲜船60艘、墨鱼拖198艘，是名副其实的"湖老大"（表3-5）。东钱湖西岸每个从事渔业的家族都拥有大对船，拥有两对大对船的家庭属于非常有钱的家庭，因而湖西岸渔村的大墙门远多于东岸乡村（表3-6）。

表3-5　1935年鄞县渔民协作组织表

名称	渔帮	成立年月	会址	所属渔船
协和公所	大嵩盐场	清同治元年（1862年）	岱山东沙	大捕船110艘
永安公所	东钱湖	光绪元年（1875年）	沈家门	大对船320对
永泰公所	姜山	光绪三十二年（1906年）	清滨	墨鱼拖320艘
永庆公所	岳飞庙	光绪三十二年（1906年）	嵊山	墨鱼拖1200艘
永丰公所	东钱湖	1913年	宁波江东	冰鲜船60艘
永宁公所	东钱湖	1916年	东钱湖	墨鱼拖198艘
鄞县渔会	—	1932年9月	宁波东渡路	—
东钱湖分会	—	1933年7月	东钱湖岳王庙	—

表格来源：《鄞县志》。

表3-6　民国时期东钱湖渔村经济特征

乡镇名称	村庄	户数/户	人口/人	经济状况
永平乡	青山岙、赤塘岙、孙家山头、殷家湾	543	2202	居民自农工商外多以渔为业，贫寒者多，富有者少
永安乡	庙陇、陈野岙、擂鼓山、陶公山、曹家	387	1628	居民自农工外多从事渔业，经商上海者又颇发达，故多殷实之家
永满乡	殷家湾	519	2015	居民自农工商外多有出洋捕鱼者，生计尚属活跃，不致枯竭
永泰乡	陶公山、余家岙、王家、大岙底	420	1896	居民自农工商学外，多业渔航业亦有之，各村经济均尚宽裕，亦有富厚者

---

[1] 李永刚.基于企业衍生的经济发展演化原理：对浙商三十年发展经验的一种理论抽象[M].杭州：浙江工商大学出版社,2013.

乡镇名称	村庄	户数/户	人口/人	经济状况
永善乡	陶公山、老大房、老二房	451	1736	居民自农工商学外，多业渔航业亦有之，各村经济均尚宽裕，亦有富厚者
永嘉乡	陶公山、许家、大小房、余家	498	2016	
永顺乡	陶公山、老三房	336	1632	
周戴乡	毛竹园下、龙口周家	370	1600	周、戴二姓以商为大，宗业次之，间有习渔业
史张薛乡	薛家山、张迈岭、史家湾	404	1849	居民大半业渔，农作物如瓜藤葛菜蔬等，所处亦多工商学，均有生计，尚称宽裕，亦有殷实者
永治乡	大堰头	638	1742	戴袁为书家，特别注重人文，居民大半以农渔为业，经商者亦多，生计均尚宽裕，间有殷实者
梅黎乡	前堰头、吴家漕	401	1488	村内居民以史氏为最繁密，约240余户，余皆户口不多，职业农工渔，经济大半支绌

表格来源：民国20年《鄞县通志》。

渔业作为合作式的生产方式，合作体还是以家庭为核心，向家族、房族乃至地缘关系扩展。一个渔船主家庭通常由几房共同出资，合购一艘渔船出洋作业，不断滚动资产。积累到一定阶段便自立门户，各自购买船只，或者转向渔业的上下游产业，自我完整产业链分工。随着家族之间的合力、分工与互助，湖畔渔家大多殷实，居住状况良好且平均。这类渔船主家庭在明清时购置建造墙门民居。一部分通过渔业资本积累转向上下游产业的家族，成为掌握生产资料的渔业资本家。如在民国时期，陶公王家逐渐从一线的海洋捕捞转向建造、售卖、租赁大对船等服务型商业，垄断了鄞县地区的新型尼龙渔网的供给渠道，通过这些商业运作，王家产业日渐壮大，并向上海、香港等地经商发展。与富余的资本大户形成明显对比的是另一部分无产渔民，即无船或只有小钓船的外来渔工。这类渔户生活极其贫苦，只能杂居在商贩、农户之中，以平房或坡屋居多，且常年在外海捕鱼，家中空置无人[1]。因此，分布、聚居于东钱湖的湖帮集团中，处于集团底层的渔民湖工家庭，贫寒者多，富有者少。一部分参与渔业及周边行业的工商业家庭生机尚属活跃；一部分经商的家庭生计尚属宽裕，属于较为殷实的家庭[2]。

中华人民共和国成立后，阶级关系消失，无地、无产的贫苦渔民被分配了农田，同时也进入渔业合作社合作生产，生活状况有所改善。但至今村庄中的大墙门与平房坡屋的直观对比，仍是过去社会阶层生活差异的最好证明。

---

[1] 戴良维. 读着故事游东钱湖 [M]. 杭州：浙江科学技术出版社,2008.

[2] 抗日战争胜利前后，殷湾村遇到了经济发展的平稳时期。据称，现在的殷湾村，当时有200余户住户，约计500余人口。其中渔业人口（包括以渔为副业的）占40%左右。抗战胜利后期，一部分渔民凭借资金的原始积累，为求发展，由淡水捕捞转向外海，纷纷购置"大对船"（外海渔船的俗称），有些村民不失时机也加入外海捕鱼队伍。一时"内""外"结合，"咸""淡"并举，捕鱼业声势大振，呈现出人财两旺、欣欣向荣的景象。当时殷湾村（包括现在的东村、中村和西村一部分）建成的许多屋宇楼所奠定了现在殷湾村的基本面貌。以渔致富带动了其他行业的兴旺。殷湾村当时的经济实力在东钱湖区域卓有声望，连经济较为富庶的陶公村也望尘莫及，因此当时流传"陶公山一山，及勿来殷家湾一湾"之说，可见一斑。

第四节　渔业生产的空间演化

一、外海渔业外迁，渔民家庭外移

民国后期，外海渔民外迁，内湖渔民专攻淡水渔业，东钱湖的外海和内湖渔民逐渐从过去的混居状态演变为分离状态。20世纪30年代后，东钱湖西岸渔村建设已基本饱和，许多东钱湖"湖帮"渔民为便利生产，举家搬迁到舟山一带，大部分定居沈家门。因此舟山沈家门人和东钱湖人之间有着紧密的血脉联系，东钱湖渔村是舟山湖帮渔民的祖居之地。留下来的原住民一部分从外海渔业转向内湖渔业，另一部分原本内湖渔民继续从事养殖鱼生产。也是在这一时期，出现了淡水渔业产业化养殖的开端。东钱湖西岸的渔村，从明清时期的墙门宅院，向淡水个体渔业居所的单体民宅演变。因渔业积累留下的大墙门宅院，也随着房族分家进行财产分割，演化为个体式的小开间。在此社会背景下，东钱湖西岸放慢了明清时期那种墙门大院建设的脚步，转而变成小农杂居的居住模式。

中华人民共和国成立后，渔业生产在互助合作运动中恢复生产，分工模式更为明确，强化了渔民团体的职业属性。1953年，鄞县成立的三个外海合作社，其中之一就是东钱湖外海渔业合作社[1]。但两次重要历史事件使得东钱湖外海渔业从几百年的巅峰状态迅速跌入低谷。一是1959年大对船远航吕泗洋遭遇特大海难，死亡渔民1479人，沉没渔船278条，占出海渔船的8.39%，损坏渔船2000条。该事件后，东海渔业禁止传统木船作业，一致改为机动船，横亘了600年的大对船作业退出历史舞台。二是1972年冬和次年春的浙江省渔业会战，对位于中、日、朝之间的中央渔场的越冬黄鱼实行了毁灭性的"会战"，此后，黄鱼资源枯竭[1]。由于大黄鱼资源被破坏，主要经济鱼减少，渔业成本升高，渔民收入连年下降，1978年全市海洋渔民人均年收入仅91元[1]。黄鱼资源枯竭后，东钱湖外海渔民曾一度转向近海捕捞乌贼。20世纪90年代后，东海基本已经达到无鱼可捕的地步，曾兴盛600年的东钱湖外海渔帮，随着东海渔业的全面衰退同步败落。一部分失业渔民进入当时已兴起的工厂或乡镇企业谋生，另一部分回到东钱湖从事淡水捕捞。产业的变化导致西岸渔村逐渐衰败，渔民一度引以为傲的地方荣耀逐渐成为记忆。

另一方面，20世纪70年代后，舟山港、象山港等港口进行了建设，临海地区港口抗风浪能力增强，外海捕捞船只主要集中停靠在沿海港口，不再需要进入内河、内湖地带停靠。同时，海洋捕捞船只大型化，捕捞方式机械化，使得船只本身也无法通过塘河河道进出东钱湖。随着机动车、汽车等公路交通的普及，东钱湖逐渐丧失了航运交通的枢纽优势，从内陆海港中心转变为单纯的淡水养殖基地，不再是外海渔业的延伸内港。

二、淡水渔业衰微，渔业景观消失

民国时期，在东钱湖成立外海渔业合作社的同时，内湖渔业开始产业化的养殖捕捞。中华人民共和国成立后，成立了国营养鱼场，淡水渔业经历了产量倍增到迅速衰落的过程，如今淡水捕捞环境恶化，

---

[1] 浙江省鄞县地方志编委会. 鄞县志 [M]. 北京：中华书局,1996.

"殷湾渔火""陶公吊矶"等渔业生产景观消失。

首先，中华人民共和国成立后渔民从专事渔业转变为亦农亦渔，生产方式发生转变。土地改革给各家各户配发田地，过去底层渔民的无田状态因此而改变。但由于渔村本身周边并无农田，因此农田四散分布，前堰头村民"可谓种天下田"[1]，殷湾村大部分水田位于中塘河首，虽水利条件优越，但本村农田"鞭长莫及"，因此以农田收入维持一家生计者少[2]，大多数渔村生产大队选择亦农亦渔的生产模式。

其次，机电技术的运用，为增产提供了技术条件，却造成了不可持续的生产。20 世纪 70 年代后引入机械电力捕捞设备，渔业产量成倍增加。过去，东钱湖使用的渔网虾笼，都是用竹箬或麻绳等天然材料编织，网眼大、不耐久、易损耗，用当地老人的话说，"捕十条溜九条"（马 XQ 访谈），然而这种传统捕捞技术却顺应了自然规律，达到可持续生产的效果。1959 年后，渔民逐步改用聚乙烯、尼龙等工业材质的渔具，经久耐用质量好，一网下水，无漏网之鱼。此外还使用了电鱼等辅助手段，在水中将一网之鱼电晕后捕捞，捕捞率大大提升，但却对渔业资源造成了灭绝式的破坏。

东钱湖殷湾村田野调查实录

时间：2017 年 2 月 4 日

地点：陶公山殷湾村老年活动中心

采访对象：顾氏，男，84 岁

问：请问您过去是捕鱼的吗？

答：是的。

问：请问您祖上也是捕鱼的吗？

答：是的，从爷爷辈开始就是在这里捕鱼的，世世代代渔民。

问：您从多少岁开始捕鱼的？

答：从十几岁就开始捕鱼了，大半辈子都在捕鱼。

问：您的孩子呢？

答：以前孩子也是捕鱼的，现在送煤气。

问：为什么孩子不继续捕鱼了呢？

答：没有鱼捕了啊。

问：为啥没有鱼了呢？

答：海里都没有鱼了，湖里还有什么鱼？过渡捕捞了呗。

问：东钱湖有多少渔民啊？过去和现在？

答：现在不知道，过去最多的时候，殷湾村有 430 人是渔民，东钱湖最多的时候有 2000 人。

问：那产量呢？

答：平均每年的时候有 100 多万吨吧。

问：捕鱼的年收入有多少呢？

答：（19）59 年的时候 400 块一年吧，现在年收入 2 万到 3 万元。

[1] 周科勤，杨和福 . 宁波水产志 [M]. 北京：海洋出版社 ,2006.

[2]《前堰头村志》，由前堰头村志编写组撰写，未出版。

再次，近些年沿湖为打造、提升景观效果，对水体与驳岸进行了大量人工处理，破坏了鱼类原本的生态环境。东钱湖水域类型多样，开阔湖面和曲折湖湾兼备，水草及微生物种类丰富，水体生态环境良好，淡水鱼种类繁多。然而近 20 年，为打造东钱湖旅游度假区良好的水体环境，每年都进行多次湖底清淤除莩的水质治理，从景观上看湖水确实变得更清澈，但可谓"水至清则无鱼"，从另一个方面造成了渔业资源的减少。无鱼可捕的渔民离开渔业合作社，"渔二代"们纷纷寻求其他职业，渔业生产后继无人。

> 访谈时间：2017 年 1 月 31 日
>
> 访谈对象：史先生
>
> 访谈地点：下水村
>
> 问：过去东钱湖鱼多吗？
>
> 答：非常多，我们小时候（20 世纪 70 年代），到湖边随便一网都能网到野生的鲫鱼，有时候多了还会直接跳出水面。
>
> 问：现在还有吗？
>
> 答：现在都看不到了，野生的鲫鱼都很稀有了。

> 访谈对象：朱先生
>
> 访谈的地点：陶公村
>
> 问：为什么东钱湖现在没有鱼了？
>
> 答：现在周边都没有水草了，芦苇什么都没有了，像鲫鱼啊之类的鱼，都喜欢在有水草的环境里生活。现在都没有这些环境，鱼也没有了。

最后，旅游度假区的发展方向是淡水渔业走出历史舞台的政策背景。2002 年，东钱湖养鱼场彻底解散，职工退休或转业。在旅游度假区的建设目标下，为保持湖面景观，不允许个人擅自在湖面辟塘养鱼或养虾。如今的莫枝淡水渔业合作社中，拥有东钱湖外荡捕捞许可证的渔民仅 9 人（马 XQ 访谈）。尽管近两年出现了少数离社渔民回到合作社的群众意愿，但管理层面仍然没有为渔业生产的恢复提供条件。

过度捕捞、水质治理与政策决定几大因素，使淡水渔业迅速衰落。曾让东钱湖人最为骄傲的渔业生产景观，已成为老一代东钱湖人的记忆，实景已无处寻觅。只能通过图片和文字，记忆式地重现"渔火""垂钓"等震撼场景。

三、生产功能退化，生产空间转译

内外渔业的衰微，使得湖域渔村的生产空间随着人居活动的变化，逐渐转译为其他功能和形态。

鱼塘消失，让位于道路交通建设。渔源路所在的区域过去是围栏养殖的赤塘岙鱼荡。1978 年为沿途串联殷湾村、汇丰纺织厂、吉普电子公司等村庄和单位，在赤塘岙湖塘的基础上进行拓宽硬化，建设渔源路 [1]。废鱼塘、建公路、兴企业，渔源路的建设正说明了在 20 世纪 70—80 年代改革开放初期，顺应着时代浪潮，政府对于东钱湖产业发展的思路，从传统渔农产业转变为发展工业化企业、制造业。

---

[1] 鄞州交通志编纂委员会 . 鄞州交通志 [M]. 宁波：宁波出版社 ,2009.

止水墩消失，没于湖面之下。止水墩原本是村庄外围人工围筑用于防风避浪的人居基础设施。1976 年为方便湖面清淤，东钱湖建设了湖心塘，大大减弱了湖面风浪，加上渔业生产衰微，停泊需求减少，止水墩功能逐渐弱化。村民不再持续修护止水墩，而是将本来用于加固止水墩的砌筑石块用来盖房子、修院子。缺少防护的止水墩在湖水不断的冲刷之下，大部分逐渐隐没在湖面之下。

村庄邻水埠头、晒场成为新民居集中地。过去渔村中用作晒场的邻水区域，中华人民共和国成立前属于各个家族，中华人民共和国成立后属于各生产大队。近些年，在不断增加的居住需求下，失去渔业功能的晒场成为新增宅基地的范围，村民纷纷在邻水的空地上建房。为抵御水边洪涝，邻水房宅高筑，本来显山露水的松散渔村变得密集而拥挤。

技术改变了渔业，也改变了人们的生活方式和建造方式，更改变了村庄的面貌。600 年来在中国渔业史留下浓墨重彩的东钱湖渔业，在新时代、新产业的更替下，逐渐退出历史舞台。今天的东钱湖渔业，除了"东钱湖时代""殷湾渔火"等文字史料外，生产活动几乎无存，渔村成为仅存的物证，记录着渔业生产对于东钱湖的重要意义。《鄞县志》关于"殷湾渔火"的记载，实为两种渔业生产景观的综合呈现。一是湖北殷家湾，旧时渔户密集，渔舟泊岸，每当夜色朦胧、星月无光之际，有渔火闪烁、渔歌吆喝。昔人有诗绘其景曰："水阔烟深望渺然，霉时渔火满前川。"这一场景在明清时期达到鼎盛，休渔时期，殷湾、陶公等村庄周边停泊有 300 多对大对船，乌贼船更不计其数。二是湖面还有近 200只小渔船在湖面捕鱼作业，沿岸渔家灯火相连，因此，殷湾渔火中描述的东钱湖渔业的繁荣场景确为史实。

此外，东钱湖成立养鱼场进行集体养殖，场部位于殷湾村，在场部大楼西北朝东南的临湖空地旁，有一大排长长的埠头。集体冬捕后，大批商品与鱼一船一船地运进殷湾水道，靠上埠头，为了快速保鲜，直接装上早已停在空地的冰鲜车、水运车，从渔源路出发运往全国各地。这也正是渔源路其名的真实含义。而这条路留在当地人心中的，并不仅仅是运输的功能，而且是一副完整的冬捕收获画面。在这画面中，场部大楼上下灯火通明，工人们冒汗夜战，整条渔源路被来来往往的运鱼车淋得湿漉漉的，飘散着浓浓的鱼腥[1]。当时东钱湖水产事业的繁荣，成为令东钱湖人极为骄傲自豪的光辉历史。

如今，随着东钱湖农渔经济转向旅游经济后，淡水渔业由地方政府整体管理、养殖、经营，这段完整的有血有肉的历史也逐渐淡出人们的视野。渔源路旁的埠头和空地，成为旅游车辆停靠的区域，殷湾村所在的谷子湖也成为平静的湖湾，不见渔业生产的盛况。

本章基于渔业生产活动的步骤和工序，分析了环湖渔村人居空间的形成、构成与组织规则，以及渔业活动变迁带来的空间演化。

东钱湖渔业包括外海渔业与内湖渔业两种渔业活动，外海渔业生产是一种合作经济模式，由于作业地点在远洋，渔民生产与生活分离。内湖渔业是一种小农经济模式，渔民半农半渔，生产与生活紧密结合。明代海禁促使外海渔业内迁，东钱湖作为天然内港，于湖西形成了连片的渔村，渔民云集，直至民国时期，"湖帮"渔民是鄞县渔民的主力。根据鱼汛，渔民们每年定期集体出航，沿东钱湖周围的水路到舟山海域以及更远的渔场进行捕捞作业，数月后返航再回到东钱湖，在村中进行捕鱼工具的补充和修理。而内湖渔业的捕捞地点在东钱湖各个水域，村庄周边就是捕捞生产区域。

---

[1] 鄞州交通志编纂委员会. 鄞州交通志 [M]. 宁波：宁波出版社,2009.

基于渔业生产对水环境的特殊需要，渔村通常选择未经开垦的山阳水畔的坡地，为防风避浪，首先营建止水墩作为定居的基础。其次为了排水和生产需要，在捕捞水产、储存鲜鱼、停靠船只、修理渔船、晾晒网具、水产加工等一系列工作步骤之下，形成了湖体、柳汀、鱼塘、内河、埠头、晒场、船坞等一系列生产空间序列。再次，由于渔业尤其是海洋渔业的分工特点，过去掌握主要生产资料的渔业主和渔业资本家与普通渔工之间产生了明显的阶层差异，这种贫富差异通过村落中的大墙门和普通民居具体体现。

　　中华人民共和国成立后，沿海局势稳定，日益发展的外海渔业使东钱湖大量渔民外迁到舟山沈家门定居，东钱湖一度成为淡水渔业养殖基地。水质变化与机械化的过度捕捞，以及乡镇企业发展，导致传统渔业日渐衰微，东钱湖渔业景观消失。随着生产功能的退化，沿湖渔村的生产空间或消失，或转译为民居、学校、工厂等其他现实功能。

第 4 章

■ 家族社会影响下的核心空间

　　"甬俗民风朴厚，素敦恤睦之谊。除城内多移居异县民户外，其在各乡，无一村里之民户，
非聚族而居者。族之兴歇，即为其村之繁落……欲明地方进化之蜕影，则于历来乡居之息耗，
可以见其所以然；欲明地方开发之过程，则于现实村落之形成。"

　　　　　　　　——民国二十四年（1935 年）《鄞县通志》

　　家族是中国社会的基础，也是中国社会的骨干[1]。村庄的核心空间，有管理组织上的政权核心，
有内生道义上的话语核心，但在东钱湖的传统村落中，家族仍然是作为村落组织中的核心和基础。它
既能够通过由族人承担村庄行政职能，而达到组织管理的行政权力，又能通过家族长老的话语权威，
一定程度延续规范训导的礼教秩序，更在一代代后人的生活轨迹中，活态延续、印刻着家族烙印。可
以说，湖域传统村落的核心性，是从村民的内心深处得以生长、延续，进而从核心性空间体现出聚集性，
由一个内核为中心，其他的行为活动都是围绕核心进行的，应运而生的物质空间也围绕物质空间的核
心而布局。本章将以家族社会为例，分析乡村社会空间的形成与演化逻辑。

第一节　家族社会的特征

一、聚族而祀：集中祭祀，宗族大局

　　浙东是历史上的高移民地区，在中原文化的根基上，保存有强烈的宗法观念和严密的宗法组织。
同时，在宋明理学的义理思想影响下，浙东地区尤其看重伦理道德教育，因此以宗族为单位传授礼制
观念与伦理道德，是传播教育儒学的核心途经。特别是在东钱湖地区，北宋史氏家族的"八行公"史诏、
"礼部尚书"史浩，都尤其崇尚礼制道德教育，对东钱湖地区的宗族文化有着深远影响。

　　宗族是一个血缘属性，必须满足两个条件才属于"同宗"。一是拥有共同的姓氏，二是沿家谱向
上追溯，有共同的男性祖先。同一宗族的人，不一定居住在一起，但只要他们祭祖的对象是同一人，
就可称其为同宗。俗话说，"天下孔姓是一家""天下无野史"，都说明这些家族有严格的宗族管理制度，
通过家谱、字辈，即可定位每个人是哪一支、哪一辈，长幼亲疏关系一目了然（图 4-1）。

[1] 蓝吉富，刘增贵．中国文化新论：敬天与亲人 宗教礼俗篇 [M]．台北：联经出版事业公司,1982．

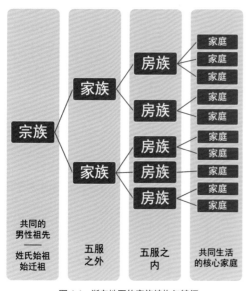

图 4-1 浙东地区的宗族结构与特征
（图片来源：笔者自绘）

宁波地区的宗族和家族有类似的概念，但家族在宗族属性之上，还增加了聚居和规模属性。村落中的居民要形成家族，除为"同宗"之外，还须明确聚居的聚居地，并且有两个以上五服之内的家庭[1]。宁波传统血缘村落必有一个或数个大家族，建宗祠以祭祖，修宗谱以清血缘脉派，订家规族约以制家风，故一宗祠一家族立，一家族立则必有制度秩序立，巨家细族均此成规[2]。由宗族而生的村庄，是传统时期的无数个社会空间单元。

宁波血缘村庄大多实行族房两级制，即宗族和房族共同管理家庭的制度[3]。宗族层面组织族人祭祖与教育两大要务。祭祖包括修宗祠、续家谱、扫祖坟，有的村庄每年有地方神庙会，也是由族内组织的；教育则是办族学，对教育的重视使得宁波地区的人才常常以家族为群。比如走马塘村的"七十二进士"、下水村的"一门三宰相，四世两封王"、镜川桥的"四尚书杨氏"等。但房族下面的经济事务、生活事务、家庭日常等，均自由发展。可以说，宗族制度主要管理人们精神层面的仪礼和睦、道德伦理，但现实生活中，房族具有更强的功能性。

二、分房而治：独立发展，房族自治

浙东地区长期存在紧张的人地矛盾，乡村土地资源匮乏，无法承载巨型家族，家族繁衍到一定阶段就必须迁出另谋发展。"一是男丁结婚必须分户立房，二是独立的家庭分灶即经济独立，三是兼顾宗族大局，四是独立发展"[1]。在"大宗族、小房族"的结构中，房族是宗族基本经济兼祭祀单位，负责经营房产（田产）、组织敬神（神权系统）和祭祖（宗族系统）[2]，各房独立管理，族事协商安排，"房长联席会"就是这一家族管理模式的产物。

分户立房的内容包括：经济独立，除户主指定部分财产外，不再等分其他家产，即"包袱出门"；居住独立，父母一般随幼子居住；房名独立，兄弟各有自己的房名，通常以成语或联意命名，如陶公村忻家四房以"江汇河海"四字命房名；另立房始祖祭祀；共同协商安排族学、族产等公共事项，组织管理专门的族田、学田为族产，以年租充公共费用。此外，水井、道路甚至埠头都是具有家族身份标识、具有领域性的"族产"。

[1] 周时奋讲座视频. 家族制度与家族谱牒 [R].2011.

[2] 浙江省鄞县地方志编委会. 鄞县志 [M]. 北京：中华书局,1996.

[3] 蔡丽. 宗族文化对民居形制的影响与分析——徽州民居和宁波民居原型的比较 [J]. 华中建筑,2011(05):128-132.

在浙东乡村,宗族是同一祖先繁衍下来且居于同一村庄(或同一地理区域)的人,宗族掌握公共财产,族人们通过婚丧庆典联系在一起。过去的村落组织是由拥有共同祖先的血缘集团和经济上相互协作的家庭集团组成,血缘划分与政治领域基本重合[1],因此村民们不仅要求聚族而居,并且希望同族的土地能够连在一起。在建造的时候,根据经济状况不同,老屋的组合也不同。经济状况较好的家庭以多间屋组合成庭院式组合,经济条件有限的家庭只能造一间,多与人联建[2]。

　　根据住在东钱湖陶公村的一位忻姓中年男子的访谈

　　问:您是忻家哪一房的后人?

　　答:我是二房的。

　　问:是否了解忻家老三房的支祠在哪儿?

　　答:那我不知道,你要去问他们村的人。

　　问:都姓忻且住在一个地方,不是一家人吗?

　　答:我们是都姓忻,共一个太公,但他们家是他们家,我们跟他们不是一家。

　　一个血缘村庄总体上呈现出"宗族—房族—家庭"的层次结构:家庭是最小的单元,家有家长,积若干家成户,户有户长,积若干户成支,支有支长,积若干支成房,房有房长,积若干房为族,族有族长。对应到空间上,则是"间—院—房—自然村"的空间层次体系。这种血缘社会结构通过村落空间得以表征。

　　在宗族、房族、支、户、家等社会关系中,每个人都能找到自己的社会位置,这种社会位置同样依附于地理位置,在一个人从小到大的生长过程中,"位置"的观念被运作、制造为具体的行为习惯和村落中的某个地点[3],这个地点和周边环境的关系,产生了可以被识别的表象,以及驾驭着位序的象征意义。同样,自己的家也是以家族聚落单元与层级为参照,才能找到自家的位置。

第二节　家族空间的核心构成

　　家族空间的三要素:家族符号(宗祠、祖坟、堂沿)、家族领域、家族社会空间结构。在东钱湖周边的村庄中,体现家族的"共同体"的核心性空间,则体现在多种空间要素和聚居结构上,形成一系列家族社会空间体系(图 4-2)。

一、核心符号:祖坟、堂沿、宗祠

　　在乡土社会,父子关系是主轴,这种关系轴脉可向父系脉络纵向延伸至祖先,横向扩大至五代之内的父系亲属,这种社会关系共同构成家族这种团体性社群[4]。"孝"在中国传统家庭伦理中的优先地位不容置疑[5],这直接与人之"立身"相关联,是评价一个人德行的基础。遵循孝道、祭拜祖先的

---

[1] 杜赞奇. 文化、权力与国家:1900—1942 年的华北农村 [M]. 王福明,译. 南京:江苏人民出版社,2008.

[2] 戴金裕. 老屋 [J]. 钱湖文史(内部刊物),2015(22):15-19.

[3] 张佩国. 财产关系与乡村法秩序 [M]. 上海:学林出版社,2007.

[4] 费孝通. 乡土中国 [M]. 北京:人民出版社,2008.

[5] 朱熹,吕祖谦. 近思录全译 [M]. 于民雄,译注. 贵阳:贵州人民出版社,2009.

114　▎　115

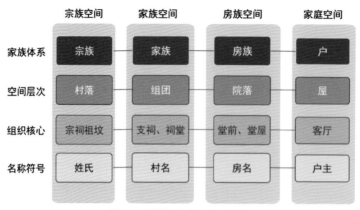

图 4-2　家族体系与核心空间系统
（图片来源：笔者自绘）

礼教，深入生活的各个方面。史氏家训中，"八行"家训中的首要规范是"孝"[1]，这种对礼的高度推崇，也从八行公史诏身上遗传给史浩等后人，成为其立身从政的主要观点。

宗族身份的规定性，是通过祖坟、宗祠与堂沿这一类标志性符号，附着一系列祭祖念宗的仪式与习惯，在潜移默化中建立起族人高度的归属感和身份认同，达到宗族的凝聚效果。其中，宗族的祖坟、宗祠与家族的堂沿，建立起一系列符号性空间，并且这样的符号系统也与家族社会结构相互映衬，体现出"差序格局"中"序"的标识。

1. 置祖坟——"本村人"的身份标识

儒家思想中"敬老尊贤"等观念，固化了中国社会尊重长者的传统风俗[2]。这种孝悌文化，具有"礼"的特性。与日常"孝"道相对应的，祖先崇拜则是将生者与神灵社区联系起来的重要方式[3]。围绕着家族祭祀活动的开展，以及相关场所空间的确立，是这一家族成为"本村人"的身份标识。杜赞奇曾说，祖坟（宗祖之坟）是其先祖居住在该村的最好证明。而且要求是过世的祖先三代，这一条也甚为关键，它表明同一氏族尚在五服之内。同样，因为其祖坟仍在，即使一个人失去了所有土地并搬迁出村，但仍被认为是同村人。如果他在过年、过节时不再回来扫墓祭祖，他才不再为村人所认同[4]。这说明，只要祖坟在此且后人保持祭扫，那后人就等同于拥有"我们"这种本地人的身份。

一个村落中，祖坟这类家族符号具有"唯一性"，即此地此族的"始迁祖"，包括对始迁祖的谱牒、坟地、堂沿、祠堂等一系列空间的重视。家族在迁徙、定居、立坟之后，就是入迁一个新地点的新一支，这从家谱的名称中得以充分体现，《鄞东凤翔乡大堰戴氏宗谱》《殷湾项氏支谱》《鄞东钱堰史氏宗谱》《陶公山王氏宗谱》《韩岭郑氏宗谱》等，所有的家谱名称，均以"地点 + 姓氏"的模式予以识别，说明到了一个新的迁徙地，正是该家族另立"门户"的条件。因而在家谱中会花费大量篇幅去描述和

[1] 史美露 . 南宋四明史氏 [M]. 成都：四川美术出版社 ,2006.
[2] 蓝吉富，刘增贵 . 中国文化新论：敬天与亲人 宗教礼俗篇 [M]. 台北：联经出版事业公司 ,1982.
[3] 葛学溥 . 华南的乡村生活：广东凤凰村的家族主义社会学研究 [M]. 周大鸣，译 . 北京：知识产权出版社 ,2012.
[4] 杜赞奇 . 文化、权力与国家：1900—1942 年的华北农村 [M]. 王福明，译 . 南京：江苏人民出版社 ,2008.

考证本支迁徙的历史源流，并对始迁祖有详尽的记载，包括其生平、主要事迹、迁入地点、从事行业、婚配对象、子嗣以及墓葬地点。而对本族后人的描述，特别是繁衍到人数众多的九代、十代、十几代后，除非有身份地位、特殊贡献的家族名人，大部分后人的记载都十分简略，以描述清楚哪一房、哪一支的谱系脉络为主要目的。此外，始迁祖的坟地即为祖坟，是后人以及迁居他地的族人寻根问祖的地方，因此始迁祖的坟往往是族人共同维护修缮的墓葬，尽管后人之间的关系已经超出五服的范围，各房族可能也已经另立支祠，但始迁祖——"老太公"的坟，是从这里衍生的所有族人共同祭奠的对象。因此一个家族的始迁族，也就是祖先，大多安葬在家族所在的村庄周围（图4-3、图4-4）。

按照堪舆模式，父母山之下为胎息，即父母山山脊脉络结束前的突起之处，是穴所依附的地形，与山水的总体关系要符合近水又能排涝的原则 [1]。陶公山村庄环山一圈，紧密相连，但忻、曹、王三大家族的老太公祖坟均位于正对家族聚落背后的山腰上。《忻氏本仁堂支谱》中记载："陶公山地属鄞之东乡，又在东钱湖中，环山皆水，我祖于兹卜宅焉。其山自百步峰卓立湖南，层峦叠嶂，过数峡而大起福泉祖山，又迤逦而东而北绵亘百数十里，环向祖山，戛然而止。山后断伏处，许屿、蚌屿分护两旁，山脚开一坪，古木葱茏，则始祖端一公发祥之墓是也。四面群山屏列，献秀湖西之山，为八面峰七十而溪之水皆西注而先交汇于此山下……"（图4-5）。特别是忻家两位太公端一公忻颢及其孙忻子西的墓，位于正对忻家坎下弄半山腰台地上，两座墓冢脚下是忻式家族连绵的村落。下水叶氏

图4-3 陶公山忻氏祖坟
（图片来源：笔者自摄）

图4-4 陶公山忻氏祭祖活动
（图片来源：忻氏家族活动记录）

[1] 张杰.中国古代空间文化溯源 [M].北京：清华大学出版社,2012.

图 4-5　陶公忻氏祖坟风水示意
（图片来源：笔者自绘）

太君墓坐落在村庄北侧台地，背枕长乐园山，面朝下水溪，正是山水交汇之地。而各家族的后人则可能选其他风水佳地，或随着旁系的外迁安葬于其他地点。

祖坟的变迁标识着家族的更迭。正如前文所说，墓冢所在并不完全代表村庄家族的身份，还需三代之后保持定期祭扫，才能是家族还在该地生活的证明，而那些不再被祭扫的墓冢，只能作为家族在此存在过的痕迹。绿野村在史诏隐居之前，山岙中间有一袁家大坟，墓主是袁甫，也是历史上东钱湖畔的大族。南宋末年，居住在绿野岙的史氏家族宅后人周卿、纪孙一脉，为了发族，提出阴阳不能共存，借以四明史氏的余威，拆除了袁家坟茔，整平地面，将东吴史木（史诏三子，史家三房[1]）下代的老堂沿拆迁建于墓基之上，达到风水上的"阴阴相冲无事"，这座老堂沿也就成了绿野岙林染桥后裔最早的总祖堂金漆堂沿[2]。

2. 建堂沿（祖堂）——以"院"为行为单元的祭祀空间

传统社会中，对祖先的祭祀是"礼"教规范的行为准则之一，以史氏家族为代表，"八行"家训中首条便是"孝本庸德，孝为百行之原"，强调君子在家若能尊祖敬宗行孝道，培养德行，雍睦家族，才能在外面建功立业[3]。通过家规、家训等礼教培育，祭礼行为已渗透到族人的日常生活中。祠堂与其说是宗族公共的职能机构，毋宁说是家族统一体的象征[4]。

东钱湖村庄中的老宅院，许多以"间"为单元的房屋里，一层厅堂中间会摆上已过世父母的照片或画像，这构成以"户"为基础单元，最基本也是祭拜起来最为方便的祭祀空间。由于空间和财力的有限，这类祭祀场所和家庭的日常生活空间是融为一体的。

[1] 戴仁柱 . 丞相世家：南宋四明史氏家族研究 [M]. 刘广丰，惠冬，译 . 北京：中华书局 ,2014.

[2] 史全奇 . 绿野岙考略 [J]. 钱湖文史（内部刊物）,2013(14):17-22.

[3] 史美露 . 南宋四明史氏 [M]. 成都：四川美术出版社 ,2006.

[4] 杨懋春 . 一个中国村庄：山东台头 [M]. 张雄，沈炜，秦美珠，译 . 南京：江苏人民出版社 ,2012.

向上一层，到"支""房"层级，祭祀活动则从日常生活中分离出来，成为具有特殊性的纪念性事件，可以说"支""房"是宗教祭祀的单元[1]。这种社会单元还体现在举行宗族活动时，某一"支"可派出一两个人代表该支参加祭祖活动即可。同时，祭祀空间则从"同一屋檐下"分离出来，成为独立的一间，或是独立的建筑单体，并有了专门功能和名称——祖堂，在浙东地区称为"堂沿"（图4-6、图4-7）。堂沿建筑位于H形院落的中心，或合院正房的中间一间，开间和高度都高于两侧民居，正对院落的中轴线，有明显的中心统御作用；堂沿屋脊中间基本都有一个写着"福"字的凸起装饰，成了一种建筑符号，区别于其他的民居屋顶；有的堂沿是在堂屋中间，两侧居住该支最年长、辈分最高的老人，在土葬的年代，堂沿也是家中老人存放棺材的地方；而堂沿两侧排屋居住的基本上是这一支的后人；家中有人去世时，首先会将排位放在一支的堂沿中祭祀，之后，才会挪到宗祠集中供奉。陶公忻家《四如堂记》中写道："古者天子而下，凡有位于朝者，俱得立庙，庶人则祭寝而已。今之祠，古之庙也。庶人而立祠，必远追先世之显宦，奉为始祖之所自出，适于礼制无悖然。祠分东西两间，而终则为堂，寝第分东西两房，而中亦为堂，堂之上，各奉其祖，弥视之主以时旧新。"

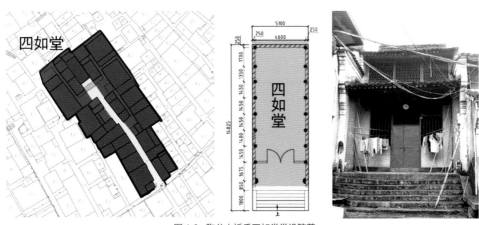

图4-6　陶公山忻氏四如堂堂沿院落
（图片来源：底图来源于宁波大学测绘成果，笔者改绘）

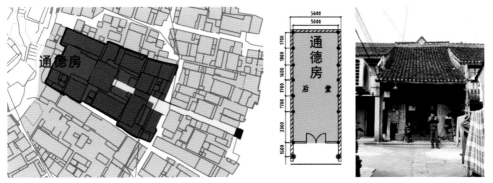

图4-7　殷湾郑氏通德房堂沿院落
（图片来源：底图来源于宁波大学测绘成果，笔者改绘）

[1] 林耀华. 义序的宗族研究 [M]. 北京：生活·读书·新知三联书店,2000.

从功能上来说,堂沿建筑是宗祠的早期形态,在家族还未有足够的能力建造宗祠但又独立为一支时,会在祖堂、堂沿建筑中完成祭祀活动,包括摆放牌位、存放棺木、举行红白喜事等。

堂沿在人们意识中具有特殊性。首先是身份认同,同一堂沿下衍生出来的后人是一支,这与其他堂沿的身份是不同的,不同堂沿之间所代表的是亲疏关系的"差序格局"(图4-8、图4-9)。其次是敬畏感,来自对祖先和先人(哪怕是别人家的)的尊敬和谦卑,比如在韩岭水街的改造中,老的堂沿建筑无法拆动,一方面源于其家族与公产的属性,另一方面也带有对其隐含"神灵""阴"等意义的敬畏。再次是场所性的身份标识,堂沿不仅仅是一个独立的存在,黑色的建筑与其前面的空地、巷道,以及对称的周线关系,不仅构成了乡村祭祀场所,更是通过"占领"而并非"完全围合"的方式,限定出家族社会单元——"房"的标志性空间。

又如单姓村落绿野村,随着史家人口相继分房,各房都建有自己的堂沿,堂沿方位都是坐北朝南,呈一条直线,有六房堂沿、大明堂堂沿、上明堂堂沿、正庆堂堂沿、四房堂沿、上坎堂沿、宝六房堂沿、高地里堂沿共八座[1]。

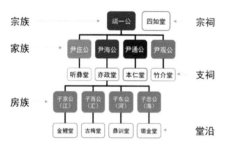

图4-8 忻家老二房各房堂沿
(图片来源:笔者自绘)

图4-9 陶公山忻二房季房堂沿和下堂沿
(图片来源:笔者自摄)

[1] 杨海如. 钱湖风韵 [M]. 宁波:宁波出版社,2016.

与某开发公司的访谈

问：开发地块旁边的堂沿建筑，你们准备怎么办？

答：这个没有办法的，拆又拆不掉，也不敢拆。

问：会有什么忌讳吗？

答：这个不好说的，多少都会有的，客人住在这旁边也很吓人的。

问：旁边就是开发项目，会不会受到影响？

答：那肯定会受影响啊，那怎么办呢，别人家还要办丧事啊，没有办法的，到时候和那家商量一下，看能不能在村尾那片批一块地，专门新建一个（堂沿）。

在多姓村落中，每个家族会拥有至少一个堂沿，如下水村有王、蔡、陈、史四个家族姓氏，四个家族院落中各有各家的堂沿，堂沿成为代表整个家族的标志性符号。当家族还并未繁盛到可以修建宗祠之前，堂沿不仅承担白喜的祭祀功能，也在红喜婚庆礼仪中承担祭拜祖先的功能。当家族有了宗祠，红喜仪式则到祠堂中举行，堂沿仅用于白喜仪式场所。韩岭村为十二姓杂姓村，则各家以堂沿院落为单元组织家族空间，沿主街依次排序（图4-10）。

在一些大的宗族聚落，同一宗族会存在多个堂沿，空间上与支系宅院关联，但从内在的社会关系看，与服丧等级相关联，同一支即不超过五服范围的家族群体[1]，在五服范围之内祭祀同一祖先，使用同一堂沿[2]。因此堂沿祭祀系统是传统"仪礼"的空间体现与载体。东钱湖忻式家族自元末清初迁至陶公山，始迁祖端一公有4个儿子，最早应该聚居在牌楼跟四如堂附近，据当地人口碑记载，四如堂是一世老太公的堂沿，"四如"寓意四子如一。忻家二世四房"尹"字辈各房族中，又因后世繁衍，共分出三世"子"字辈16支。根据村落现状遗存，基本可将各祖辈院落的堂沿与字辈对应。以忻家老二房为例，三世祖子京公、子西公、子东公、子忠公分祀金鲤堂、古梅堂、彝训堂和锄金堂，有的堂沿经后世翻新，

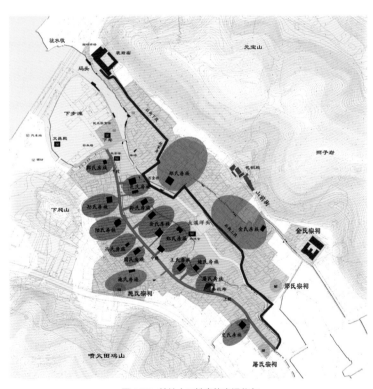

图4-10 韩岭十二姓家族空间分布
（图片来源：《钱湖名村》）

[1] 刘岱.中国文化新论：社会篇 吾土与吾民 [M].台北：联经出版事业公司,1982.

[2] 周时奋讲座视频.家族制度与家族谱牒 [R].2011.

位置清晰，仍在使用中。从时间上来推测，这种家族符号的规定性，从村庄形成之日起就已经固定，基本延续了明代的谱牒格局（图4-11~图4-13）。绿野村史氏家族在分家之后，各房各自建堂沿，堂沿方向都是坐北朝南，形成一条直线，有六房堂沿、大明房堂沿、上明房堂沿、正庆堂沿、四房堂沿、上坎堂沿、宝六房堂沿、高地里堂沿共八座[1]。

有的家族会在堂沿建筑的名号、装饰细节上保持统一，提升身份标识性。史家《溧阳家范》中首句："家有宗庙，祭祀之礼所主也。"[2] 史家后人也将这种"礼"延续至今，下水村、前堰头村、绿野村和陶公山的史家湾村，每个史家村落中的堂沿或宗祠，都称为"八行堂"，从匾额名号上昭示着村落后人均为同一族人，表现出家族严谨而团结的宗族属性。

图4-11 陶公山忻氏宗族房族空间系统
（图片来源：笔者自绘）

3. 修祠堂——以"族"为单元的宗族公共空间

祠堂是维系血缘关系的建筑，从功能上讲，是用以陈列祖宗牌位、悬挂列祖画像、祭祀祖先、激励后世崇尚祖宗勋德的场所，是宗族议事的会堂，是族人婚丧嫁娶、考取功名后庆典仪式举行的场地，是逢年过节的娱乐活动中心。从血缘关系精神层面讲，在封建社会，祠堂是血缘关系的纽带，是血缘村落存在的基础，村民精神寄托的公共礼制建筑[3]。

[1] 杨海如 . 钱湖风韵 [M]. 宁波 : 宁波出版社 ,2016.

[2] 史美露 . 南宋四明史氏 [M]. 成都 : 四川美术出版社 ,2006.

[3] 杨海如 . 钱湖风韵 [M]. 宁波 : 宁波出版社 ,2016.

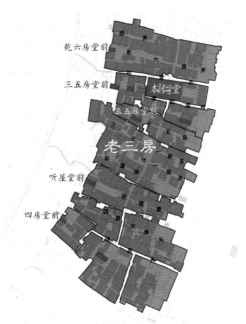

图 4-12　陶公忻家大房房族分布
（图片来源：笔者自绘）

图 4-13　陶公忻家三房房族分布
（图片来源：笔者自绘）

　　祠堂是宗族中宗教、社会、政治、经济的中心，也就是整族、整乡的"集合表象"[1]，是以家族为单元的聚落的核心，完全达到了张载所主张的"宗法若立，则人人各知来处"[2] 的效果。在春节、清明及端午等特殊节庆的时候，族人会将宗祠打扫布置一番，放好祖先的牌位，配好蒲垫座椅，打开大门，年三十夜晚在宗祠门前的空地放烟火鞭炮，各房各支派代表守夜，清晨天还未亮，向祖先进香恭祝新年的到来。初一早晨，族人们都会到宗祠向祖先进香祭拜，随后的几天，宗祠的大门都常开，欢迎回门或远道而来的亲戚随时祭拜。宗祠大门具有很强的象征意义，如下水的史氏宗祠，殷湾的项氏宗祠（图 4-14）和郑氏宗祠，日常只能从侧门进出，只有在重要事件和节庆等正式场合时，才会将大门打开迎客。

　　在村落格局上，祠堂往往位于标志性地点上，如区域中心或边角节点。对于中心位置，一种原因为：中心位置之所以被称为"规划"，是由于祠堂的用地是经过事先规划预留的，或者说，族长、房长在组织后续的民居建设时，考虑到了建设宗祠的需要，才形成了民居以祠堂为中心的聚落格局。如陶公山的王氏宗祠、许氏宗祠、忻家老大房、老三房的支祠、朱氏宗祠等，均为这类中心格局。其中，朱氏宗祠后山片即族田或祭田。另一种原因为：宗祠是从早期族长的宅院基础上经历代改建修建演变成的公共建筑，这是基于遗产继承的规律推测出的结论。最早的先祖宅院的祖堂是最具公共性的空间，也是符号凝聚度最高的建筑，也是年代最久远的建筑。陶公山朱氏宗祠是从朱家最早的宅院堂沿演变

[1] 林耀华 . 义序的宗族研究 [M]. 北京：生活·读书·新知三联书店，2000.

[2] 张载 . 张载集 [M]. 章锡琛，校 . 北京：中华书局，1978.

图 4-14 过年时项氏祠堂的祭祖仪式
（图片来源：笔者自摄）

而来的，后代族人的民居围绕祖屋向外层推衍，实为从中心向周围生长的过程，最终形成以祠堂为核心的朱姓单元。洋山俞家历史详细记载了俞家宗祠变迁的过程，洋山俞氏之前以祖堂为宗祠，位于村中心，周边围绕着民居，空间有限，故而祖宗神位摆放拥挤，为防火，由三十六世慈增公与众族人倡建宗祠（图 4-15）。新宗祠择址于庙左桥头跟，建于清宣统元年（1909 年），五开间形制，中间三间为"滋德堂"，摆放祖宗神位[1]。

　　另一种位于边角节点的祠堂多为村庄成形晚期建设的，这一阶段，村庄可建设区域基本饱和，但为了突出标识性，遂将祠堂建于边角节点，与桥梁、水面、大树等环境要素，共同营造出具有符号性的空间。如陶公岛忻家二房支祠位于村庄之外的许家屿上，下水史氏宗祠位于南岙溪畔村口处，韩岭的金氏宗祠则位于韩岭村尾（图 4-16）。

　　在建筑形态与形制上，祠堂绝对是乡村聚落中色彩最艳丽、装饰最华丽、体积最庞大的建筑，与周边的乡土民居形成鲜明的对比。在东钱湖域村庄中，几乎每个村落都有家族祠堂，以一进或两进的合院建筑为基本形制，殷家湾的张氏宗祠，从形制和规模上都较为简单，是在旧堂沿建筑基础上更新而成的小型祠堂，属于单间堂沿演化为完整形制祠堂的过渡阶段。

---

[1] 杨海如 . 钱湖风韵 [M]. 宁波：宁波出版社,2016.

图 4-15 洋山俞氏祠堂
（图片来源：笔者自摄）

　　在外观与装饰上，宗祠建筑可繁可简，在不同文化背景和经济实力的家族，宗祠的装饰风格都成为家族文化的象征性符号。下水史氏宗祠作为四明史氏家族的总宗祠，基本延续和遵守了家族的"八行"遗训，以质朴无华的风格，体现着史家祖训谦和节俭的官仕家族文化（图 4-17）；陶公山王氏宗祠则体现着商文化，用了船、钱币、风调雨顺等装饰符号，为在海上从事对船渔业的经商后人祈福平安与财富，彰显家族实力（图 4-18）；而同样是陶公山多种经营起家的朱家，则基于避难、避险的家族特性，保持着低调不张扬的建造风格[1]。

---

[1] 详见附录朱 Q 采访记录。

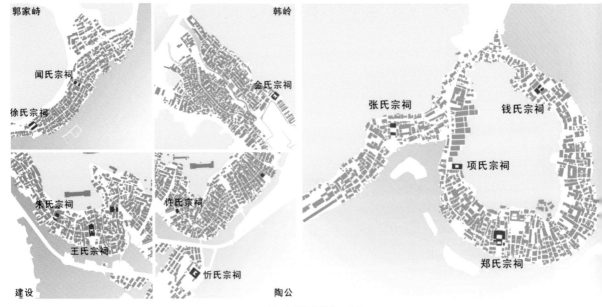

图 4-16　宗祠在村落中的中心位置
（图片来源：笔者自绘）

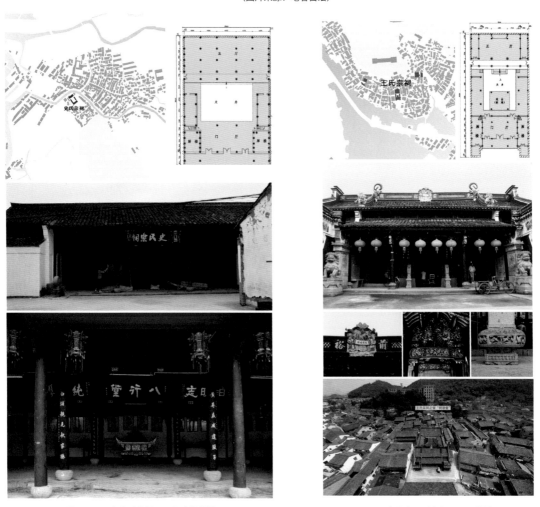

图 4-17　下水史氏宗祠平面及内部装饰
（图片来源：笔者自摄改绘）

图 4-18　陶公山王氏宗祠平面及装饰
（图片来源：笔者自摄改绘）

祠堂的堂号也是家族文化与气质的代表。陶公忻家总祖堂四如堂"盖合四房之堂而名之",又因"老祖堂为四房之所自出,不必别立主名,合四方之堂而名曰四如谓四房之后能各如其所以名堂者,而斯堂之神称慰而斯堂之分称尊夫天岂必别立起名哉,且天岂必易堂为祠,而后为僭乎崇奉乎哉"[1],忻氏四支祠名称也各有寓意,"听彝堂者谓聪听祖考之彝训堂也有曰亦政堂者谓传孝友之家政也,又曰本仁堂者,谓为仁之本乎孝弟也,有曰竹介堂者,与上三堂之取义有别,盖虽取象竹苞而有介然不群之意焉。"洋山的俞氏宗祠取名号"滋德堂",与俞氏先祖有关,宋初俞鼎公俞跗任明州观察推官,后人科爵相继,发展为四明著姓,后人将家族兴盛源流归功于先祖才德的培养,继儒家思想"滋"与"德"为核心,以"滋德堂"为堂号,发扬先祖的道德风范。

在象征意义上,祠堂的建成意味着家族仪礼祭祀活动、家族公共事务组织的系统性成立,是一个家族兴盛的标志,与之相关的修编宗谱、祭祀祖先、主持商议家族公共事务等有了专属空间。因此,规模较小、实力有限的家族进行谱系关系梳理或祭祀活动时,依然回到更早的祖籍地进行,如莫枝村的马氏家族,均为清末民初从绍兴迁来的渔民,相对于戴家、忻家、郑家等在此繁衍了几百上千年的家族,马家还非常年轻,在此繁衍不过三代人,来到东钱湖不到100年时间,因此马家后人虽已定居于此,但并没有修建宗祠,祭祖活动也是回到绍兴老家进行。此外,家谱的撰写是一项劳神费力的工作,即使放到今天,也并非易事,需有德高望重的族人牵头发起,组织一套修撰班子,聘请专业修谱公司来具体编纂,修撰的费用由家族成员共同支持。家谱修纂好后,要进行圆谱大典,请戏班子在祠堂唱几天的戏,并举行祭祖仪式[2]。呈现在世的家谱史料或是宗祠,一定是家族发展到一定规模,能够形成该地的家族共同体,并拥有相当的经济实力之后,才能够进行和完成的事情。

殷湾村的调查

地点:郑氏宗祠(时间:2017年1月)

对象:郑氏,男,七十多岁

问:郑氏家谱修好了吗?

答:修好了,去年才修好的。

问:是你们自己修的吗?

答:请专门的人来修的家谱。

问:酬劳是多少?

答:2000~3000元一个月。

问:要修多久?

答:两年。

问:那这个费用是家族里承担吗?

答:家族里成立一个(修家谱的)委员会,组织大家来做这个事情。

问:多少年修一次家谱?

答:上一次是60年前修的了。

[1] 引自忻家祖坟济众亭石碑碑文。

[2] 郑学芳. 讲讲修家谱 [J]. 钱湖文史(内部刊物),2013(13):30.

与宗祠相关的还有由祖上留下的族田，由后辈轮流耕种，为处理家族公共事务储备财力，当然后来随着村民收入的增加和外出务工人员的增多，轮流出力的合作模式逐渐由出钱替代。族田和祠堂一样，都属于家族公产，因此个人不会占族田建房，是老祖宗的而并非个人的，如果有谁"动了"族田，则会被赋予一种不好的心理暗示，发生任何不顺利的事情，都会归因于对祖宗的不恭敬。陶公山忻氏三房有一块空地叫"火烧地基"，过去是祖上定下的族田（祭祀田），后有子孙在其上盖屋居住，祖宗怒其不尊，显"灵火"烧了房屋只剩地基。村里人都认为，正因为是占用了族田，冒犯了祖先，才会遭此"下场"和"报应"，此后再无人盖屋。这一事件更体现出祖业的神秘色彩，以及村民对其的敬畏之情[1]。

因此，"祖坟—祠堂—堂沿"这一系列空间集合，构成了"宗族—房族—家庭"社会集合的象征性符号。这些具有特殊形制、色彩、构件的非民居建筑，对内承载着族人目光和社会组织的中心，对外代表了家族的荣耀与文化。同样，这类实体性的建成要素，直观地代表了家族各单元、各层级的身份，约定俗成为有认同意义的标识性语言。

二、领域单元：自然村、家族院落

与宗祠堂沿等实体语言不同，家族单元是兼具虚实特征的领域性空间语言。虚体性是根植于心理归属上的主客差异在空间上的表达，而由此衍生出实体性的特征，体现为家族领域单元的空间边界，以及家族领域的大小。

1. 家族空间的领域

家族领域是同一祖先繁衍出的后人，在同一区域内进行群体性居住活动，形成的具有特定主权的客观物质环境。它所携带着的权属特性，是居于其中的族人区别"主"与"客"、"我"与"他"的空间依据，并直接反映在族人的归属认知上。家族"彼此"之间归属感的"地方性"差别非常明显，并且所属的空间要素不仅指建筑或院落，还包括公共环境与巷道，或者说这种"公共"空间也是仅限于族内公用，外族人不能也不会使用。一间民宅是"我家的"，堂沿是"我们这一支的"，老祠堂是"我们这一房的"，这一片住的都是"我们这一姓的"，如果要问其他宗族的信息就得去"他们家那边问"。

因此，村庄中看似均质的成片民居，每一片都蕴含了空间格局的差异，都是家族社会的空间维度，整个村庄实则是多个家族姓氏的平行格局，与各家族中的垂直格局的交叠。空间领域可能是单姓村落的一整个自然村，也可能是多姓村落中的一个片区，或一组家族院落单元。陶公山下一条蜿蜒的老街串联起十余个家族聚居单元。从山西南的大岙底起分别有戴家、陆家、朱家、方家、王家、余家、许家、忻家、曹家、史家、张家、陈家等十余个家族（图 4-19）。各个家族自元、明、清时期陆续迁至陶公山下，其中忻家是最先迁入的家族，占据了陶公山东南侧最适宜定居的区域，继而发展为四房，成为陶公山最大的家族，约占总人口的 70%。后来许家、王家、余家、朱家陆续迁入已有的村落，一开始为"客"，只有与现有家族相处融洽，才能在"别人"的"地盘"旁边拓展新片区生存下来。

---

[1] 杨海如.钱湖风韵 [M].宁波：宁波出版社,2016.

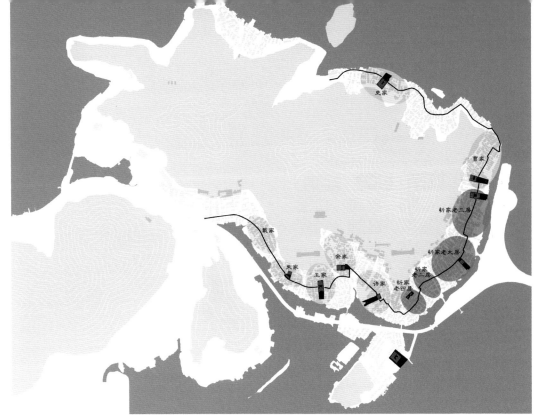

图 4-19　陶公山家族分布领域
（图片来源：笔者自绘）

2. 家族领域的边界

　　家族领域的边界是"我"与"非我"差别的直观体现。这种边界是实在的"界"，具有物质空间属性。边界的类型有多种，一种是自然山水要素，如城杨村中，陈家和杨家之间由一条亭溪作为分界，杨家向溪水的东北侧发展，陈家主要集中于西南侧；陶公村许家和忻家则以东南侧山头作为分界，山头东北为忻家，西南为许家。另一种是村庄的主要街巷，如陶公村忻家老大房与老三房之间的边界，正是陶公桥正对的大弄巷，也可能是极为狭窄、无法通行的小巷，如下水村王家和蔡家之间的边界，是两家排屋相背而立形成的一条狭窄的巷道，为了保证家族的私密性和边界感，巷道两侧的建筑界面都没有开窗。还有的边界随着后来村庄的生长逐渐模糊，家族之间甚至黏着在一起，如陶公山忻三房与曹家之间的边界本来是乾六房北侧的后弄，但后续村民在巷道中间插建了新房，将两家的房屋从空间上联系在一起，边界得从房屋中间穿过，但即使如此难以寻找，两家人依然能非常明确地指出"这一间是我们家的，那一间是他们家的"，可见村民们内心认知的心理边界比空间边界更为清晰（图 4-20）。

　　　　地点：陶公村老二房

　　　　对象：忻家二房后人

　　　　问：请问老大房的支祠在哪里，您知道吗？

　　　　答：这我们搞不清楚。

　　　　问：您也是姓忻啊。

　　　　答：我们不是一家的，老大房的事情你要去那边（老大房）问。

　　　　问：你们的祖上是同一个太公吧？

　　　　答：最早的老祖宗是的，后来分了四家。

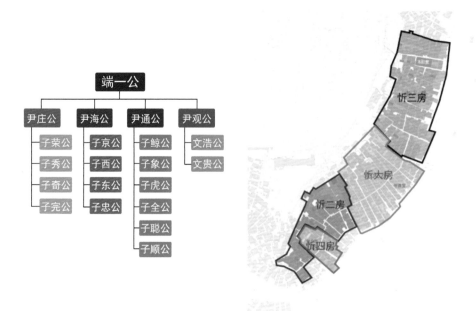

图 4-20 陶公山忻家四房的家族领域边界
（图片来源：笔者自绘）

3. 领域大小、家族势力与主客关系

因此基于这种群居的本姓，即使是再小的家族单元，为了安全考虑，都抱团聚居形成家族领域。而对于任何一个从外地迁入已有村庄的家庭，与现有大家族的社会关系与居住关系也非常微妙。已有家族是主，后来迁入的是客，但这种主客关系并不完全由时间先后来体现，而是从人口规模、家族经济实力、家族聚居领域等多方面共同体现。其中，领域"大"与"小"是"主""客"之分的依据之一。陶公山的主姓忻家族人，凭借着近大半的"家族领土"和人数，在当地有一种作为主人的天然的优越感，而偏居一隅、为"客"的家族，至今在族内长者心中仍有弱势的感觉。

> 地点：陶公村许氏宗祠门口
>
> 问：请问这里是不是姓许的？
>
> 答：都比较杂，只是这片姓许的比较多。
>
> 问：请问许氏祠堂的产权是您家族的吗？
>
> 答：是的啊，是许家的。
>
> 问：祠堂的产权难道不是公产吗？
>
> 答：只有忻家的是村里的啊。打个比方，忻家是官方的，我们都是非官方的小家族。

此外，家族势力与影响力同样影响着族际间的主客关系。下水村史家仅遗存一处史氏院落，从建成规模上看，并不比其他家族大多少，但由于史氏家族在整个东钱湖的影响力和历史地位，加上史氏祖坟和宗祠均建于此，强化了下水村史氏作为四明史氏家族祖地的重要性，史家成了下水村的家族符号与代名词，因而另外三个家族在下水村的领域感被弱化了（图 4-21）。

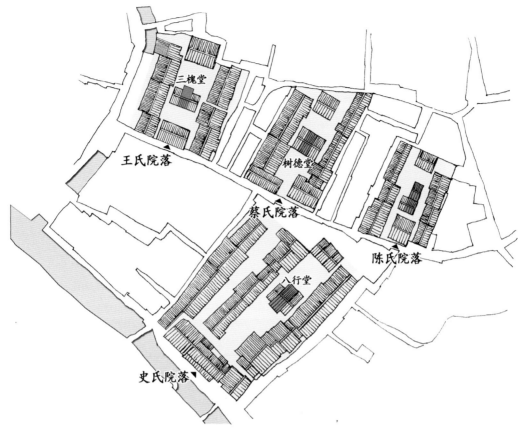

图 4-21 下水村以史氏为主，王、蔡、陈三姓为辅的空间分据

（图片来源：笔者自绘）

三、轴线秩序：中心秩序、中轴格局

自古以来，我国人民就相当重视伦常关系，常将"伦理"和"道德"并称。秩序是"礼"在民居中的系统控制力量，这种"看不见、摸不着"的支配力量，成为一种普遍化的地域性营造模式，在自然法则和社会法则的共同作用下[1]，达到因地制宜、礼教相生的肌理关系——中轴秩序。

1. 中心秩序

正如前文所说，传统乡村的祭祀模式是围绕着"祭祖"等行为活动来开展的，并且形成各个层级的集结关系。在乡村聚落的各个社会空间层次，都能找到"中心"式的格局关系，这种"秩序"深入人心，成为人们建造房屋的准则之一。从小及大，独立排屋单体的家庭门户一定是单数，中心为祖堂；以院落为单元院落，中心为堂沿，两侧排屋围绕中心布局；以聚落组团为单元的家族自然村，中心为祠堂，民居围绕祠堂布局。中心建筑周边通常伴随有公共活动的场地，祖堂与院落，堂沿与巷道，祠堂与晒场、广场、戏台等，容纳了各级社会群体的公共活动。"中心"式的布局模式，既是礼治准则自上而下控制的结果，也是族人内化为意识形态后主动遵守的建房原则。

---

[1] 张杰. 中国古代空间文化溯源 [M]. 北京：清华大学出版社，2012.

房屋规制的"中心性",即房族宅院以祖堂为中心,宗族领域以祠堂为中心,这是传统民居的核心空间,是传统礼治的结果,也是乡土社会的基本秩序。《钱氏家训》对家庭的要求中,有一句涉及对居住环境的要求:"内外六闲整洁,尊卑次序谨严"[1],将长幼、亲疏等伦理关系明确规定在民居形式中。因此,从看似杂乱的民居中找寻到的中心秩序,正是家族祭祀等传统礼教生活所形成的中心式社会关系与文化符号在物质空间关系上的体现,中心秩序是行为模式、文化符号、社会关系、空间结构的四位一体。

2. 中轴格局

轴线是"中心"的延伸,将"中"在文化上的象征意义具体化,从几何方法上指导民居建筑的空间布局[2]。东钱湖周边的民居院落是浙东 H 形院落在各村庄地形中的适应性变化,但其院落肌理的原型基本是中轴格局。通过两个案例可说明中轴秩序对院落或组团空间生成的指导性作用,在五个生长阶段均有体现。

第一阶段:堂沿(祖堂)确定出"虚"的轴线空间(图 4-22)。轴线一旦确定,就成为后人建房的依据,轴线统御的不仅是两侧一层皮的排屋民居,而是以堂沿为中心所辐射到的、该家族单元的所

图 4-22　H 型宅院的中心秩序
(图片来源:宁波测绘院提供鸟瞰、笔者改绘)

[1] 钱德钧. 钱氏家训上了中纪委官网头条 [J]. 钱湖文史(内部刊物), 2016(26):28.
[2] 张杰. 中国古代空间文化溯源 [M]. 北京:清华大学出版社, 2012.

有领域。轴线受地形环境影响，或有高差台阶，但线型基本上是笔直而通达的。一方面是由于公共通行的现实需要，另一方面则是根植于内心的中轴礼治准则，任何人不可以占轴线建房或挡住堂沿前的巷道。如果哪家后人不遵守这一准则，就会被指责没有礼数，对祖先不敬，甚至会上升到"没规矩"等道德评价。

　　　　地点：陶公山忻三房廿一房弄

　　　　对象：忻家后人，男

　　　　问：请问这条弄堂对着的是廿一房堂沿吗？

　　　　答：是的。

　　　　问：这条巷道怎么没有通到水边？

　　　　答：（指着巷口一栋新建民居）就是这家人没有礼数，不讲道理，现在也没有人管！

　　第二阶段：早期H形院落中，两侧民居排屋相对中轴对称布局，与堂沿形成较为独立的院落空间。在陶公村忻家和殷湾村，堂沿院落基本上沿山脚高地分布，院落呈方形或长方形，有明显的内院空间。在下水村、郭家峙村、洋山村等乡野山村，能找出更为典型的传统院落，基本是按照H形肌理形制建成。而在韩岭村这类家族聚集的村庄，12姓家族在主街两侧依次排开，即使用地有限，各家族院落仅在规模大小和形态上做了适应性调整，礼治的轴线依然保持其明确的规定性作用。

　　第三阶段：院落沿中轴线纵向生长，受用地限制，为满足更多的居住空间，院落空间收缩为巷道，即视为轴线空间本身。陶公村忻家所在的腹地纵深大，从早期院落向外，院落空间不再延续，后续房屋按照房族的轴线向水岸生长，主街以上基本向轴线对开，主街以下轴线的控制力减弱，自然条件、光照通风的影响加强，建筑或院落逐渐面向水岸线布局。而下水村的家族院落则主要为内向式生长，在保持中轴线的前提下，新建房屋在原H形院落内部增加。

　　第四阶段：院落从排屋两侧横向生长，新增民居相对轴线展开建设，新分出的某支或某房，在原排屋背后平行建造，保持面向轴线的朝向；而轴线末端的部分民居，家族象征意义逐渐让位于光照和通风，侧向对齐轴线，但院落依然从轴线巷道进出，保持房族或这一支的族人统一出入同一巷道。

　　第五阶段：轴线末端常与环境要素相结合，空间上形成对景，功能上则是作为家族公共使用的场所，如渔村中轴线在水面上的终点为停船埠头，专供家族船只停靠，下水村史家宅院的轴线同样以南岙溪上的史家盥洗埠头为对景。

　　中轴秩序以"起点堂沿—虚体巷道—终点场所"，形成一套秩序严谨的伦理空间，甚至还包括具有符号性的名称系统。如陶公村忻家大房四如堂堂沿相应的轴线是四如堂弄，末尾的埠头称四如堂埠头等。此外，从原始的核心家族院落到后续的民居，中轴秩序控制力的不断减弱，同样对应着传统人伦关系波轮状递减，如"父—子—孙"及"兄—堂—表"所携带的亲疏差异。

　　中轴秩序本质上是家族社会组织行为与社会关系在空间结构中以某种具体的形式出现，即社会结构和社会关系的物质形式（图4-23）。

图 4-23　陶公山忻氏宗族的家族空间系统
（图片来源：宁波市测绘院提供鸟瞰、笔者改绘）

第三节　家族空间的组织规则

一、聚合：定居发家的过程，从家庭到家族，从房屋到聚落

　　古人云：洪涛万派始必有源，茂木千枝终归于本。读懂一个家族史，也就读懂了一段地方史[1]。村落起始状态的历史是难以追溯的，生产和生活状态保持相对稳定的状态，传统村庄当前的村址可能就是最早的先民居住的地点或范围。乡村是没有文字的，没有专门可经考证的村落史，即使是民间编写的村志，里面的历史资料也多来源于代际间的口耳相传，或者是从地理名称中推测出的历史信息。然而，宋代以后，作为基层社会组织管理的一部分，围绕氏族出现了专门的家族史，这是考证村落历史主要的文字资料。

　　考察一个家族空间的发展史，往往是从居住点到聚落的过程。没有哪一个家族是举家迁徙至另一个地点，建一片宅院，形成一片聚落。所有的家族迁徙繁衍都遵循着从一个人到一个家庭，再到一个家族这样的生长规律。

　　家族迁徙主要出于两种原因：一种是家族壮大后，土地饱和无地可种，村庄饱和后无房可居，某支后代主动迁出，另找发迹的空间和生产工作机会，即主动迁徙，如前堰头村史家、大堰村戴家、洋

---

[1] 郑学芳. 讲讲修家谱 [J]. 钱湖文史（内部刊物），2013(13):30.

山村俞家等；另一种是为了避仇或避难，或因为犯了事，找个地方过隐姓埋名的生活，即被动迁徙（朱Q访谈），如陶公山的朱家、许家。东钱湖是宁波平原的尽端，是避世隐居的佳地，最早迁入东钱湖的家族已经不可考，现在可考的家族的迁徙过程也都记载在各家家谱中。

家族的发迹之地有两种状态，一种是未经开垦、没有居民点的新聚落，视为村庄形成之始，大部分不可考，仅能通过名称或传说推测，以及通过历史环境要素来分析，如据大堰村在戴家居住之前已有方家或傅家居住[1]，绿野村史家发迹前，曾有袁姓家族居住，下水村史家之前曾有俞家聚居等[2]，但后来没落或迁至他址，这一家族印记也就消失了。另一种是在已有聚落的空间内共存，或购买现存房产定居，或租房打工，待有一定积累后，再购置房产，或在以后村落周边的未建设地带自建房屋。东钱湖周边现在可考的家族大多是在宋代之后迁入的，在已有村落的基础上发迹。定居之时，带着一定财产来此定居的家庭首先会购买房产或宅基地，建房造房视为定居的条件；而没有如此经济实力的家庭，则根据工作需要先租住下来，等积累了一定的经济实力再购置房屋[3]。

任何一个新迁入的家庭都是小家庭。由于已有家族的排外性，为了生存和安全的需要，迁入家庭需与本地村民处理好关系。因此后迁入家族房屋的选址需要与已有家族商量，不能建在别人的晒场或埠头上，更不能建在别家的宗祠等公共建筑旁边，家族之间需保持空间上的边界感[4]。而另一种后定居的方式，是先向主姓家族申请租住，寻找打工机会，先生存下来，直至积累了足够的财富，再选择在本地定居下来。以单性村马山村（已消失）的周家为例，祖上是鄞西望春藕缆桥周氏大族的一个支脉，始迁祖是在清乾隆年间迁入，到马山村繁衍生息近300年，形成拆除前的马山村，繁衍至第十四代，达161户357人（2011年普查数据），建成一座周氏宗祠，在第八代建成上房（坎）、下房（坎）两个堂沿，近年有少数他姓落户，倚靠周姓投亲靠友迁入。在湖域家族中，马山村周家是一个非常年轻的家族，积累300年，聚合为一族两房，才成为较为稳定的家族聚落。且只有待这一家族具有地域权属与实力，会对周边的亲属关系带来更大的吸引力，从而产生增长态的积聚效应。

再以多姓的陶公山为例，最早居于此的家族应是薛家山的陈家和史家湾的史家，在宋元时期已经迁入。这两处山湾距离莫枝镇最近，在过去的船行时代，是陶公岛上交通最便利的区域，并且南靠山体，北侧面湖，风浪较小，适宜居住。而岛的东南面向广阔湖面，在没有止水墩的情况下，风浪可直冲山脚，并不适宜居住，因此忻氏迁入前应该还未有定居家族在陶公山东南侧村庄的开拓者。始迁祖端一公的祖上是为官的，从福建到定海，再到东钱湖，有居于海边和水边的经验，此外家族有一定经济实力，入迁陶公山时，有条件建造止水墩，有条件"卜宅"，将东钱湖周边山水纳入自己的风水要素[5]，到了陶公山忻家第二代分为四房，在祖坟下背山面湖依次排开，继而逐渐繁衍为十几代、两千多家的鄞东巨族（图4-24）。陶公山忻家地界内，"二千余家无一异姓，所谓松柏之下，其草不殖也"[5]，足以说明家族势力强大，不容外族插入。后迁入的许家，最早是租住在忻家地界，经过几代人的积累，得以自建宗祠宅院，与忻家一山头之隔建设自家组团。再后来，王家、余家、朱家、戴家先后迁入陶公山，

[1] 根据戴JY访谈。

[2] 史全奇．绿野岙考略[J]．钱湖文史（内部刊物），2013(14):17-22.

[3] 根据马XQ访谈。

[4] 根据朱Q访谈。

[5] 忻氏本仁堂支谱[Z]．影印本．

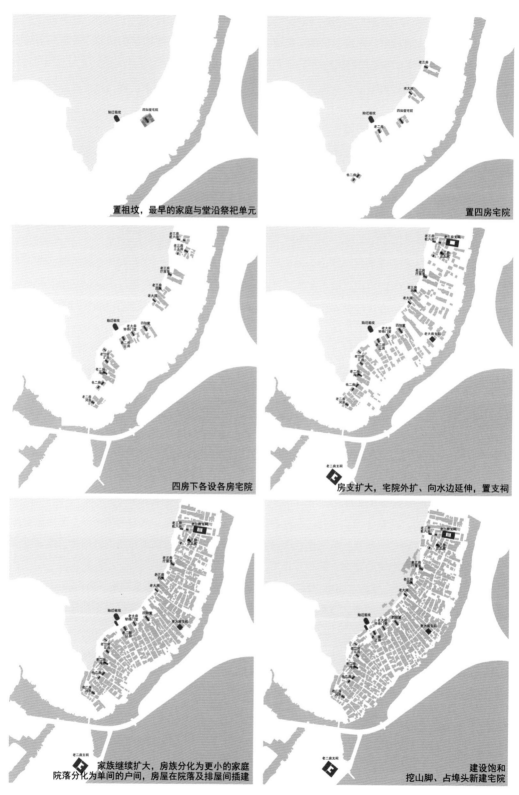

图 4-24　陶公忻氏聚落的聚合演化过程

（图片来源：笔者自绘）

从东南环形依次排列到西南，每个家族都紧抱成团，各自形成积聚的形态。

在定居初期，出于生存的需要，每个家族都试图积累家族势力，直接体现在男性子孙的增长上，人数少的家族容易受大家族欺压，迁入家族通常需要花五六代人的努力，才能在一个村庄站稳脚跟，拓展家族领域和势力。从陶公山朱家世系发展来看，一世1户，二世1户，三世3户，四世7户，五世6户，六世9户，七世12户，八世20户，九世17户。其中从一世到七世积累了7代人，朱家发展为拥有12户的家族，到八世发展为20户。据记载，其中六世祖之一，也就是9户中的1户，离开了陶公山迁居茶亭下，说明在六世之前，朱家子孙都是留在村内，向自己的家族聚合，朱家用了一百多年，完成了从家庭到家族的生长过程。这样的定居规律直至今天仍在延续。

而对于像南宋史家这类高官贵族，其家族的积聚并不完全是聚居在某一村庄，更多的是围绕礼制场所或祭祀场所，向同一个区域聚集，或者说"身后事"的延续，在纪念性场所、祭祀空间层面的集中。南宋时期的史氏家族，选择了东钱湖作为家族团体性活动的礼仪区域。史氏家族祖上从东汉到唐末近千年的时间里，六代弟子均继承侯爵，四明史家从史惟则、史成、史简、史诏贫寒起家，由北宋进士史才开始入仕，到北宋末年凭借德才兼备成为太子师、右丞相的史浩，直至南宋任职时间最长的丞相史弥远，四明史氏家族势力走向巅峰，随着史家最后一位丞相史嵩离开高位，这个深度介入南宋王朝的史氏家族逐渐淡出了权力中心。从北宋到南宋，"一门三宰相，四世两封王，五尚书，七十二进士""满朝文武，半出史门"等评价，是对史氏家族庞大权力和影响的真实描述。

这样一个崇尚礼教的家族，以"八行"为家训，格外重视子孙后代的品格道德教育，下水岙的下水村和绿野村，是史氏家族的发迹之地，"八行公"史诏曾在下水村俞家教书，叶氏太君祖墓就葬在下水岙中。但问鼎相位后，史氏家族入朝为官，宅院都集中在城市里，如皇帝赏赐史浩的宅院就在宁波城月湖边，反而没有在村庄中留下太多建设性遗迹。东钱湖周边是史氏家族的群体性祭礼集中区，而历史过于悠久，许多日常活动的物证都已消失，宗教、祭祀建筑、构筑物尚有遗存，加上对一些地名、故事与实体环境的分析，可得出家族权力的空间痕迹以及官仕家族的祭祀空间系统。

四明史氏家族的起源在东钱湖的下水村，史氏家族多葬于湖畔的群山间，墓前精美的墓道石刻是史家士大夫权力地位的象征与物证。在东钱湖东岸的群山中，史家墓葬群所涉及的范围达方圆15千米，史家墓道的石像生约160件，占整个浙东地区南宋墓道石刻的一半以上。仅绿野岙区域，史氏祖先依山为家，史木公墓、弥巩公墓、弥忞公墓、咸伯公墓都集中于官样山，弥逈公墓、育之公墓、蒙卿公墓、巫孙公墓都集中于穆公岭。此外，另一部分以史浩为代表的史家大小官吏的墓冢墓道，集中在横街村周围的吉祥安乐山，形成"王坟"四布、大小神道石刻纷呈的场景[1]（图4-25）。

---

[1] 杨海如. 钱湖风韵 [M]. 宁波：宁波出版社，2016.

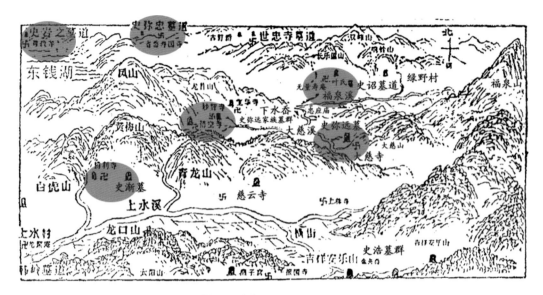

图 4-25　东钱湖史氏家族坟寺分布
（图片来源：笔者改绘）

二、分散：分家迁徙与迭代更新

　　分家是一个家庭分成几个家庭，几个家庭再分为更多的家庭。分家是分割财产而没有分割祖宗，所以经过多次分家后，产生的许多家庭由一个共同的祖宗联系起来而成为一个家族[1]。

　　农村土地的主体包括房产和农田，宅基地和房产是属于村民自己的，这种财产属性，决定了村民可以祖祖辈辈住下去[2]。传统的生产制度或土地制度是以家族或家庭为单元的集体合作制，到了中华人民共和国成立后，转换为人民公社制，但基本还是延续着以家族为单元的公社划分基础。实际上，乡村存在的家庭形态应以一对夫妻和其未婚子女所组成的小家庭占多数，或折中式家庭[3]，大家庭的存在应是少数例子[4]。因子孙增多，人数增加，家庭不能长久同炊，家族也不能永远共居，所以要分家，各自分营经济，乃是自然趋势[5]。分家是就兄弟间相对而言的，其实质的变化是经济关系的变化，从一个经济共同体的家庭分散为各自经营的小家庭。

　　基本的分配原则是诸子均产制，但差序格局的家族伦理与家族共财观念不可分割地纠合在一起[6]。无论是作为生产资料的农田农具、渔船网具，还是作为居住空间的房屋宅院，在分家时的不均衡状况也时有发生。在居住空间层面，出现了两种情况。一种是自周代宗法社会以来，就重视嫡长子，把嫡长子看成主要的延续世系和继承香火的人，因此嫡长子在家中的地位特别重要。当父亲过世后，长子

[1] 袁方 . 社会学家的眼光：中国社会结构转型 [M]. 北京：中国社会出版社，1998.

[2] 张佩国 . 财产关系与乡村法秩序 [M]. 上海：学林出版社，2007.

[3] 即由父母、未婚子女与一名已婚儿子和其妻组成的家庭。

[4] 蓝吉富，刘增贵 . 中国文化新论：敬天与亲人 宗教礼俗篇 [M]. 台北：联经出版事业公司，1982.

[5] 林耀华 . 义序的宗族研究 [M]. 北京：生活·读书·新知三联书店，2000.

[6] 张佩国 . 近代江南乡村地权的历史人类学研究 [M]. 上海：上海人民出版社，2002.

常继为家长，主持家政 [1]，因此长子为上，直接继承祭祀建筑旁边的父母房宅。另一种是分家后父母仍和某个儿子生活在一起（通常选择和小儿子一起生活），则该子承担主要的照顾及赡养工作，在分家中有些优势，将获得父母死后的那一份财产 [2]。

因此，伴随着财产的分割与房屋权属的变化，折射出家庭关系的裂变，而在村庄建设的不同阶段，这种裂变常体现为不同的建设效果。

家族生长、势力增大，宅院数量增加，村庄分家这一社会变化的结果是家族建设范围的扩张。设想家族的裂变与房宅建设的基本逻辑如下：①父辈（一世）建房，加强家族力量，为子辈（二世）准备房产，此时产生了宅院的扩张；②子辈（二世）继承父辈财产，此时产生了上一代家产的裂变；③子辈（二世）再建房，为孙辈（三世）准备房产，此时产生了宅院的扩张；④孙辈（三世）继承父辈财产，产生上一代家产的裂变。长此以往，只要每一代都是多子家庭，且合族聚居，这个村庄很快就将呈现饱和状态。如忻家四房在陶公岛渐次排开，四房下面各支再渐次建造宅院，直至村庄饱和（图4-24）。在这一过程中，分家的单元从院落分裂为排屋，再从排屋逐渐分裂到开间单元。忻家分支后，"合族总宗谱五部一藏，四如堂一藏，听彝堂一藏，亦政堂宗祠一藏，本仁堂宗祠一藏，竹介堂又二房宗谱四部，又三房宗谱三部，分存祖堂其宴下能事者，均宜于每年伏日晒刷以免朽蚀" [3]。

可建设范围饱和后，新的居住需求在有限的房产条件下，则需要向外拓展，需迁徙到其他地点定居、发家、繁衍，则迁出者成为这个家族在另一地点的始迁祖。分出的后人迁到另一个地区的基础又是从生产生存开始的，选择目的地都是从生产劳作、工作发展的角度去考虑，可以看作是另一个家族空间累积的开始，是下一个家族生长循环过程的开始。迁出的地点则远近不一，较早的时期，迁入地与迁出地并不遥远，如前堰头村的史氏、陶公村史家湾史氏以及横街史氏，都是在南宋后期从下水村史氏后人中迁出的，当然这里面有当时史家在朝位高权重的原因，在御赐家墓、家寺的同时，也促使了史氏家族势力在周边乡村的延伸，因此围绕下水史家发迹地，从绿野村和下水村有分迁至五乡镇联合村里史家和外史家、东吴镇西村史家湾、咸祥镇南头村后史家等多个以史氏家族为主姓的村庄。又如大堰头村的戴家，明末有一支分迁到钟公庙街道慧灯寺村，清时又有一支迁至邱隘镇田郑村田洋，但戴姓并非村庄的主姓家族。

清末民初，随着宁波商帮在上海贸易活动的影响力增大，东钱湖周边村民也有不少前往上海做生意经商，在外地发迹后回家乡兴建宅院。如在被称为"侨乡"的陶公村，有民国宁波著名财团之一、后至香港及海外发展的曹家、忻家后人在宁波、上海开布厂和电器厂，以及殷湾村、大堰村、下水村等村庄的郑家、戴家、史家都有村民到上海、香港、海外等，亲带亲、邻带邻出门谋生。村中保存较好的具有民国风格的宅院，都是当时在外经商的族人回乡建设的。为乡村建筑带来了西洋建筑风格。如今，大多数外迁移民定居在外，村中房宅转送亲戚或委托售卖，或租赁给流动人口，从社会到居住空间，聚居的家族特征逐渐淡化，共同体的特征只有在祭祀活动时才得以体现。

[1] 蓝吉富，刘增贵．中国文化新论：敬天与亲人 宗教礼俗篇 [M]．台北：联经出版事业公司，1982.
[2] 杨懋春．一个中国村庄：山东台头 [M]．张雄，沈炜，秦美珠，译．南京：江苏人民出版社，2012.
[3] 忻氏本仁堂支谱 [Z]．影印本．

问：您说的商业第二，这个商业是像韩岭、莫枝的小商业，还是到外地的经商？

答：是到上海等外地经商的，有的后来去了香港啊、海外啊。

问：过去是每个家族都有人到外地去经商？还是有特定的几个家族到外地去？

答：说句难听的话啊，过去是生活不下去了，才到外面去打工，去外面闯一下，跟现在的北漂、南漂一样的。有的发达的，再把家里的人带出去。去的也有搞得很好的，家人也跟着一起去。这个收入好一些，捕鱼也好一点，经商也好一点，农民收入不好。曹家、忻家、戴家都有出去经商的。

即使传统社会的房屋买卖有"择亲问邻"原则，经过了数代传承、赠予、售卖等产权再分配之后，从当下的房屋权属上来看，将现有房屋的所有人、祖辈和房产之间准确的继承关系搞清楚已非常困难，但祭礼空间的权属基本保留了族内传承的一致性。但即使每家都维持小家庭的形态，其父系亲属也常是住在同一地区或村庄里，且彼此之间来往密切。在家族聚落中，无论是在院落还是排屋，承担祭祀功能的祖堂开间即使已转变、改造为居住功能，但其所有人的姓氏一定是该区域的主姓。如陶公村王家，现有的房屋权属已分化到每个建筑开间，很难找出房宅亲属关系，但从开间权属上看，大部分老宅院的中心间或堂沿两侧的宅屋，都属于王家后人，两侧开间或厢房则姓氏多样且杂居。这说明后人在买卖族产的时候，作为家族中心的祭祀堂屋是不可以易于他人的。家族观念抽象、浓缩为核心符号，依然根植于人们内心。

房屋更新的过程实质上是聚落群内的农户陆续拆除旧屋、老屋，建立单独住所的过程。而在房产已细化为开间单元时，房屋的更新虽是个人的家事，但也受两侧住户的影响。传统的民居是在同一木构框架下整体建造的，但分家至开间后，各家根据自身经济状况更新房屋时，开间内对木结构的改造是牵一发而动全身的，因此只能在现有结构基础上改造房屋外立面和屋顶形式。这就导致了许多传统民居每个开间风貌各异、新旧参差，村落整体风貌呈现出更为零散的状况。但也正是开间单元更新的限制性，使得作为建设规则的单元肌理能够保存下来。

村庄的消亡也可能源于一场意外的历史事件。东钱湖南岸的杨家自然村消失于 19 世纪中叶，现为启星高尔夫球场草坪，位于东钱湖东南沿山机耕路与鱼岙岭之间。历史上的杨家村市井繁华，清末有住户 300 余户，但整个村庄在一场大火中被彻底摧毁，村毁后杨家人散居于沿湖各村，个别几户入住金斗房和象坎。如今仅留杨家桥和杨家坟地名。

---

[1] 蓝吉富，刘增贵．中国文化新论：敬天与亲人 宗教礼俗篇 [M]．台北：联经出版事业公司，1982．

第四节　家族社会空间的演化

家族社会作为传统社会的核心力量，无论是在人居活动中的日常生活和节庆习俗、日常交往和行为规范，还是在村落空间上的肌理、格局、节点，血缘关系都是其发展的基础。然而在过去的一百多年，伴随着政治革命、经济模式的变化，以及社会结构的变迁，不仅家族制度失去了意识形态的支持，造成了"文化脱序"的现象[1]，家族社会在社会生活各方面的作用力都逐渐消散。制度经济上，经历数次土地制度改革后，依附于宗法权力与家族共同体的经济关系逐渐脱离了宗法制度力量的约束，转向家庭个体和公社集体[2]；村庄治理上，宗法礼治的教化作用退出了权力中心，由村集体行政力量与法治手段掌管村庄事务；日常生活上，传统生活方式逐渐被现代生活取代，加上城市化对年轻一带的吸引，村庄日显衰败。作为显性表达的村落空间，虽然承载了传统家族社会的文化基因，但不得不说，家族制度对于经济活动的制约已不再适应当前的时代背景。然而无论何种变化，这种根植于社会基底的文化基因，或者说从家族制度延伸出来的价值、社会网络以及行动策略，影响了现代社会市民社会组织的雏形，使家族制度在当地社会生活中仍然以各种方式存在[3]。随着社会与生活的变化，家族这一制度逐渐从制度、生活、功能的作用，凝聚为一种具有象征意义的规定性符号，保留在村庄中，且依然活跃，这正是家族社会核心且恒常的空间语言——当下的缩影。

家族社会本身的规定性作用在日常生活、生产组织的等级伦理中，制度功能已逐步消散了，但是村落空间所保存的秩序性，至今仍影响着人们的习惯和认知，使得家族社会文化得以存续。

一、身份的沿袭：姓氏地名

在东钱湖周边的村庄中，自然村及小地名均以家族姓氏而定，村名、院落名、巷道名、场地名、桥名等，包含了家族信息，传递着家族聚落的文化内涵。东钱湖湖域以家族姓氏命名的村庄有王家、朱家、余家、许家、曹家、周家、戴家、忻家、孙家、孔家、上史家、杨家、高钱（高家和钱家）、方边（方家和边家）、城杨（陈家和杨家）等；以房族命名的自然村如老大房、老二房、老三房、大小房、金斗房等；以房族或字辈命名的房宅，如郑竹房宅院、王家大宅、许家大宅、俞家墙门等；还有数不清的巷道是以家族命名，如韩岭的赵家弄、殷湾的陈家弄、盛家弄、张家弄、孙一房、郑三房等（表4-1）。

表 4-1　东钱湖湖域村落中保存的家族姓氏

现存姓氏	分布自然村
郑	殷湾、韩岭、郑隘、象坎郑姓为韩岭后裔，由郑清之七子后人守墓
项	殷湾
张	殷湾、师姑山
曹	陶公山利民村、庙弄
史	下水、绿野、横街（消失）、前堰头、陶公山史家湾、韩岭

[1] 金耀基. 从传统到现代 [M]. 北京：中国人民大学出版社，1999.

[2] 张佩国. 财产关系与乡村法秩序 [M]. 上海：学林出版社，2007.

[3] 魏乐博，范丽珠. 江南地区的宗教与公共生活 [M]. 上海：上海人民出版社，2015.

现存姓氏	分布自然村
陈	下王、陶公山薛家山、洋山发地里陈家、城杨陈家岙、沈岭岙、上水
忻	陶公山忻家、老大房、老二房、老三房、大小房
许	陶公山许家
王	陶公山王家、下水、上水
余	陶公山余家、梅湖村（青山村）、上水
朱	陶公山朱家、郭家峙、上水
徐	象坎、陶公山张迈岭、郭家峙
戴	大堰头、陶公山大岙底、毛竹园下、方边
俞	洋山、俞塘、城杨、下水、庙弄
杨	城杨杨家、洋山杨家（已消失）、象坎杨家村（已消失）
蔡	下水
沈	沈岭岙、上水
董	官驿河头、上水
钱	官驿河头、高钱、师姑山、上水、
高	高钱
孙	殷湾、韩岭
金	韩岭
孔	韩岭
陆	韩岭、陶公山建设村、城杨陈家岙
郭	郭家峙
闻	郭家峙
毕	横街
任	庙弄
李	沙家垫、陶公山建设村
励	沙家垫
袁	沙山村、大堰村

表格来源：整理自《新编东钱湖志》。

　　村庄的主姓家族或因繁衍生息而壮大，也可能因子孙稀疏、迁居他地而消失。在时间进程中，村庄保持稳定、客观的居住功能，但其承载的家族或已历经变换，那些消失的家族信息则通过名称的方式在村庄中标记下家族存在过的符号（图 4-26）。如杨家是洋山村（旧名杨山）最早的家族，北宋时期在此山岙落户，该地因此得名杨山岙，南宋时期杨姓逐渐败落而不知去向，仅留下杨家宅、杨畈田等历史地名 [1]；又如沙家垫村的主姓为李、励等姓氏，唯独没有"沙"姓，据推测沙姓始居此地约在清康熙年间，后来子孙迁居塘溪一带，相传祖坟在此地，中华人民共和国成立前每年清明有沙氏后人前来祭扫，但至今时间过于久远，沙姓仅留下"沙家垫"这一村庄名称，保存着曾经的家族信息 [1]；还如俞塘村中杜家井的杜姓、汤山村的汤姓，都是旧时族姓的历史信息，虽然现在村中已无此家人。

[1] 杨海如主编. 钱湖风韵 [M]. 宁波：宁波出版社，2016.

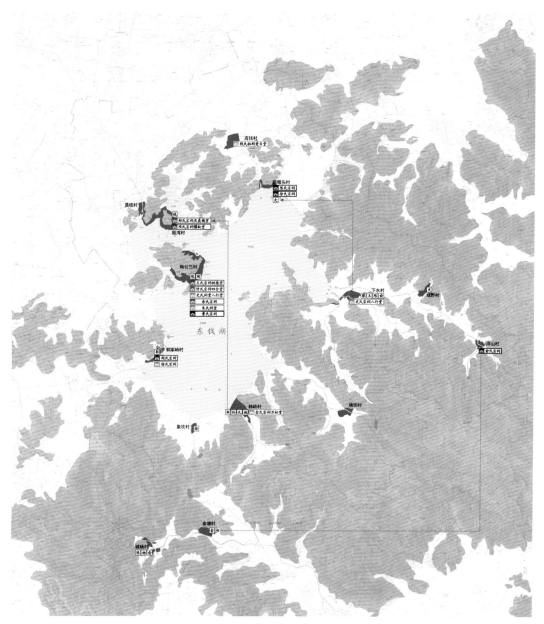

图 4-26　东钱湖湖域村庄家族姓氏分布
（图片来源：笔者自绘）

　　因此，作为最稳定传递的历史信息，地名、路名通过代际间历时态的传递，以一种虚化模式被人们"无意识"地认知、记录、使用，将那些存在过却又消失的家族印记刻录在实体及虚体、要素或场所的客体空间上（表4-2、表4-3）。

表 4-2 携带家族姓氏信息的地名

类型	名称
巷弄名	闻家弄、赵家巷、许家弄、陈家弄、袁家弄、唐家弄、大房弄、毅房弄
桥名	南安桥、林染桥、德行桥、陈孟桥、沙家桥、包家大桥、包家小桥
地点	岑家墙门、慕容家宅、杨家宅、郑三房、许家大屋、王家墙门
节点	沈家井潭、戴婆桥、陈家井潭、杜家井、郑家埠头、接官亭、方家井
村庄名	韩岭、殷家湾、汤山村、杨家、周家、赵家、方边
山水名	杨家山、张家山、沙家山、薛家山、范岙、陈家岙

表格来源：田野调查、《钱湖风韵》《新编东钱湖志》。

表 4-3 东钱湖湖域村庄中的家族空间遗存

村庄	姓氏	族居地小地名
殷湾村	郑氏	郑大房、郑三房、石鼓门、通德里、廿四房、万里里房、六一房、天德房、郑氏大院
	孙氏	孙一房、廿二房、老祥兴、新祥兴、七姓门、三八房
	张氏	张氏民宅
陶公山建设村、陶公村、利民村	余氏	余家民宅、余家路
	王氏	王家民宅、王尧笙酒坊、王家石作坊、
	朱氏	朱家宅院
	许氏	许家大屋
	忻氏	老大房、老二房（江房、汇房、河房、海房）、老三房（四房、厅屋里、廿一房、十五房、乾六房）、大小房（上房、下房，即老四房）
	曹氏	曹氏宅院
	史氏	史长发当店、史氏民宅
高钱村	钱氏	七四房、八二房、廿四房、五户头、下七房、斗房、教房、富房、天房、地房等
前堰头村	史氏	天房（五份头春房祖堂、六份头秋房祖堂、大厅廿八房祖堂、上坎头十二房祖堂、三和里房祖堂、堰下房祖堂） 地房（老坎头老九房祖堂、新屋门房祖堂等） 水房（上坎头祖堂等）
梅湖村（青山村）	余氏	中央房墙门（老小房）、三家桥、三贤桥
下王村	戴氏	戴氏民宅百房、办房
	陈氏	天房、地房（新屋陈家）、君房、亲房、师房
下水	史氏	史氏宅院
绿野	史氏	宅之代居绿野，后人建八行堂，其曾孙三人均居绿野，其中公福公生三子，大房为绿野岙里房，三房为绿野岙外房，二房继承大寺田大寺山故后代迁居下水
洋山	俞氏	俞家大墙门（明洪武1390年）
	陈氏	发地里陈家

村庄	姓氏	族居地小地名
韩岭	郑氏	郑氏大夫第、账房（郑清之后裔郑元成家族）、新万丰酒坊、主院、后仓屋、建湖学堂、荥阳小筑、郑镜清宅
	金氏	三盛六房：全盛、德胜、龙胜、财房、安房、瑚房、琏房、良房、校房（绍房）
	孙氏	孙家堂沿院落
	孔氏	孔家堂沿院落、孔氏当店
	陆氏	陆家堂沿院落
	施氏	施家堂沿院落
	周氏	周家堂沿院落
郭家峙	朱氏	朱氏宅院（民国）
沙家垫	李氏	李达三旧居、李家堂沿

表格来源：田野调查、《钱湖风韵》。

二、格局的延续：平行格局与差序格局、家族肌理单元

格局主要指家族社会的空间结构关系，包括平行格局和差序格局两种结构，前者存在于不同族群之间的横向关联，后者存在于同一族群之内的纵向关联。

如上文所述，平行格局意味着有边界，区分出家族领域。无论是陶公村、殷湾村这类渔村，还是下水村、绿野村这类乡村，抑或是韩岭村这类集镇村，只要有两个以上家族聚居的村庄，家族空间便呈现并列平行状态。在自然环境的影响下，平行格局以自然或人工环境要素为边界，形成族群聚落单元。如陶公村各属于多个大家族并列排布，各家环山而居，以家族或房族位序依次排列；下水村则以史家为大，其他三家较小但共存，家族聚集关系更多体现在堂沿院落上，西村史家独大，占据中街以南，东村三族并列；韩岭村因地寡人密，家族众多，除金、郑两族外，均属小家族，以堂沿院落为单元，沿老街两侧紧凑排列。

差序格局的空间特征体现在某个族群内部，呈现出纵向的长幼秩序。能够完整保留这类形态的家族多为历史悠久的望族，下水村史氏、陶公村忻氏、殷湾村郑氏、韩岭村金氏，基本从空间层面保留了"族—房—支—家庭"的社会关联，但因家族大小不同以及自然环境差异，呈现出不同的差序形态。

下水村史氏——以村庄为房族肌理单元。史家是南宋时期的大族，鼎盛时期，整个庞大的史氏家族已散布到各地，东钱湖周边的史家村庄为部分史氏后人聚居地。以下水村为史氏发源地，以史氏宗祠与叶氏太君墓为祭祀核心，陶公村史家湾、绿野村史家、前堰头村史家，以及稍远的史家码、史家里等村庄，承系不同时期的分支关系。

陶公村忻氏——以条形 H 形堂沿院落为房族肌理单元。忻家世代聚居在陶公山脚下，并未迁居于周边形成新的聚落单元。因此在陶公村忻家，从忻式宗祠到各房支祠，再到各支堂沿，统御起成片的家族单元，较为清晰、完整地与房支体系相关联，各房族、各支之间以巷道为边界，堂沿与堂沿巷道成为各个房族的标志。

殷湾村郑氏——以合院式 H 形堂沿院落为房族肌理单元。殷湾村腹地相对陶公村较为狭窄，无法形成条状的单元肌理，各房族呈院落式肌理的单元族群，院门、轴线、堂沿成为各个房族的标志。

韩岭村金氏——以合院院落为房族肌理单元。金氏是以经商发家的家族，在寸土寸金的韩岭村发展为六房，穿插在韩岭村各个家族之间。由于家族兴盛于清末民国时期，宅院肌理跳脱了传统民居形式，而是以合院式院落肌理为母本，各房根据用地建造单进宅院、三合院、四合院，院落形态因地制宜，巧妙布局。宅院之间建筑空间并不连续，但在装饰风格和宅地名号上，统一为金氏的家族符号（图4-27）。

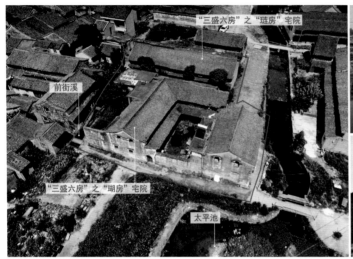

图4-27 韩岭金氏宅院的民国装饰符号
（图片来源：宁波测绘院提供鸟瞰，笔者自绘改绘）

三、肌理的更迭：家族宅院

作为日常又私人使用的居住空间，宅院是更新频率最快的，特别是传统木构建筑生命周期短，一代代人在祖屋的基础上不断更新重建或扩建新建。因此在村民的概念里，的确有"老房子"和"新房子"的对象差别。这两者有着不同的象征意义，"老房子"意味着是祖宅，拥有近百年甚至上百年的历史，对于村民特别是漂泊异乡的人们，是追根溯源的实物，是这一代人还留存的"小时候在外婆外公家住"的地方记忆。而"新房子"往往是近三四十年建造的，用工业材料建设，在外形上与老房子差别甚远，符合现代生活的使用功能。

老房子的演化面临如下几个困扰：一是自然的衰败，建设材料的使用周期限制，需定期更换维护；二是拼贴式的更换，在其时的技术条件、经济条件影响下，更替部件必然采用与原先不同的技术、工艺与风格，以符合适时的文化背景，使得老房子呈现出多时期的历史风貌；三是叠加式的替换，即在既有建筑基址上的完全更新，老屋则无迹可寻。

因此，在以实用功能为首要需求的前提下，房屋质量决定是否适宜居住。如今完整保留的家族宅院基本都是清末民国建造的，这一类宅院的建造者多是当时外出经商或捕鱼的大户，有实力建造质料好且耐久的房屋，得以留存至今。而大部分普通人家的房屋都是历经多个历史时期叠合形成，如有宋明时期的院落格局、明清时期的房屋骨架、清末民国的砖墙瓦片，直至近代替换局部门窗构件等。但所有变更都是在家族关系的框架之内进行，因而过去的社会空间结构得以留存。

四、场所的印刻：从社会空间上升为精神空间

在当下的生活语境中，日常生活和生产活动中的宗族关系越来越单薄，但宗族仍然通过一些祖先崇拜的活动保持自身的统一性，以区别于其他宗族。持续修缮、建设祭礼场所，成为宗族集体的核心事务。至今，在东钱湖周边的村庄中，只要是主姓家族，在村中都有固定的家族祭礼场所。小则设立祖堂，一般为单开间建筑，可以摆放牌位及神像，如洋山村中的俞氏祖堂，位于俞氏墙门中心间，于2016年聚族重新修缮，祖堂内刷成大红色，东西北三面挂有祖先神像，没有专门的屏栏放置祖先牌位，只简易地用中心桌椅供奉。大则遵照宗祠建筑形制，如前文所述，呈回字形或为两进建筑群，正厅后设专供祖先神位的屏栏，秩序井然，装饰华丽，且挂有体现宗族文化的楹联诗句牌匾，此外，祠内会立碑专述宗族源流、宗祠修建过程与族内捐赠明细，东钱湖大族如史家、郑家、忻家、戴家、王家的宗祠，均属此类。

而这种与仪式感相关的场所性，不仅限于宗祠建筑，而且延伸到与标志物相关的场所环境，宗祠和周边的广场、大树、桥、旗杆等环境要素共同构成一组具有象征意义的场所模式语言（表4-4）。而这些环境要素因其形式的简单和抽象，甚至比宗祠更容易成为人们对故乡人的记忆符号。

表 4-4　宗祠环境要素信息

宗祠	广场	旗杆	大树	桥	埠头
项氏宗祠	√	—	√	—	√
郑氏宗祠	√	√	—	—	√
戴氏宗祠（新）	√	√	√	√	√
朱氏宗祠	√（被占）	—	—	—	√
王氏宗祠	√	—	—	—	√
忻氏宗祠	√	√	—	√	√
曹氏宗祠	被占	—	—	—	√
史氏宗祠（下水）	√	—	√	√	—
史氏宗祠（史家湾）	√	—	—	—	√
钱氏宗祠	√	—	—	√	—
闻氏宗祠	√	—	—	√	—
金氏宗祠	—	√	—	—	—

表格来源：田野调查。

在对东钱湖周边居民的调查中，有87%的人知道自己的家族的宗祠信息，有82%的人愿意为宗祠修缮出钱，因而修宗祠这一事件，成为分家后联系族人经济关系的纽带。族人对修缮宗祠的积极性远比修缮自己祖屋的积极性高很多，从某种层面上理解，生活居住的空间是服务于现实生活的，易变又多样；但宗祠是精神符号，是身份认同，是情感归属，在这一层面上，人们更希望宗祠能延续过去的传统，在物质空间上保持历时态的一致性（表4-5）。

此外，只要时间允许，人们都会每年参加家族的扫墓祭祖活动，并且愿意带自己的孩子来参加家族活动，并认为寻根念祖是中华民族的优良传统，应该将其传承下去。因此对于平时散居各处、生活

并无太多交集的族人而言，祭祀活动成为将他们集中到一起的重要契机，加上宗族的统一性带给人们精神上的归属感，立刻就拉近了族人的心理距离。

综上所述，宗祠与祭祖从物质空间到仪式上达到了统一族人的一致目的。历经古今，即使物质世界中的生活方式与生产关系都有所改变，祭祀活动是宗族群体沉淀到当下恒常不变的核心，宗族感通过身体仪式和特殊场所的共同作用，凝聚为一种精神符号，深刻地烙印在每一代人的意识形态中。

表 4-5　东钱湖湖域家族祠堂信息

家族	祠堂名称	祠址	始建时间	备注
史氏宗祠	八行堂	下水西村	不详	祖祠
	八行堂	利民村史家湾村	—	支祠，2015 年新建
	八行堂	前堰头村	—	分上下两处，男神位入下祠堂，女神位入上祠堂
俞氏宗祠	滋德堂	洋山村	明洪武二十三年 1390 年	早年以祖堂为祠，后新建于桥头
	树德堂	俞塘村	晚清	已拆
	五福堂		1931 年	现存
	绳五堂		—	现存
陆氏祖祠	辅政堂	城杨村	不详	已拆除，现存遗址
杨氏祖祠	一本堂	城杨村	清同治丁卯年	已拆除
	四知堂		—	已拆除
张氏宗祠	百忍堂	殷湾村四古山	—	办工厂使用
郑氏宗祠	庆袭槐堂	殷湾村	清初	宁波市"十大名祠"
孙氏宗祠	—	殷湾村	不详	被工厂借用
钱氏宗祠	爱日堂	高钱村	明洪武年间	现村老年活动中心
	具庆堂	高钱村	清嘉庆年间	20 世纪 70 年代初被拆
金氏宗祠	万松堂	韩岭村	明初建	古祠于 2001 年新修
施氏宗祠	—	韩岭村	—	火毁
郑氏宗祠	崇德堂	韩岭村	—	1956 年台风毁
孙氏宗祠	—	韩岭村	—	1941 年日本人烧毁
戴氏宗祠	传礼堂	大堰头村	咸丰元年（1851）	改造为柏悦酒店茶室，新建宗祠于前裴君庙旁
	中丞祠	下王村	不详	不详
袁氏宗祠	—	大堰头村	不详	已拆除
周氏宗祠	—	大堰头村	—	2005 年拆除
袁氏宗祠	—	大堰头村	—	2005 年拆除
忻氏宗祠	四合堂	陶公村	清嘉庆元年（1796）	原为忻家二房支祠亦政堂，后四方宗祠合一，取名四合堂
	听彝堂	陶公村	—	忻家大房支祠
	亦政堂	陶公村	—	忻家二房支祠
	本仁堂	陶公村	—	忻家三房支祠
	竹介堂	陶公村	—	忻家四房支祠

家族	祠堂名称	祠址	始建时间	备注
王氏宗祠	树德堂	建设村	清	重修完好
项氏宗祠	惇叙堂	殷湾村西村	不详	—
钱家祠堂	—	莫枝村四古山	清	显存
余氏宗祠	—	建设村	—	现为村委办公室
朱氏宗祠	—	建设村	—	—
许氏宗祠	—	陶公村	—	—
曹氏宗祠	—	利民村	—	现为老年活动中心
闻氏宗祠	—	郭家峙村	—	现为老年活动中心
徐氏宗祠	—	郭家峙村	—	现为村委办公室
徐氏宗祠	—	象坎村	—	供奉徐达塑像，毁于 20 世纪 90 年代
周氏宗祠	世德堂	马山村	不详	2008 年随村庄消失
毕氏宗祠	—	横街村	清	—
余氏宗祠	四本堂	梅湖村（青山村）	不详	20 世纪 70 年代初末被拆
陈氏宗祠	—	下王村	明	90 年代被拆迁
李家祠堂	—	沙家垫村	清	—

表格来源：《新编东钱湖志》《钱湖风韵》及田野调查。

本章基于宁波地区的家族结构与家族制度，分析了东钱湖湖域乡村的家族社会空间构成、组织规则，以及当前社会中家族社会空间如何承袭与演化。

宁波地区的宗族社会采用聚族而祀、分房而治的"宗族—房族"两级管理制度。宗族层面集中祭祀，管理文化教育等公共事务，各个房族独立发展，管理经济事务，使村庄中形成了多个层次的家族中心空间以及多个层次的家族领域空间。家族的符号式空间包括宗祠、支祠、堂沿和祖坟，家族的领域单元包括自然村、院落、房屋与族田，家族的礼制秩序则由轴线组织。

宁波地区房族独立自治的特点源于土地资源的有限，为保证家族血脉的长久流传，族人的生存发展是第一要务，不强调聚居的家族形式，鼓励后代开拓创新谋生，但强调精神上的宗族认知，无论在何处落地生根都要记得祭祖念宗。因此，在有限的生存资源下，从定居到发家，从分家到迁徙，家族空间有着不断"聚合—分散"的组织规律。直到今天，东钱湖湖域的村庄，基本上保存着较完整的家族信息，通过形式或地名沿袭着家族身份，通过村落家族院落的平行格局和差序格局保存着家族社会结构，通过房屋的个体更迭保存了传统的房族关系，而家族空间的核心——宗祠，通过家族仪式活动与空间环境的结合，从社会管理的功能转变为组群记忆中的特殊场所符号。

第5章

■信仰崇拜影响下的场域空间

"呼兰河除了这些卑琐平凡的实际生活之外，在精神上，也还有不少的盛举，如跳大神；唱秧歌；放河灯；野台子戏；四月十八娘娘庙大会……"

——萧红《呼兰河传》

精神世界泛指一切与物质世界生活相对应的内容，一些学者认为精神世界包括心理层面的认知、情感、意志领域，认知层面的思维领域，伦理层面的道德领域，精神层面的审美、信仰、信念、理想等领域[1]。各个领域间也是相互渗透影响、联袂互动，影响人居生活的方方面面，并通过物质世界的表象存在得以显现。本章主要侧重从以上四类中的精神层面出发，探讨信仰崇拜等乡村精神生活在乡村人居环境中的体现、影响与变迁。

东钱湖人的精神世界，比他们生活的物质环境丰富得多，在传统天伦、人伦至上的文化背景中，祭天地、祭鬼神、祭祖先等多重祭祀活动在人们生活中占有极其重要的分量，服务于这一精神需求的村落空间也从仪式场地的功能性上升为具有身份标识与归属感的"有意义的地方"。

第一节　信仰崇拜的特征

在传统乡土社会中，宗教信仰是根植于人们内心深处世界观、人生观、价值观的综合体现。而从严格意义上的宗教概念来说，中国人并没有一个统一、完整的宗教形态，或被认为是宗教气味极淡的民族[2]，但大大小小、此起彼落、"丰富多彩"[3]的宗教思想，一直影响并服务着我国各地区百姓的精神生活，使中国宗教呈现出其自身的特点和传统：多元化和包容性，世俗化和功利性，神权服从于

[1] 张健 . 社会主义市场经济背景下人的精神世界研究 [D]. 北京：中共中央党校，2004.

[2] 蓝吉富，刘增贵 . 中国文化新论：敬天与亲人 宗教礼俗篇 [M]. 台北：联经出版事业公司,1982.

[3] 詹石窗 . 中国宗教思想通论 [M]. 北京：人民出版社,2011.

君权 [1]。可以说，中国是一个多宗教的国家，也可以说，中国国民有共同的宇宙观，而从中又派生出不同的信仰 [2]。

在众多思想中，儒家思想、道家思想、佛家思想以及广泛的民间信仰，无疑是历史最悠久、影响最深远、传播最广泛的四种思想类型。它们本身成为社会文化的组成部分，根植于社会生活的土壤，同时又渗透到社会生活的各个方面，为社会共同体确定共同的信仰，规范社会行为，确立伦理生活的准则，乃至构成风俗习尚及社会整治体制 [3]。毛泽东在 1927 年分析中国社会性质时，将中国社会的权力支配系统归纳为三部分：由政权构成的"礼乐文化国家系统"、由族权构成的"家族系统"、由神权构成的"阴间系统"和"鬼神系统" [4]。

在东钱湖人的生活中，宗教信仰与鬼神崇拜是精神世界的主要组成。其中，典型的宗教信仰受中国传统儒释道精神影响，体现着各个历史时期社会环境主流的意识形态，同时也辅助乡村管理，某种意义上，具有一定社会组织的功能；而丰富多样的鬼神崇拜，贯穿乡村生活的点点滴滴，从田间地头，到灶房照壁，随处可见鲜活生动的敬神情节，体现着广大乡民富有创造力和想象力的精神世界。

一、主流的宗教信仰：以佛为首，儒释道杂糅

对于东钱湖地区，主流的宗教信仰与当时的历史背景相关。佛教是最早进入东钱湖地域的宗教类型，并在唐宋等历史时期作为上层推崇的宗教形式，极大地影响了东钱湖周围的宗教氛围与景观营造，八百余年流传至今，自然而然成为最主要的宗教类型。而以儒家礼治为主流思想的祖先崇拜，则在乡村地区作为一种普遍的存在，虽不像佛教势力那般独树一帜，却潜移默化为人们的精神基础。此外，道家的隐逸思想与东钱湖幽静僻静的独特区位相得益彰，完美映衬了文人心中的归隐生活，虽与道教相异，不构成宗教信仰的类型，但其根源的天地观、生态观等基本思想，同样对人们的生活产生实质性的影响。总体来说，东钱湖地区的主流宗教信仰具有以佛为首，儒释道杂糅的特征。

1. 佛家思想：法事生活

佛教认为，生命的价值不在于七情六欲的满足和追求世俗的物质享乐，而在于心的宁静和生活的淡泊。由于人的欲望是永远也无法满足的，且满足欲望的手段往往是产生新欲望的条件，恣欲为乐便永远陷入欲望得不到满足的遗憾和痛苦之中。因此真正的快乐在于追求精神的完善和崇高的道德境界，从而获得一种超越物质享受、持久和真实的快乐 [1]。因此，佛教的宗旨是要人破生死关，熄灭轮回，使人的灵魂摆脱形体的制约，"从此永出生死轮回之苦"，达到终极意义上的精神完善 [1]。

然而在中国传统乡村社会，佛家的戒修过程与传统的儒家孝道、道家心性，从实际结果上是相互违背的，因此完全皈依佛门的僧尼尚属少数，佛家思想在民间的主要作用体现在"身后事"的超度法事活动、佛教内部信众的修行、普济众生的教化过程以及惠及日常的行善之举。

在宁波地区，历史上明州作为海运要冲，是日本等东方国家佛教徒入唐求佛的集散地，成为中外

[1] 詹石窗 . 中国宗教思想通论 [M]. 北京 : 人民出版社 ,2011.

[2] 杜赞奇 . 文化、权力与国家 :1900—1942 年的华北农村 [M]. 王福明，译 . 南京 : 江苏人民出版社 ,2008.

[3] 余敦康 . 中国宗教与中国文化（卷二）：宗教·哲学·伦理 [M]. 北京 : 中国社会科学出版社 , 2005.

[4] 毛泽东 . 毛泽东选集 [M]. 沈阳 : 东北书店 ,1948.

佛教交流的中心。佛教在西晋时期始入鄞县，自唐代兴盛，至唐末宋初，全县有禅、律、教各宗寺院 69 座，成为东南一大佛地。到了宋代，鄞县由于地处京畿，在皇权支持下，涌现了一批御赐寺院、匾额，加上鄞籍朝臣对信佛学禅的推崇，极大地推动了佛教在鄞县的发展，其中南宋下水村史氏家族在东钱湖周边的功德寺多达十几座 [1]。至元明清时期，佛教更为兴盛，鼎盛时期，东钱湖周围寺庵数量竟达 99 座。如今，保留寺庵仍有 24 座，其余的 75 座都在历史演进中逐渐废除或消失。

东钱湖周边的寺庵以禅宗为主，不拘泥于修行形式，侧重心性的修炼。在现实生活中，"因果报应"鼓励人们"修善止恶"，强化了道德调节方法，要求人们对自己的人生境遇负责 [2]。在佛教看来，世界的本质是空，都是心之幻境或假象的存在，认识到这种真实的本性，人生的苦难便会解脱，不被虚假的世俗生活所累，不需执着于喜怒哀乐的情感，不因境遇得失而痛苦，最终觉悟成佛。

2. 儒家思想：宗法生活

儒家侧重伦理观，通过"礼乐文化"与"伦理秩序"的集大成，将人间的行为规范上升为道德规范与社会制度。儒家伦理以仁爱为基石，以忠孝为核心，倡导"八德"——孝、悌、忠、信、礼、义、廉、耻，成为实际生活中社会道德的基本规范 [3]。几千年来，人民群众长期坚持这种制度，变成一种民族特定的生活方式 [4]，它有别于宗教，却又代表了宗教，具有宗教的表现形式 [5]，使儒教成为封建社会上层建筑的治世之本，宗法伦理思想无疑居于中国传统文化格局的主体和核心位置 [6]。

对于广大的老百姓，儒家的信仰体现为基础的祖先崇拜，以及在此基础上的风俗和禁忌，这些在民间起着重要的社会规范作用，至今影响依然存在 [2]。正如前文所说，宗法是一种以血缘关系为基础，尊崇共同祖先以维系亲情，而在宗族内部区分长幼，并规定继承秩序以及不同地位的宗族成员各自不同的权利与义务的法则 [2]。法则是社会组织的制度基础，作为管理族群内部事务的规则，也为适应封建统治的需要，逐渐形成了以修宗谱、建宗祠、置族田、立族长、订族规为特征的体现封建族权的宗族制度 [2]。

3. 道家思想：隐逸生活

道家与道教既有联系又有区别，道家是以老庄为代表的中国古代哲学思想与学说，虽在此基础上衍生出修炼与祭祀活动，但并未形成宗教团体；道教则是尊老子为宗，在其哲学上进行宗教化的产物，但在生死观、神灵观及存在方式上，都与道家思想相异 [7]，且吸收了儒家之"忠孝仁义"、佛家之"护生戒杀" [2]，杂糅百家九流后发展形成多层次、杂而多端的本土宗教文化体系。

道家侧重生态观，主张顺应自然，清静无为，从天地的观点看，人不过是万物中之一物，所以不应强调人道原则，尊重自然的法度，不要以人为去破坏自然，不要以人有目的的活动去对抗自然命运 [2]。

[1] 浙江省鄞县地方志编委会 . 鄞县志 [M]. 北京 : 中华书局 ,1996.

[2] 詹石窗 . 中国宗教思想通论 [M]. 北京 : 人民出版社 ,2011.

[3] 余敦康 . 中国宗教与中国文化 [M]. 北京 : 中国社会科学出版社 ,2005.

[4] 中国社科院世界宗教研究所宗教学原理研究室 . 宗教·道德·文化 [M]. 银川 : 宁夏人民出版社 ,1988.

[5] 梁漱溟 . 中国文化要义 [M]. 上海 : 学林出版社 , 1987.

[6] 余敦康 . 中国宗教与中国文化（卷二）：宗教·哲学·伦理 [M]. 北京 : 中国社会科学出版社 , 2005.

[7] 韦思谛 . 中国大众宗教 [M]. 陈仲丹，译 . 南京 : 江苏人民出版社 ,2006.

而道教则追求成神或成仙，"神仙"虽具有神灵一样的属性，但却是人经过修炼后转变而成，统指生命和能力趋近或已到达无限的人 [1]。

因此道家思想渗透到民间生活后，主要产生了两种现实影响，一是与中国传统文化思想中的"山水灵性"相结合，在士大夫阶层中形成的出世、养生之道，这种隐逸传统与儒家入世思想既对应又共存，正如传统学术文化中的"儒家守常，道家达变"的论调，两种思想的杂糅使人们在入世之时抱有圣贤追求，在出世之时又携有豁达姿态，呈现出中国古代知识分子辩证的人生观点。二是民间将地方先贤神仙化，这与多神的民间信仰有重合之处，"神仙化""成仙"的过程，有的并非前人的追求或自身修炼的过程，而是民间形成信仰符号的过程，但从结果上来看，民间将人"神"化，即希冀人神精神永存、力量永续，道教的"成仙"与其采取的是同一种"神化"的方法。所以说，道教的神仙与传统民间信仰密切关联。

与宁波平原的大部分地区相同，东钱湖湖域的宗教信仰种类众多，系统庞杂。在历史上各朝代帝王重臣的关注下，主流宗教形成以佛教为首、儒释道杂糅的信仰特征。

二、民间的鬼神崇拜：有神皆拜，就地生神

宋代以后，文人与僧人、文风与禅风的结合分化，把宗教推向理性探究的境界，而留给低文化层群众的，是日臻完备的崇拜仪式，人们根据现实需要创造着功利各异的神祇，以及含义笼统而情感炽热的膜拜仪程。到了清末民初，各朝帝王、重臣关注、推崇的佛教，作为自上而下的主流教义，而民间日益丰富的多神崇拜，作为自下而上的基础成分，两者的结合使这片土地上的精神生活达到有神皆拜、遇佛俱信的境界 [2]。

鄞州地区自古就有"风俗尚鬼好祀"之说，这是一种历史形成的崇拜与迷信相混杂的地域文化现象。其形成既与越族传统的好鬼神、尚祭祀的文化背景有关，又与鄞县民间长期聚族而居的生活方式相联系，也是神权与族权在人们心理上的投影 [2]。在宁波地区，广泛存在于民间、有别于宗教但与宗教有着千丝万缕联系的民间信仰，包括在特定社会经济背景下产生的鬼神信仰和民间崇拜文化，其民众影响不逊色于正统宗教 [1]。民间信仰虽然不具备宗教的系统性、组织的完整性 [1]，但其多样的神仙种类、功利的供奉目的、世俗的拜神习俗以及在地的神仙创造等特点，使其在民间具有鲜活的生命力，构成生动的乡土生活景象。

1. 多样性

民间信仰的神灵系统是种类繁多且相当开放的，崇拜的对象不仅包括功臣名将、道德高尚的人，还包括自然界中的日月山水等人格化的对象，甚至是家里的厨厕门壁等具有功能属性的对象。他们有的是某种地方神或行业神，有的又可能是为某些显然是非宗教的职能而组织的。这些神灵不分大小，掌管着人们纷繁复杂的日常生活，或者说，各大宗教和各种信仰崇拜在面对民间生活时，都被扁平化了。在民间信仰的概念中，儒家的孔子、道家的阎王、佛家的观音，甚至大大小小的山神灶神，都是神化的"菩萨"，都被抽象为百姓心中维系生活希望、报以情感恩德的心灵寄托（图 5-1）。

[1] 詹石窗 . 中国宗教思想通论 [M]. 北京：人民出版社 ,2011
[2] 浙江省鄞县地方志编委会 . 鄞县志 [M]. 北京：中华书局 ,1996.

图 5-1 村民家中灶房内供奉的灶神
(图片来源：笔者自摄)

2. 功利性

民众对自己所信仰的神灵所表现出来的态度是相当功利的[1]。一方面神灵被人们理解为分司生死祸福的职能，对神敬奉的初衷是为了在未来（或此刻）解决可能遭遇、无法解释或无法解决的现实问题（或者说是"天命"）。因此神灵所承担的职责众多，包括祈福、延生、治病、消灾、祈雨、求子、安宅、济度亡灵等与民生密切相关的事情。另一方面，对神灵的功能需求反映出乡村地区以农业社会为基础的社会结构[2]，如广泛分布于农田周围的土地祠、山神庙以求旱涝保收，湖畔的王安石庙、裴君庙、鲍盖庙以求风调雨顺、物产丰收，这都是传统农耕生产的基本需求。

当人们认为某一神灵对于他们的许愿"应验"时，他们会认为这一神灵是"灵验"的，因此不惜花重金请戏班为神灵唱戏或塑金身。如东钱湖两处重要的关帝庙，均位于传统集镇的中心——莫枝市（集）及韩岭市（集）。关羽本来是忠勇仁义的代表，却被人深化为武圣人，甚至是伏魔大帝及商界的财神，这种"万能"作用被湖域居民着重用在堰坝之上，关帝庙大多位于集市之地，如莫枝堰上、韩岭下步滩和前堰头钱堰旁，以保佑公正、惩霸除恶（图 5-2）。

3. 创造性

东钱湖周边的鬼神崇拜具有丰富的创造性，只要有需求，不管是何种生物或物质，都可以成为神，什么神都可以创造出来。前堰头村倚靠的梨花山山神、虾公山山神虾公等，自然山水要素在神化的过

[1] 詹石窗 . 中国宗教思想通论 [M]. 北京：人民出版社 ,2011.
[2] 浙江省鄞县地方志编委会 . 鄞县志 [M]. 北京：中华书局 , 1996.

图 5-2　村中的土地神及关帝庙
（图片来源：笔者自摄）

程中被拟人化了，人与自然山水建立起了某种社会联系。桥神也是极具创造力的神仙，大多在乡野的桥头空间设置神龛，保佑出入平安，如城杨村山岙中亭溪上的永安桥，在桥头一人高的石质神龛上，常年有香火供奉。下水村岙山野中的一座公路桥的桥神，则被安置在一个巴掌大小的木制神龛中，放置在路面一旁，甚至连供奉香火的地方都省略了，有趣的是，为避免来往灰尘，在神龛外还挂了一个黄布帘，从整体看上去非常不起眼，仔细看却极为生动。正由于这里曾是古道上必经的桥梁，而此神在此"驻守"多年，即使更新成了公路桥，但桥神的庇佑范围却没有改变，供奉此神，已经成为当地百姓生活的一部分，因此神龛虽然从形式上简化了，佛像也更换了，但此载体携带的崇拜习惯并未改变（图 5-3）。

神仙不仅遍布在乡村郊野，在村庄屋中更是随处可见。从传统习俗上来说，以家庭为单元的屋舍通常由灶神、厕神、门神等五神共同护佑，尤其是供奉灶神的习俗仍被人们广为使用。灶神虽在传统神仙体系中是最低级的地仙，但除了掌管饮食、赐予生

图 5-3　下水岙中简易的桥神
（图片来源：笔者自摄）

活便利外，由于灶神被赋予了考察善恶的通天之职，还被认为是"上天"的"观察使"，承担了物镜的角色，是人们表达对上天敬畏之情的渠道，因此对其的祭拜活动在日常生活中极为重要。此外，还有相当数量的人神，是从真实的历史人物转换而来，如鲍盖、裴肃、王安石、岳飞等，他们利国利民的丰功伟绩被人们传颂并神化，修建祠庙供奉。

4. 地域性

以东钱湖为代表的宁波乡村地区，崇拜对象大多是与农业生产相关的、有功于水利建设的地方官员，以及能驱蝗降雨的历史人物[1]，这源于当地的经济文化结构在人们社会心理和价值取向上的影响，也反映出鄞县地域文化与经济发展水平，因此从崇拜对象和崇拜群体上都体现了极为典型的地域性特征，如前文说到的鲍盖、裴肃、王安石等，都是有利于地方水利建设与农业发展的贤臣。以韩岭村的花桐殿为例，供奉对象是历史上嫁到韩岭村的周姓女子，因精通医术、行医济世，被人们设女神供奉为花桐娘娘，又被称为东钱湖的"妈祖"，以保佑出海的渔民平安归航[2]，反映出东钱湖人在综合的地理与经济背景下，特殊的地域需求与信仰目的。

第二节 信仰崇拜的场域构成

传统的乡村生活是贫乏而单调的，日复一日，年复一年，唯有与信仰崇拜有关的活动可作为重要的公共事件，成为村民心中具有特殊意义的部分。而其中以寺庙庵祠为代表的空间自然成为某种地域文化的表征。在这些信仰崇拜空间中，空间要素之间、人与环境之间、人与群体之间形成的关系[33]，体现出某种无意识但又有意义[4]、既有凝聚力又有边界感、规定性与偶遇性并存的场域性特征（图5-4）。

一、信仰惯习

布迪厄在《宗教场域的起源和结构》一书中，提出宗教场域与之形成的惯习是相互关联的"思想工具"，它所携带的文化、政治、经济、权力可以被定义为一种网络，规定着在宗教空间中的社会主观性——惯习，即某种属于宗教场域的"禀性系统"[5]。在地方本土创新和国家制度意志的影响下，东钱湖周边多种宗教场域中，各种宗教资本作用于乡村社会的不同方面，呈现出并行独立但又相互支配的宗教场域联系。不同于传统城市以儒家为主导的权力系统，在传统村落中，儒家虽具有社会组织的核心作用，但佛家、道家以及民间信仰的力量组织起多种场域系统，规定丰富的生活内容，形成差异的宗教景观与活动场景（图5-4）。

因此，信众群体作为外部空间形态直接的塑造者和使用者，决定了不同类型宗教场域的位置与形态。儒家的宗族场域、佛教的寺庵场域和民间的神庙场域共存于村中，在其空间规律背后，是家族社会、地方信仰组织与佛教组织等多类社会群体共生共存的内在逻辑，或者说，是村民多神信仰的直接体现。以韩岭村为例，各类宗教场域塑造出的群体惯习呈现出差异化的结构性特征。韩岭村12家族分布于老街两侧，属于各家族的财产范围与活动范围，为家族公共空间；裴君庙、花桐殿等人身庙宇则位于村口和山脚，为村域集体供奉的保界神，属村集体公共空间；而位于老街后段的善应庵，则是古

[1] 浙江省鄞县地方志编委会 . 鄞县志 [M]. 北京：中华书局，1996.

[2] 魏乐博，范丽珠 . 江南地区的宗教与公共生活 [M]. 上海：上海人民出版社，2015.

[3] 黄佛君 . 中国城市宗教空间发展演变研究 [D]. 西安：西北大学，2012.

[4] 白文固 . 宋代的功德寺和坟寺 [J]. 青海社会科学，2000(05):76-80.

[5] 宫留记 . 布迪厄的社会实践理论 [M]. 开封：河南大学出版社，2009.

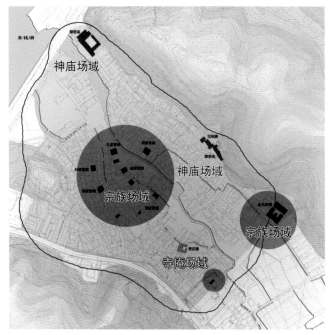

图 5-4 韩岭村中三类场域空间
(图片来源：笔者自绘)

往今来来往于古道的香客们竞相拜谒的场所，其公共性辐射到周边十里八乡，甚至有更大的佛教影响范围。也正因如此，宗族场域的边界感与家族院落的范围重合，而神庙场域的空间边界感则为整个村庄，略弱于宗族场域，而寺庵场域的边界感最弱，甚至无法界定这种宗教场力的范围。

场域的公共性：佛寺场域（区域）＞神庙场域（村域）＞宗族场域（宅域）。

场域的日常性：宗族场域（每天）＞神庙场域（每年）＞佛寺场域（一生）。

场域的边界感：宗族场域（院落边界清晰）＞神庙场域（村庄边界）＞佛寺场域（无边界）。

二、环境要素

1. 信仰崇拜空间与村落的关系

信仰崇拜空间具有公共性，承载公共活动，积聚人群，从建筑到场所都有别于其他的民居建筑。信仰崇拜空间往往位于村头村尾、桥头路口等节点上，一来有位置与风水来供奉神位，是对神灵虔诚的体现，二来能够满足戏台、庙会、集市等公共活动对场地的需求。

为满足每年演戏敬神的公共活动需求，村社庙祠前需要有足够的开敞空地，因此地点多选择在村落之中，但又非中心的边角地带。从意义上来说，村庙的仪式性活动与村落空间的标志性、符号性相对应，成为乡土生活中信仰需求的生动呈现。

对于村庄而言，信仰崇拜空间具有界定性作用，往往有某一个方位，如东南西北、上下、山头水边等地点。下水村的鲍公祠、忠应庙，韩岭村的裴君庙，俞塘村的裴君庙等，都位于村口位置，而陶公村的鲍公祠则位于村庄之上的陶公山山腰，大堰村的裴君庙、郭家峙的裴君庙则位于邻水的村口。因而这些寺观庙不仅仅是地理标识，更标识了人们的心理位置。譬如下水古道上的灵佑庙，位于两村地理距离的中点，人们来往于古道上，远望见灵佑庙，就知道距离绿野村或下水村不远了，而走近村庄，远望见村口的裴君庙、鲍公祠，就知道进村了。因此，这类公共建筑从认知上起到了地理标尺的作用。

而广泛分布于乡间的寺庙，或矗立于山上，或隐逸于林间，在天地山水间留以人工筑迹的景观（图5-5）。从某种意义上说，乡村地区是以自然山水为基底的，村落生长于自然之上，与地形地貌紧密结合，从色彩到尺度都是人工自然化，或者说向自然靠拢的产物。而在这天人合一的自然整体中，信仰崇拜空间成为最具人工符号的景观。这一景观的形成，在功能上是衔接精神世界与物质世界的桥梁，在初

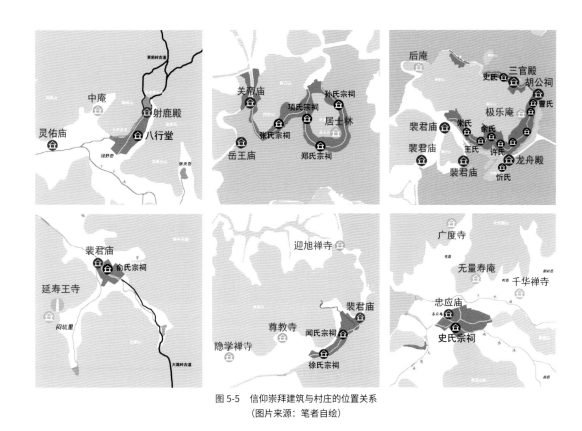

图 5-5　信仰崇拜建筑与村庄的位置关系
(图片来源：笔者自绘)

衷上却是人们精神世界的需求，体现出从意识形态上对自然、上天等未知世界的崇拜与敬畏。而出于功利性的目的，信仰崇拜与生产生活中方方面面的实际需求密切结合，因此作为其空间的表征——大大小小的寺观庙宇的地点和位置往往因地制宜，而不像城市中的信仰空间那样，方位地点都具有规定性。

2. 信仰崇拜环境的构成

①信仰崇拜空间的主体是祭典建筑，在乡民年复一年的祭拜仪式与公共活动中，该空间的场所感得以提升，换句话说，这一系列客观的物质空间被赋予了精神与意义，进而形成了信仰崇拜场所。这一场所不仅限于建筑实体，还包含了建筑周边一系列环境要素。村头和村尾常有庙宇、宗祠等公共建筑，和周边的场地、植被一起形成特殊的场所空间。郭家峙村东侧的村口有一座裴君庙，规模较小仅有三开间，裴君庙和水岸间形成了一块三角形的不规则场地，比进入的主街略显宽敞，水岸边杨柳依依，场地连着一处台阶式的盥洗埠头，一株桃树从岸边探入湖中，形成一处整体的村口场所环境。与之类似的还有前堰头村的关公祠，陶公山建设村的后裴君庙等。

②开敞的空地或晒场。公共建筑前通常有一片开阔场地，作为举办集体活动的场所，如定期集市、庙会、戏台演出、婚丧礼仪等，这些对于村民来说的大事都在这类场地举行。除功能之外，这些空间更是人们心中从世俗生活向精神世界转化的一个过渡空间。通过建筑前开敞空旷的营造手法，突出公共建筑的宏伟、高大与精美，通过空间达到凝重心智、平静虔诚的效果。

③交叉的街巷。通常开敞空地会是几条交叉街巷的交叉处，来往的人流在此汇集、分散，久而久之成为集体记忆最清晰的地点。而开敞空间也因街巷的交界形成不规则的形态，结合环境要素，行为活动更为生动多样。

④桥和埠头。许多寺庙庵祠都选址于溪边河畔，与水路相关的桥与埠头通常分布在周围。桥的方向往往不会正对宗教祭祀建筑，而是于建筑侧方斜向通向开敞空地。如下水村史氏宗祠旁的德行桥、绿野村庵旁的林染桥、陶公村忻氏宗祠、龙舟殿和周边的南安桥，都可抽象为这一类空间类型。

⑤大树。在公共建筑周围，通常会有具有标识性的树木，虽然形态、种类、大小各异，但总体上都与周围环境要素一起共同构成一组生动的节点场所。树木在这一组固态的物质环境中为场所提供了时间向度，一年四季、一日四时，植物的生息状态为场所提供了变化的配景。如郭家峙村裴君庙旁的邻水处，一株歪斜的桃树向水面生长，春日的桃花、夏日的枝叶、秋日的果实和冬日的枝干，都给村口的祭拜场所增添了一份前景。而下水岙的灵佑庙前，两颗八百年的古银杏作为旗杆树，极其少见，银杏在形态上经过修剪，刻意模化为旗杆的形态，与庙宇融为一体，更用树木的年龄象征着灵佑庙八百年的悠久历史，即使庙宇多次重修翻新，但树木却作为持续生长、最初的物件，穿越千百年，见证历史的变迁，延续古人的怀念。

⑥堰碶。在东钱湖周边，每个堰碶周边都设置有庙宇，有的置于宽堰之上，有的则位于窄堰之侧，这种"标配"的寺庙，一来被人们赋予保佑水利安宁的作用，二来被用于堰坝形成的集市，保佑平安与贸易公平。

3. 信仰崇拜空间的类型与色彩标识

信仰崇拜空间与色彩密切联系，不同类型的宗教信仰均有相应的色彩崇拜内涵。色彩在民间与五行相配，被赋予不同的含义，红为吉利，黄为富贵，黑为丧葬，尽管20世纪70年代末人们开始淡化色彩的含义，但传统的色彩崇拜意识在民间仍有很大影响[1]。

如前文所述，主流的信仰崇拜类型包括佛家、儒家和道家，在东钱湖周边乡村，通过宗教本土化的过程基本延续了三种主要信仰类型，并通过庙、寺、家祠三种类型的建筑表现最直接的物质空间符号。历经千年，基本约定俗成为三类最为显著的建筑色彩差别——红庙、黄寺、黑堂沿宗祠。

①红庙。庙宇供奉人神，东钱湖周边尤其供奉有利于地方水利和农业生产的历史人物，如忠应庙、灵佑庙、岳王庙、裴君庙、鲍盖庙等，这类宗教建筑的墙面都被刷成砖红色。

②黄寺。寺庵属于佛教系统，供奉禅宗佛像，各寺庵均有住持管理修行，因此寺庵通常除大殿外，另需偏房作为居住功能使用，如辨利寺、无量寿庵、善应庵等，这类宗教建筑的墙面通常刷成黄色。

③黑堂沿宗祠。堂沿及宗祠属于儒家宗族礼治下家族的祭祀场所。这类建筑（也可称为礼治建筑）通常位于家族聚落之中，供某个家庭共同使用。如前文所述，堂沿和宗祠均属于家族祭祀空间系统，堂沿属院落单元，宗祠属聚落单元，结合民居布局使用，墙面通常刷成黑色。

红、黄、黑三色的建筑，在土色的村庄中，格外醒目，多种类型的建筑群共同组合为东钱湖人居的精神空间（图5-6）。

---

[1] 浙江省鄞县地方志编委会. 鄞县志[M]. 北京：中华书局，1996.

图 5-6　红庙、黄寺、黑祠堂
（图片来源：左由胡志明拍摄，中由周峰拍摄，右为笔者自摄）

三、行为活动

基于不同的行为需求与特征，这类场所通常远超过纯粹的建筑主体，而在场所中，人的行为活动叠加在空间之上，形成携带当地文化、记忆、习惯的"活的"符号载体。在这类公共空间中进行的活动以仪式性、事件性活动为主，宗教空间与公共生活密切相关联。而不同的宗教类型衍生出的活动类型各不相同。

1. 佛寺活动，供香敬佛，香火集市

佛寺的主要公共活动是供香礼佛、修行参禅、举办法事。供香行为发生在殿堂之内，香客和僧侣住持均为行为的主体；修行参禅的活动是由寺庵组织、信众自愿参与，修行过程以课业的形式举行，时间从一天到一周，甚至一月不等，因此需要住宿、饮食等配套功能的房屋；举行法事则多在村庄内的堂沿、祠堂等地方举行。

香火旺盛的寺庵，信众络绎不绝，在寺前道路或广场上通常会形成寺前市集，从售卖香火贡品等物品开始，推广到物产、纪念等物品，这条市场需求的规律从古至今得以延续。以下水村大慈寺为例，南宋时期的大慈寺名声远播，又由于是宰相史弥远的护坟寺，达官显贵纷沓而至，香火极为旺盛。久而久之，在大慈寺前，形成了一条日夜兴旺的香火市集，虽已在历史进程中消失，但留下"七里香街"的名称作为历史佐证。而如今，小普陀的霞屿寺被再次发现后，敬香活动结合湖心景区复兴，相关的商业活动也随之兴盛起来。

2. 庙祠活动，游神活动，搭台唱戏

庙祠的供奉祭拜活动更为民间化、乡土化，与农业生产、农历节庆相关。在东钱湖地区，除日常祭拜之外，每年的游神活动是一年中村中组织的最重要、最盛大的事件。游神，就是将庙中的菩萨抬出，在庙外的空地进行祭拜活动后，环绕村庄一圈。除游神外，由于人身庙宇是由村庄管理维护的公共场所，因此庙周边的公共空地便成为本村人搭台邀戏的场所，看戏是村中最精彩的娱乐活动，人们在庙前聚集看戏，或站或坐，而戏曲多是神话传说、历史故事的再演绎，并没有严格的规定性，与寺庵严肃的法事活动形成强烈的场景对比（图 5-7）。

3. 宗祠活动，祭祖修谱，晒谷修网

如前文所述，宗祠活动是家族团体展开的集体活动，活动类型包括集体生产活动以及家族祭典事件，大部分在家族公共中心的祠堂或堂沿及周边环境空地举行。在日常生活中，各家族有固定的晒场、驳岸码头，供各家族晒谷、晒鱼及晒网，在中华人民共和国成立后逐渐演化为生产大队，基本延续了

以家族为单元的集体性质。而家族的纪念性活动在家族公共活动的中心——祠堂、堂沿举行，包括祭祖、修宗谱等前文所述的活动类型。

图 5-7　搭台请人神看戏
（图片来源：笔者自摄）

第三节　信仰崇拜空间的组织规则

一、山间寺：皇权、官权

虽说儒家礼治思想引领下的宗族力量是传统乡村社会的基础，但在东钱湖及广大的宁波地区，在唐宋开拓时期，权贵阶级对佛教的崇尚为佛文化在此地区的推广和传承获得了大量的制度支持与广泛的信众支持，这也是佛教能在宁波地区成为主流宗教信仰的主要原因。而东钱湖周边，历史上佛寺建立之多，香火之兴盛，与南宋时期史氏家族的身份密不可分。

宋代功德寺和坟寺拥有诸多宗教及经济方面逃避赋役的优待或特权，因为宋代士大夫们的有额功德寺或坟寺也享有优免差赋的权利[1]，因此史氏家族凭借自身在朝廷的势力，多次向皇帝请额建寺，从史浩到史弥远；先后在东钱湖东岸其家族墓葬群周围建设或请赐功德寺院达十余座。这在整个宋代朝野历史中也是绝无仅有的权力体现。

宋代从皇室到上庶皆尚祈福、敬鬼神，好取佛寺祠祖、葬祖。受时代风气的影响并出于逃避赋税的目的，社会上出现了许多受封建家族控制的坟寺和功德寺。贵戚勋臣的坟寺指贵戚勋臣之家为守护祭祠宗祖的坟墓而建立的寺院。司马光曾说："凡臣僚之家，无人守坟，乃于坟侧置寺，啖以微利，使人守护种植而已。"[2] 若从被守护的墓主作论，这类坟寺又可细分为两种。一种是国家专门赐给已逝世的勋臣显贵本人的坟寺，为之守墓并执四时八节祭祀。如南宋权相史弥远死后，朝廷亦颁赐给教忠报国寺为史家坟寺。另一种是勋臣显贵建坟寺为其祖宗守墓祭祀。可以认为，在南宋理学家倡导的封建家族祠堂未普遍出现之前，坟寺曾一度取代了家族祠堂的部分职能[1]。

[1] 白文固 . 宋代的功德寺和坟寺 [J]. 青海社会科学，2000(05):76-80.

[2] 引自《温国文正公文集》卷二八《言永昭陵寺札子》。

东钱湖畔遗存有多处由功德寺发展而来的佛寺，以史氏家族的护坟寺为主。史氏家族信仰佛教，在南宋的功德寺制度下，随着家族的兴旺，他们一定程度上也促进了佛教在宁波地区，特别是在东钱湖周边的发展和传播。叶氏太君墓的无量寿庵、史诏的中庵、史浩的胜像甲乙律院、史弥远的教忠报国禅寺、辩利教寺等（图5-8，表5-1）。其中史弥远的大慈禅寺是著名的六朝古刹，始建于五代后晋天福三年（938年），距今已有近1100年历史。根据《元延祐志》记载，大慈禅寺于宋绍兴二十年（1150年）重建。南宋嘉定十三年（1220年），宋丞相史弥远立为功德寺，宋宁宗特赐"教忠报国寺"匾额。寺前建有占地2600多平方米的放生池，亦称万功池，据说池旁边曾建有9米多高的7座石塔，工艺之精美胜过天童寺和阿育王寺。

图5-8 史家叶氏太君墓与无量寿庵
（图片来源：笔者自摄、自绘）

表 5-1　东钱湖周边坟茔、墓道、寺庙分布

墓名	年代	墓址	功德寺
徐偃王墓	周	隐学山	栖真寺
史成	宋	下水	五祖堂
史冀国夫人叶氏墓	宋	下水长乐园山	有墓道，无量寿庵
赠太师越国公史诏墓	宋	绿野岙相亭山	有墓道，中庵
赠太师越国公史师仲墓	宋	上水金家岙	有墓道，教忠报国寺
郡痒掌阁史师光墓	宋	下水大慈岙	宝华山世忠寺
史师禾墓	宋	上水保安院（辨利寺）	—
太师丞相史浩墓	宋	上水横街吉祥安乐山	有墓道，报国寺
礼部侍郎史弥大墓	宋	上水横街吉祥安乐山	有墓道
太师中书令史弥远墓	宋	大慈山	大慈寺、辨利寺
奉宣大夫兵部尚书史弥坚墓	宋	宝华山南麓	世忠寺
史弥高墓	宋	下水南麓	有牌楼
史弥进墓	宋	下水藤岙蝴蝶山	云岩庵，有神道牌楼，已拆除
史弥忠墓	宋	阳堂乡省岙	建国寺、贸溪书院
史弥恋墓	宋	阳堂乡官样山	瑞芝庵
史宜之墓	宋	上水集云山	寿宁寺（上林寺）
史宽之墓	宋	原葬大慈著衣亭，后葬上穴	妙智寺
史岩之墓	宋	尊教寺后山	有墓道石刻
史有之墓	宋	大田山	明觉寺
袁燮墓	宋	阳堂乡穆公岭	有墓道
金忠墓	明	象坎山晒径坪	有墓道牌楼
金华墓	明	象坎山金忠墓侧	—
余有丁墓	明	隐学山	有墓道石像生，牌楼已毁

表格来源：整理自《新编东钱湖志》。

　　寺庵空间多位于山间，与村庄类日常生活的空间稍有距离，原因主要有三方面。一是客观生存条件所致，寺庵需携配一定数量的寺田、坟田，收租用以建设寺庙，开展宗教活动，如南宋时期史浩曾施田百亩，建月波寺水陆道场[1]，从空间上划分了寺田与族田区域，许多后建的寺庵或走向未开垦的山野区域，可视为宗教势力让渡于日常生活与宗族的生存基础。二是与墓冢相关联，东钱湖周边寺庵以坟寺、功德寺的历史最为悠久，位置上也与墓冢邻近，特别是史氏家族这类历史上权贵阶级的家族墓葬群，多位于湖东南群山中山水形势良好的风水佳地，因此护坟寺庵多隐逸于山中（图 5-9）。三是与佛教追求的出世境界相匹配，佛家追求的精神世界与世俗村落有很大的差异，因此对于修行环境和场所的要求偏重远离人间烟火的出世境界，以达到与凡尘隔离的修行效果，正如清代董庆酉《平峨寺》诗中所说："峰外钟声寂，林间翠霭凝。深山人不到，独坐看云僧。"

---

[1] 浙江省鄞县地方志编委会 . 鄞县志 [M]. 北京：中华书局，1996.

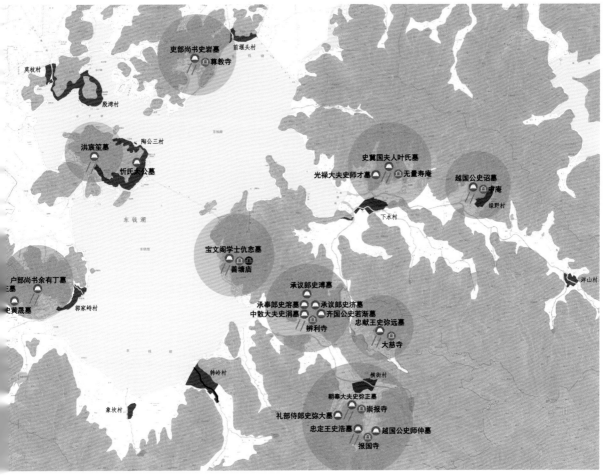

图 5-9　东钱湖湖域坟寺分布
（图片来源：笔者自绘）

二、村口庙：民本

东钱湖地区的人神信仰与整个江南地区的宗教习俗类似，每个村庄都拥有属于此村庄的民间神庙，村民通过周年仪式，与特定保护神庙之间建立起专属的供奉与被庇佑的关系，换句话说，每个村庄只会有一座"当境庙"[1]。村庙所庇佑的村庄社区同样被明确应承担的修缮劳务与捐赠费用，而各个信仰社区之间界限清晰、权责分明。

到了民国时期，村庙已成为与教育、医疗同样重要、同样级别的民本设施，列入地方志记录的范畴。民国《鄞县通志·舆地志卯编》中说："今庙即古之社也，古者人民聚落所在，必奉一神，以为社凡，期会要约，必于社申信誓焉，故村社之多寡即可现其时民户之疏密，此讲地方史者所当注意也。"[2] 可见庙社是以村落聚居集体为社群的供奉单元，其祭拜的目的与家族祭祀的道德人伦略有差别，更多是与日常生产生活的具体内容相关，如土地公、财神、地方护佑神等（表5-2）。

---

[1] 魏乐博，范丽珠. 江南地区的宗教与公共生活 [M]. 上海：上海人民出版社，2015.

[2] 张传保，汪焕章. 鄞县通志（上下）[M]. 宁波：鄞县通志馆，1935.

表 5-2　东钱湖周边村庙一览表

乡镇名称	村庄	庙堂
永平乡	青山岙、赤塘岙、孙家山头、殷家湾	嘉泽庙
沙林乡	沙家、红岙、茶山岙、大岭头	拱岙庙
湖塘乡	湖塘下	府王庙
绿洋乡	洋山岙、绿野岙	灵佑庙、洋山庙
下水乡	下水、新岭岙、官驿河头	忠应庙、永兴庙
永安乡	庙陇、陈野岙、擂鼓山、陶公山、曹家	胡公祠、上塔山庙
永乐乡	河上桥、上杨、中杨、下杨、长漕、舒家岸	白石庙
永福乡	沙家垫、前后五港、黄隘、谢家墓、田野王、邵家弄	白石庙与永乐乡合
戴港岸乡	李家（沙家垫）、戴家、张家、唐家墙门、忻家	无
永康乡	郑隘、攒竹庙、拗手漕、胡家垫	攒竹庙
觉新乡	大岙底、朱山岭、毛竹下	城隍庙
陈杨乡	陈家岙、杨家、小地岙	裴君庙
永满乡	殷家湾	文武殿
韩岭镇	韩岭市、马山	裴君庙、关帝殿、文昌殿、花桐殿、三官殿
永泰乡	陶公山、余家岙、王家、大岙底	胡公祠、画船殿
永善乡	陶公山、老大房、老二房	同上
永嘉乡	陶公山、许家、大小房、余家	同上
永顺乡	陶公山、老三房	同上
五四乡	象坎、茶亭下、西山下、金斗房、杨家	裴君庙两处，一在象坎，一在西山下
周戴乡	毛竹园下、龙口周家	无
史张薛乡	薛家山、张迈岭、史家湾	文武殿
山水乡	上水、鸡山头、沙家山	柳山庙
莫枝堰镇	莫枝堰、师姑山、岳王庙、方边	关帝庙、岳王庙
永治乡	大堰头	裴君庙
俞塘乡	俞家塘岙、汤家山头	裴君庙
横街乡	横街	上堡庙、中堡庙
观音庄乡	庙西、庙后、穿堂跟、下岸水槽、祠堂跟、二七房、碾子埠、蒋家漕、庄桥、江口、漕底、二房、王七房等	小梅庙
高钱镇	高钱、康家眷、山下河、庙下	西亭庙
梅黎乡	前堰头、吴家漕	无
五湖乡	鹿山头、水门漕、旧宅、章隘、方桥、梅湖、姜郎湾	青山庙
玉涵乡	瓶岙、胡郎岙、栗树塘、椅子岙、将军港、唐家湾、史家湾	山前庙

表格来源：民国 24 年《鄞县通志》。

在东钱湖的文化背景中，作为农业命脉的水利文化成为地方人神产生的土壤。虽然这是宁波平原的普遍现象，但在作为水利设施的东钱湖周围，以水利著称的地方人神尤为集中。环湖的 18 裴君庙供奉的裴肃将军，鲍盖庙供奉的鲍盖，均是有利于水利农业的地方官员，是真实存在过的历史人物被当地百姓神化的突出体现。

裴君庙是纪念唐代裴肃将军的庙宇。裴肃是唐代贞元十四年（798年）的明州镇将，当年叛军栗锽刺杀刺史史卢云，发动兵变，攻陷浙东诸县郡，裴肃率官兵征讨，于次年2月擒获栗锽。裴肃带兵纪律严明，军队所到之处，秋毫无犯，百姓感德，后世建庙奉祀（图5-10）。

图 5-10　东钱湖湖域的裴君庙
（图片来源：笔者自摄）

鲍公祠又称鲍盖庙，祭祀晋代鄞县县吏鲍盖。鲍盖为官清正，两袖清风，除暴安良，保境安宁，深受老百姓爱戴。建兴四年（316年），天闹灾荒，百姓流离失所，食树皮度日。正当危难之时，适逢鲍盖押粮船队在海上遇风浪，驶入鹿江（今高钱村）暂避，见途饿殍遍野，群众跪地求救。见此情景，鲍盖悲感交织，泪水纵横，毅然将所押粮食赈济灾民，由于难向官府交差，自己投江自尽。卒后百姓将其从鹿江上捞起来，葬于高钱下王鹿山。附近百姓为感其恩德，表彰英灵，鄞东鄞西一带纷纷立庙祀之（表5-3）。

表 5-3　环湖裴君庙与鲍公祠信息

庙宇类型	庙宇名称	地点	建造时间	备注
裴君庙	中堡庙	横街外二里	宋乾道七年（1171年）始建，清乾隆修	1994年重建
	俞塘裴君庙	俞塘村口	明嘉靖十年（1531年）始建于前山庙坎墩 清顺治十年（1653年）重建于此	2013年重修
	城杨裴君庙	城杨村口	清始建，民国六年（1917年）重修	中华人民共和国成立后初废，今原地重建 旁有五百年大银杏树
	郭家峙裴君庙	郭家峙东村口	明末清初建于此	1969年火灾毁，1990年重建
	象坎裴君庙	原象坎村近湖边止水墩	清道光年间始建	20世纪90年代迁至象坎公墓狮子山
	西山裴君庙	西山下	无考	20世纪90年代旧址重建
	后庙裴君庙	后庙湾	2010年新建	原在大岭墩
	韩岭裴君庙	韩岭村口鉴湖桥边	明清之交始建，1941年被日军烧毁，石狮子被推入湖中	中华人民共和国成立后曾作粮站使用
	柳山裴君庙	范岙岭南公路之东的前山岗	2009年新建	—
	鸡山裴君庙	鸡山头	无考	1956年因大台风倒毁，已废

庙宇类型	庙宇名称	地点	建造时间	备注
裴君庙	凤山裴君庙	上水村	清光绪年间始建，20 世纪 90 年代重建	因上水村拆迁，现濒临倒毁
	上堡裴君庙	距慈云禅寺三百米东	无考	中堡庙与上堡庙合二为一
	周家裴君庙	大堰周家龙口	民国初年始建	或已被拆毁
	大堰村前裴君庙	大堰村村口	清同治年间迁建于此	现作为柏悦酒店内商业建筑
	奕大山裴君庙	金墩桥奕大山麓	2008 年新建	按照大堰裴君庙形制新建
	建设村后裴君庙	建设村后	明末清初始建	1995 年新建
鲍公祠	青山庙	梅湖青山脚下高钱村方水村峰山	唐天佑年间始建，20 世纪 80 年代新建	俗称青山大庙，于"文化大革命"时期被毁，后遵循原大庙面貌重建
	西亭庙	青雷山青雷寺边	北宋建于西亭山	2008 年迁建于青雷山
	洋山庙	下水洋山岙	无考	1980 年毁
	小梅庙	观音庄（冠英庄）东南	清光绪年间建，民国重修	现已重建
	叠石庙	寨基村	清乾隆年间修建	20 世纪 60 年代毁，现存两棵大树
	顿岸庙	顿岙（墩岙）	清道光年间建	新址重建
	府主庙	下方家湖塘下	20 世纪 90 年代	或已毁
	画船殿	陶公村许家屿	2010 年新建	原在大岭墩
	永兴庙	下水官驿河头	无考	现已重建
	山前庙	瓶岙（平岙）	无考	—
	山后庙	近大涵山	道光七年（1827 年）重修	—
	南亭庙	栗树塘	民国时期重修	—
	东亭庙	石山弄村	明代毁，清乾隆年间重建	—
	新东亭庙	天龙山麓	无考	—
	圣迹庙	鹿山之北数十步	无考	—
	万灵庙	前堰头村口	无考	后新建于前堰村中段，规模较小
	青山行祠	高钱村下王村	清光绪二年（1876 年）重修	已毁

表格来源：整理自《新编东钱湖志》。

　　最具地方性的是三座供奉王安石的祠庙——忠应庙、灵佑庙和福应庙，位于下水岙至二灵山沿线，下水村域范围内。这三座纪念性祠庙建设时间均可追溯至南宋，为同样为官为丞的史氏家族主持建设。区别于供奉裴肃，下水区域所供奉的是王安石，表达了史家与王安石同样的重视农业、兴修水利、利国利民的政治抱负（图 5-11）。《鄞县通志》记载："忠应庙下水乡下水，祀宋王荆公安石。清嘉庆年建，旧历正月十二日为神寿诞。演戏敬神。"

　　有别于皇权、官权倡导下主流佛寺的正统性与规制性，以及给人们行为体验上的距离感，承载着众多民间信仰的各类神庙大部分都靠近村庄、贴近生活，不具规定性形制，根据信仰共同体的经济能力，大小皆宜，有神则灵。而这种从乡土生活中生长出来的精神力量，不仅为平淡枯燥的农耕生活带来了特殊性的事件，更为民众提供精神抚慰，助其建立起对美好生活的期待和祝愿。

图 5-11　地域性的人神庙宇
（图片来源：笔者自摄）

三、族中祠：族权

　　宗族不仅是乡村的社会组织，更是建立在祖先崇拜之上，通过道德教化，规范家族群体的精神力量。从祖先崇拜到教化行为的过程中，宗祠既是宗族力量的结果，又是宗族身份的表征，更是宗族集体进行正统的、规定性活动的场所和工具。宗祠是以家族为单元的祭祀空间，因而是族中祠。这里的族，不仅是社会单元，更是家族聚居的物质单元。如前文所述，受宗族权力的影响，宗祠代表了家族在地方的主体性，是家族人力、物力、财力等综合实力的体现。宗祠祭祀活动的延续、族人日常活动的聚集、持续的修缮与更新状态，是家族兴盛延续的象征，更是家族精神延续的旗帜。

第四节　信仰崇拜空间的演化

　　兹编所载，虽不尽如上所谓，然神庙多处其民居亦盛，村落凋亡地，其神庙多废，纪于此，亦可考见地方今昔与兴衰之故，盖神社虽亦属迷信之一，而其起原则与僧寺道院殊不可不表而出之也 [1]。在某种程度上，宗教空间形态的演化以一种结果的方式，反映出宗教信仰与民间崇拜状况的变化。而在形态的背后，是空间功能的转化以及信仰行为的变迁。

一、信仰活动变迁：宗教活动减弱，民间崇拜鲜活

1. 主流宗教力量弱化

　　佛教从唐代兴盛开始，历经宋元明清，一直都是官方提倡的主流宗教，历史上属于具有官方支持的宗教信仰。也正因如此，中华人民共和国成立后，因为种种原因，直至 1978 年，国家批准恢复宗教活动并修缮寺院。在这一过程中，许多寺庵无人打理，年久失修而荒废。中华人民共和国成立前，东钱湖周边的佛教寺庵多达 99 座，遍布山野，如今 74 座已荒废消失，经佛教系统整合修缮后，现存 25 座。尽管当地佛教仍具有广泛的影响力，拥有广大的信众群体，但根据以上数量差距，加上基督教等外来宗教的潜入，佛教景观已难现其历史盛况。

2. 民间崇拜延续

　　中华人民共和国成立后，宗法制社会逐渐瓦解，科学知识的普及、信息网络的推广，逐步破除了旧的迷信观念。特别是在接受科学教育、走出家乡的年轻一代心中，极少存在过去那种旧的迷信心理。或者在这个科学和理性的时代，人们不再像过去那样对未知的将来和无法解释、解决的问题寄予神灵来解决，以达到心灵上的抚慰。但是，民间信仰文化的心理现象却并没有在时代潮流中消失。

　　东钱湖湖域的民间信仰不仅受到乡民们的持续捐赠支持，更有地方政府对于文化保护、记忆传承、旅游发展的大力支持（图 5-12），近些年民间庙宇的修复数量呈逐年上升的态势。根据历史记载，中华人民共和国成立前，东钱湖湖域民间庙宇约 60 座，在 20 世纪 60 至 70 年代大多数荒芜或拆毁，但在 20 世纪 80 年代后，首先复兴的是民间的修复与重建声音，20 世纪 90 年代后随着人民对历史文化遗产价值认识的不断提升，地方政府也逐渐采取修缮与重建措施。如今，东钱湖周边尚存活态庙宇 43 座，数量和比例都远高于历史上主流的正统宗教——佛教寺庵。

二、场所功能转化：使用功能因需而变

　　伴随着时代变迁，宗教信仰的惯习行为与权属主体也在不断变化，相应的宗教信仰与民间崇拜的空间载体基本的功能也随着人们的需求变化而变迁。基本产生了如下两种类型的功能转变。

　　一种是权属主体变化导致宗教空间功能与性质的整体转变，主要发生在中华人民共和国成立前的主流宗教佛教系统中，并且产生的是不可逆的转变。自唐代以来，佛寺必有寺田、寺僧所支持，可以看作是与乡村相对隔离、自成一体的宗教修行空间。中华人民共和国成立后，僧尼均分得土地，并以

---

[1] 张传保，汪焕章. 鄞县通志（上下）[M]. 宁波：鄞县通志馆,1935.

图 5-12　陶公山游神
（图片来源：戴善祥、忻华梁、笔者摄）

"农禅并重"的方式组织僧众参加农副业生产，20 世纪 50 年代到 60 年代，鄞县内大部分寺庵移作他用，僧尼还俗，仅有天童、阿育王两寺原样保留宗教活动场所，至 20 世纪 70 年代后期，寺庵产权由房管部门接管，改为学校、工厂、仓库等功能 [1]。在东钱湖周边的 99 座佛教寺庵中，一些规模较大的寺庵如月波寺、尊教寺，转化为军事用地使用；一部分与村庄邻近的寺庵则被划入村集体，转化为大队或国有企业生产使用，如觉济寺在 1949 年后一直为工厂占用，后来在旧址上改建为东钱湖办公楼及自来水厂，莫枝村的平峨寺一度为镇五七干校，先照庵作为福泉山茶场，慈云禅寺则作为横街五金厂，下水村的无量寿庵用作牛舍，定心庵旧址改建为乡镇政府办公楼 [2]，这些权属及功能转变的寺庵，大部分都未能在后来恢复为宗教场所；其余的寺庵，除了 22 座恢复了宗教活动外，均由于没有僧尼主持、资金支持，逐渐荒废在山林中。

另一种是在权属不变的前提下，由于社会背景和生活需求的转变，发生的功能变化，主要发生于村庙和宗祠中，这种转变是可逆的，在合适的时候，宗族和信仰活动又重新复归生活。东钱湖的许多人神庙宇、家族宗祠，在中华人民共和国成立后曾一度转用为村庄的粮库、小学或村办工厂，到 20 世

[1] 浙江省鄞县地方志编委会 . 鄞县志 [M]. 北京：中华书局，1996.
[2] 仇国华 . 新编东钱湖志 [M]. 宁波：宁波出版社，2014.

纪八九十年代，由于一些乡绅、富户的主持、捐赠，一部分失去了信仰功能，或被荒弃的老庙及祠堂修缮一新后重新开门迎神，再一次为村民们带来精神支持和提供风俗活动场所，如下水村的忠应庙和史氏宗祠，前堰头村的关帝殿等。但也有一部分失去原有功能的神庙逐渐衰败、坍塌至消失，如洋山村的鲍公祠、陶公山的鲍公祠等。

寺庙及祠堂这类宗教信仰空间，功能转变的本质是其背后的资金和管理主体的需求变化，特殊的是，这些管理者或者所有者本身，也是这类空间的使用者和需求者。因此寺庵的土地和建筑在"易主"之后，便难以回到从前的功能，且延续至今的佛寺，均由佛教协会进行专门的系统管理；而神庙、宗祠则属于村一级的集体所有，自主性较强。如今随着人们对本土文化的日趋重视，家族传统、风俗仪式成为非物质文化的重要组成，东钱湖湖域周边的村民，纷纷起起"乡愁"。在记忆传递与遗产保护的大背景之下，许多神庙、宗祠重建或修缮，现存神庙达 40 多座，占历史记载数量的三分之二。也正是佛教和民间信仰、宗族信仰的主体性差别，导致东钱湖域的信仰文化本应是佛教为主、民间为辅，而今转变为民间信仰与佛教并重，甚至处于民间信仰更盛于主流宗教的状态（图 5-13）。

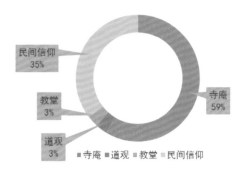

图 5-13　东钱湖湖域信仰崇拜建筑类型比例
（图片来源：笔者自绘）

三、空间属性恒常：公共性、事件性、符号性

前文说到，信仰崇拜空间具有场域特征，自带的"禀性"系统作用于使用者，产生类似的意识与行为效果，从而形成某种共同的惯习。这种场域性在历史中形成，又不断作用于历史变化，使其空间具有某种恒常不变的特性。在各个历史时期，东钱湖湖域的信仰崇拜空间都呈现出公共性、事件性和符号性三个不变的特征，为这类空间未来可能的发展方向提供了依据。

1. 公共性

公共性是一种功能性质上的现象，其本质是源于乡村社会的集体本质。如村庙、宗祠这类建筑的产权属于村落、家族集体，使用功能受集体决议，或受村民共同认可支持的乡绅来主持。如果在未经集体认同的情况下，将村庙、宗祠擅为己用，是不具有合法性的。久而久之，村庙、宗祠的公共性成为一种既定事实，集体事件、公共事件都会选择在这里举行。

而且在今天，即使其功能有所转变，但也保持着公共性，有向公益性转化的趋势，比如神庙及宗祠同时还具有德育意义，甚至具有防灾避难的功能，而不是变为谁家的后院或仓库。如下水村的无量寿庵从历史上的护坟寺转变为中华人民共和国成立后村集体大队的牛舍，又在 1988 年重建后形成居士林模式，让老人安度晚年，发挥着敬老院的功能；又如韩岭村的老裴君庙，在抗日战争期间被烧毁，中华人民共和国成立后庙宇移建他处，老裴君庙则在计划经济时期作为粮站，20 世纪 80 年代后又成为村办五金厂的厂房，其公共性从未改变。

2. 事件性

事件性是附着在空间上的行为特征。相对乡村平淡的日常生活而言，宗教信仰活动通常围绕节庆或纪念性事件展开，并附有热闹的娱乐节目以及特殊的礼仪要求。为了这一天的到来，村里可能会提前三个月就开始筹备，安排、组织人力、物力、财力，联系戏班，准备仪式物品和祭品，提前一两个月发布通告，宣传村庄即将到来的节庆事件。在这期间，除了日常的生活和辛苦的生产，富余的时间和人力都乐于投入到这一事件的准备过程中去。而这种集体的期盼则在活动当天达到顶峰。

以陶公山九月半的庙会为例，从九月十一左右上塔山庙游神，持续到九月十六画船殿鲍公祠游神，可谓为几位人神一起庆寿诞，热闹非凡，堪比春节，名震全甬，是村里的年度性盛事，本地村民与其亲朋好友都会被热情邀请参加。九月半恰逢晚稻收割之后，外海渔民出海之前，是迎神赛会、演戏娱乐的好季节，寓意农业庆丰收，出海祈平安，又称之为丰收节、开渔节。在这一天，从水陆两道迎神，水路迎神以船队前行，从头至尾有河台戏船、神台船、左炮船、右铳船、龙舟拖神船，陆路迎神抬请画船菩萨出游，以炮担开路，举头牌旗，抬神轿、神椅，以万民伞、锣会、吹行、硬甲牌、哈达郎、印匣、宝剑、笔架、签筒随后，礼毕龙舟竞渡，庙堂彻夜灯火辉煌[1]。庙会之后，外海渔民将再次出发，新的捕捞周期即将开始，将持续半年。可见，庙会、祭祖这类特殊事件携带着对于村民的生活意义，不仅仅局限于祭祀祈福本身，它已经成为社会群体公认的、生活与生产的时间注记。这些事件性行为转化为公共惯习，反过来影响着后代的认知与惯习，进而形成具有地方特色的风俗习惯（图 5-14）。

图 5-14　陶公山龙舟殿庙会后的龙舟赛
（图片来源：忻华梁、笔者摄）

3. 符号性

符号性在每个人的认知和记忆中进一步建立起高度抽象的集体共识，即信仰崇拜场域的象征符号。作为一种被人们识别、解读、理解的对象，符号是能指到所指的双重统一体。作为能指的符号，是精神外化的呈现，被人们所感知，往往是具有特殊形式的具体对象，可以是图形图像、诗句文字，也可以是声音信号、建筑造型与构建，甚至是一种思想文化或时事人物；而作为所指的符号，是客观事物

[1] 杨海如 . 钱湖风韵 [M]. 宁波：宁波出版社，2016.

在心理世界的概括与升华，它出自某种社会的规定性，往往具有抽象的特征。而在符号记忆这个庞大的认知系统中，建筑符号从建筑实体中抽象出来，直指建筑语言所隐喻的象征意义。村庄中的信仰崇拜类建筑，与祖先、神话、宗族、历史事件等隐性内容相关联，在漫长的实践过程中，被社会群体定义了具体的寓意。

在人们的记忆系统中，很少会将普通的民居或田园山水作为村庄的代名词，而是选择被赋予了特殊意义的村庙或宗祠。譬如说到俞塘村，人们会不自觉地提起湖域形制最完整、名气极高的俞塘裴君庙；说到下水村，也会用忠应庙和史氏宗祠来标识。于是在人们的潜意识中，下水村与王安石的关联较其他村庄也更为密切，加上史氏故里的特殊地位，让这个空间特色并不突出、名声也远不及韩岭村、陶公村的普通村庄具有了极强的识别性。

本章基于主流信仰与民间崇拜等类型，分析了东钱湖湖域乡村信仰崇拜空间的场域构成与组织规则，以及当前民间信仰活动活态传承的特点与信仰崇拜空间的转化形式与内涵。

在以东钱湖湖域为代表的宁波地区，人神关系活动包括主流宗教信仰和民间鬼神崇拜。主流宗教以佛为首，儒释道杂糅，民间崇拜则有神皆拜，就地生神。封建时期，为满足人居生活中的精神需求，寺庵类佛教建筑承担人们的法事与朝拜，人神庙宇类民间信仰建筑是为地方神而建，承担人们的年度祭拜，宗祠类家族祭祀建筑则是家族的礼法核心，承担日常事务和家族公共生活的活动。崇拜信仰类公共场所通常位于节点位置，除建筑组群外，还结合大树、埠头、桥等环境要素，共同构成一组作用于人们精神上的"灵力场域"，聚集起祭拜仪式、集市交易、公共集会等群体活动。在皇权官权、民本和族权的主导下，乡村形成了山中黄寺、村中红庙、族中黑祠的信仰崇拜环境。

如今，随着科学认识的普及，佛教等正统宗教的影响与过去相比已有所减弱。而民间信仰却成为地域文化习俗，依然保持鲜活的生命力，从原本的精神寄托和生命依赖逐渐转变为社会记忆和文化自觉。而这类空间也在长期的历史演化中保持着其公共性、事件性与符号性的恒常特征，使得乡村的信仰崇拜环境留存至今。

第**6**章

■ 基于人居要素的乡村保护策略

"我相信文化有遗失之先向，亦相信文化有不可能遗失之特质，并相信文化有隐退与回归，因此，我相信中国文化……或者大部分将会遗失，但有一部分，或者极其重要的部分，可能反会在新知识分子的批判下，获得再生的机会。"

——金耀基《从传统到现代》

乡村本质上是因生产与居住活动而产生的，保持居住核心功能是保持乡村人居的根本。当前东钱湖湖域建设以商业地产、养老地产、商旅服务等开发项目为主，原住民被迁出集中安置到居住小区，而他们原来的家园摇身变成富人区或高消费场所，造成了乡村面貌的消失以及社会隔离的结果。这种规划发展目的本质上还是为了满足城市人群的消费需求以及投资开发者的经济利益。乡村需要的不是人口置换，而是人口共存，尊重原住民，吸引"土著"的回归，从生活出发，适应现代的需求，为新乡村生活提供条件。对于湖域幸存的 12 处传统村庄，如何真正从本土人群的需要上改善生活，确保失地、失业农民的生活和社会保障，幼有所养、老有所依，如何让本地人共享地域发展的真正实惠，才是改变不平衡、不充分发展的重点[1]。

强调农民主体性的乡村发展是一种"内生式"发展。"内生式"发展是针对"外生式"发展提出的，是建立在区域内部资源、基础、产业与文化之上，以提升本地居民生活质量为目的，促进经济发展与环境改善的模式[2]。前文说到，过去十来年，在东钱湖的"外生式"发展给一些村民带来生活巨变的同时，也改变了大多数村庄的属性，终结了许多古村落的命运。如今对于仅存的 12 处传统村落与原住民，"内生式"发展模式是保存湖域历史与人文遗产的长久之计。"内生式"发展从两个方面入手——"乡愁"与"乡建"，即对乡村记忆与文化遗产传承的两种思路，即精神文明建设与物质文明建设。两种思路各有侧重，前者从乡村的人文环境建设入手，提升村庄的软实力；后者努力改造乡村物质环境，利用乡村历史文化遗存为村民提供更舒适、更现代化的生活条件。二者相辅相成、交融渗透，在乡村复兴中达到相得益彰的效果。

---

[1] 中国城市规划 . 文章精选 | 石楠：乡村振兴的核心是人 [EB/OL].(2018-03-17)[2023-02-23].https://mp.weixin.qq.com/s/720y7NHXk0Wyz7bpiXExKw.

[2] 王志刚 , 黄棋 . 内生式发展模式的演进过程——一个跨学科的研究述评 [J]. 教学与研究 ,2009(03):72-76.

基于前文对生产环境、社会空间和精神场所三部分的描述，构成了东钱湖域乡村人居环境的主要内容，这更是保持乡村特征的关键要素。本章将在当前城市化给东钱湖地区带来的市场经济背景下，从乡村人居主体的人出发，探讨在东钱湖域仅存的 12 个传统村庄中，人居环境关键性要素的保护策略。

第一节　东钱湖域人居环境的研究背景

以宁波为代表的浙东地区相对富裕，城镇密集，城市化程度高，即使浙东乡村经济水平远高于其他省份，但许多传统村落仍难逃衰败的命运。在我们调研的宁波村庄中，如凤岙村、蜜岩村、马头村等，年轻人为获得更多工作机会、更好的教育医疗条件和现代的生活方式，离开家乡进城打工定居，村中以留守老人居多。随着宁波城市"中提升"战略的确定，营造城市历史文化环境、发展现代服务业成为提升城市文化功能的要求 [1]。一方面，历史文化名村、中国传统村落等历史文化资源型村庄成为发展旅游业的热点地区。另一方面，在东钱湖成为城市拓展片区的背景下，一部分古村作为稀缺的建设用地资源，通过撤村并点与新村建设，转型为居住区形态的新农村社区，另一部传统生活尚存，村落结构、民居肌理、宗教建筑遗存丰富的古村落，作为宁波乡土文化典型代表与历史环境的重要组成，成为稀缺的活态人文资源。如何认知这些传统村落的价值，保持其人居与乡土特色，保护历史文化遗存和活态的地方文化习俗，让其鲜活地、持续地生长，而不是斩断其千百年的发展进程，是当前亟待研究的课题。

一、市场环境下，乡村环境的"非人居"态势

随着物质生活不断富足，在消费主义的引领下，乡村旅游成为人们日常生活的组成部分，在城市生活之余，城市近郊乡村成了周末消费的热点，乡村环境呈现出"非人居"态势。

东钱湖地区正是这种变化的典型案例。"十一五"时期，东钱湖旅游度假区的建设，是宁波市域"东扩、北联、南统筹、中提升"区域发展战略的重点项目。在宁波市总体规划中，将东钱湖纳入宁波市城市建设范围，形成东钱湖"城市之湖"的定位，属于宁波都市观光旅游圈。2001 年 8 月，东钱湖旅游度假区管理委员会正式成立，作为市政府派出机构，在其管理范围内行使相关的市级经济管理权限和相当于县级的社会和行政管理职能 [2]。近十年来，东钱湖大力发展旅游度假产业，2015 年成功入选首批 17 家国家级旅游度假区。在经济效益、消费品质、大众传媒的合力推动下，超负荷人流的涌入，人工景观与设施的建设，让东钱湖原本天然的桃源意境，笼罩着一股商业氛围。这种旅游目的，已不是古时文人雅士所追求的出世境界，而是后城市时代消费景观、消费乡村生活的另类体验（图 6-1）。

1. 自然景观碎片化

为满足多样化的消费需求，大量建设项目导致湖域自然景观碎片化，景观整体性消失，东钱湖特色不如往昔。过去的东钱湖是自然与人工互生的产物，村庄点缀于山水间，因势利导，因地制宜，既

[1] 佚名 . 特别关注——宁波"中提升"——"十大功能区"撑起大宁波 [J]. 宁波经济（财经视点），2010(01):26.
[2] 百度百科东钱湖旅游度假区词条信息 [EB/OL].(2017-01-13) [2023-02-23]. https://baike.baidu.com/item/%E4%B8%9C%E9%92%B1%E6%B9%96%E6%97%85%E6%B8%B8%E5%BA%A6%E5%81%87%E5%8C%BA.

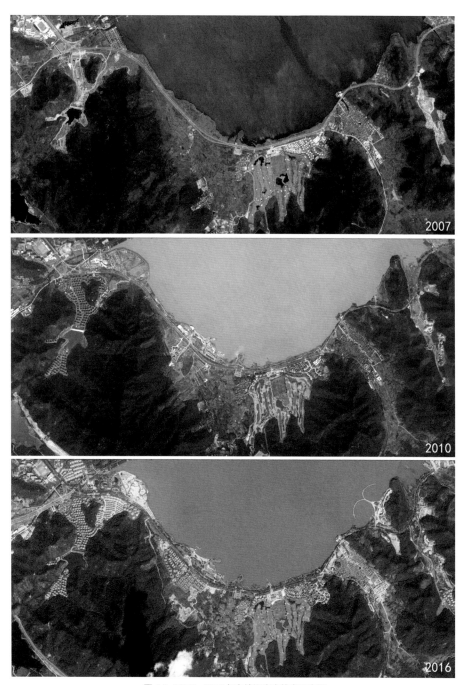

图 6-1 2007—2016 年东钱湖南岸的发展变迁
（图片来源：Google Earth 地图）

有一步一景的沿湖景色，又有浑然天成的整体意境。如今，为吸引不同年龄层次、各类需求的市民，沿岸被规划为不同定位的分区，各区块有主打项目，水上乐园、农耕采摘、亲水湿地、度假酒店、养老社区、露营营地、农家乐餐饮、自助烧烤等，缺少空间上与文化上的关系。整个湖岸被打造成了多个主题乐园，失去了历史记忆。

2. 乡村遗产产品化

当前对于湖域传统村落的保护思路，大多采用的是自上而下的保护性开发。对待乡村遗产，以一种冷静、客观、理性的认知，对历史文化价值进行评估，并制定相应的保护对策、分配资源。历史文化遗产在这里被作为一种具有价值属性的产品，功利地将修复和保护的目的作为商品化了的怀旧形式，以及作为地方文化产品的符号和特征[1]。保护性开发的目的是用于提供城市生活之余的新鲜体验或怀旧感受，成为城市人的另一种消费产品。因此，对乡村遗产的保护只注重历史遗产的物质形式，以有"名分"、可利用、有产出的历史要素为首选保护对象，往往忽视了遗产背后的生成逻辑和历史环境，以及存在于空间背后的生产关系、社会关系和情感关系，不仅致使大量"名录"外的遗产由于缺少政策支持而消失，更因缺少传统生活的自下而上维护，村落的活态性也逐渐消失，历史环境一去不返。最终导致的结果是，原住民无故乡可归，无记忆可循，而游客在满足消费需求后，对这类同质化的景区逐渐失去兴趣，外部效应叠加产生，无论是从经济性还是从文化意义角度看，"一厢情愿"的都不可持续。

3. 乡村空间绅士化

在消费主义的影响下，从城市延伸到乡村的游娱功能逐渐替代了人居本质，赶走了原住民，设计建造出了一个个高端化乡村。绅士化现象虽有利于村庄物质形态的保存和历史风貌的延续，但不利于社会网络结构的维系和无形文化遗产的传承[2]。当前，东钱湖的山水环境已经不可避免地被宁波纳入会客厅的范畴，周边乡村进入快速城市化过程。在旅游度假产业的挤压下，湖域传统村落的生存空间日益减小。而过去十年中，高钱村、大堰村、横街村、上水村等消失的古村，无疑是城市扩张的牺牲品。"牺牲"之意义，不在于否定东钱湖的发展意义，而在于其发展是都市产业、城市人居需求的单向扩张，而并未顾及乡村人的村居需求和家乡情感，更不用说作为乡村主体本身的话语权。

这些现象不仅存在于东钱湖个案，在经济水平较高的浙东乡村，逆城市化下的乡愁经济是一种普遍现象。然而，由"他者"主导的怀旧究竟是对乡村的保护，还是城市对乡村的"二次"剥削[3]，是当前社会与学术界讨论的热点问题。

二、政策环境下，乡村发展的"人居"导向

近二十年，我国的城市化率由 1996 的 30.48% 迅速提升到 2015 年的 56.1%，城乡关系急剧转型与变化。在这个高速增长的数字背后，工业主导农业、城市主导乡村，乡村建设与发展只不过是以一种被动式的满足工业部门和城市发展的方式进行[4]。作为长期哺育城市的人力、物力、生态环境基础，快速城市化导致乡村逐渐被掏空，以人口外溢为根源，带来传统乡村衰落的多种社会问题。

---

[1] 戈特迪纳，巴德. 城市研究核心概念 [M]. 邵文实，译. 南京：江苏教育出版社,2013.

[2] 张松，赵明. 历史保护过程中的"绅士化"现象及其对策探讨 [J]. 中国名城，2010(09):4-10.

[3] 威廉斯. 乡村与城市 [M]. 韩子满，刘戈，徐珊珊，译. 北京：商务印书馆,2013.

[4] 张军. 乡村振兴：理论、实践与措施 [EB/OL].(2018-02-10)[2023-02-23].https://mp.weixin.qq.com/s?__biz=MzA5NTc4MTIwOA==&mid=2652588721&idx=1&sn=247c20e8ba624775cd9f497623b8fea7&chksm=8b55c286bc224b90b6acdab75ffe9897ac27f5e0c4fd33c0b4d6271dc2a3ae142946af5ce4bf&scene=27.

2018 年"中央一号文件"《中共中央国务院关于实施乡村振兴战略的意见》对实施乡村振兴战略提出了全面部署。乡村经过了城乡不均衡发展的二元分割状态[1]，正从前一时期的衰败阶段走到了三农振兴的转折点，成为下一阶段国家建设的重点。"按照产业兴旺、生态宜居、乡风文明、治理有效、生活富裕的总要求，建立健全城乡融合发展体制机制和政策体系，统筹推进农村经济建设、政治建设、文化建设、社会建设、生态文明建设和党的建设，加快推进乡村治理体系和治理能力现代化，加快推进农业农村现代化，走中国特色社会主义乡村振兴道路，让农业成为有奔头的产业，让农民成为有吸引力的职业，让农村成为安居乐业的美丽家园。"[2]强化农民的主体性，强调农村的居住功能，在政策环境之下，未来乡村发展应突出"人居"导向。

要坚持农民主体地位，首先要发挥农民在乡村振兴中的主体作用，维护农民根本利益，土地承租延续 30 年等政策出台，让农民吃了一颗定心丸，未来生活有可期的保障，回乡的归路已不遥远。提高农民民生保障水平，促进农民共同富裕，坚持物质文明和精神文明一起抓。其次，塑造美丽乡村新风貌，尤其提出要保护、保留乡村风貌，开展田园建筑示范，培养乡村传统建筑名匠。再次，提升乡村社会文明程度，培育文明乡风、良好家风、淳朴民风，繁荣兴盛农村文化，焕发乡风文明新气象。从经济、社会、民生、精神文明等多方面，如何建设一个宜居宜业的新时期乡村，如何以农民为核心带动三农发展，是近几年社会研究的焦点问题。

"中央一号文件"中强调"坚持农民主体地位"，发挥农民在乡村振兴中的主观能动性，意味着既有的城市规划方法和思路、编制套路和知识体系已然无法适用。新时期的乡村规划，传统的基于建筑学层面的物质空间设计将逐渐减少，随着人与环境的归位，综合的、交叉的新类型规划逐步增多，如何建设宜居宜业的乡村人居环境，是未来乡村规划的方向[3]。因此，空间规划与城市规划知识体系已不能满足这些要求，需要社会学、人类学、生态学、民俗学、地理信息等多学科、多行业的融合。本书正是站在城乡规划的领域，以"人居"为乡村本质，试图结合社会学与人类学交叉研究，对传统乡村人居环境的形成与发展进行探索。

第二节 人居主体：新乡贤、原住民、村二代与新村民

一、村庄的组织者：新乡贤

新乡贤从乡村中走出来，经历了社会锤炼和磨砺，属于本地的"社会精英"，有文人学者、政府退休官员、企业家、科技工作者、海外华侨华人等[4]。新乡贤通常构成村庄的行政管理班子，或者家族中有威望的族长、房长及家族干事。他们往往是土生土长的原住民，在离开家乡完成财富积累之后，希望能够落叶归根，通过建设与发展故乡的方式进行回馈，实现自我价值与认同。

[1] 陈晓华，张小林，马远军. 快速城市化背景下我国乡村的空间转型 [J]. 南京师范大学学报（自然科学版），2008(01):125-129.
[2] 2018 年中央一号文件公布：乡村振兴这么干 [J]. 种子科技，2018,36(2):1.
[3] 李俊鹏. 机构改革下的规划行业转型，谁能把握先机？ [EB/OL]. (2018-03-30)[2023-02-23]. http://mp.weixin.qq.com/s/gf3pq9ZqK1Na-Hy6Z0Wb9Q.
[4] 本报记者龙军光明网记者禹爱华. 村落文化重建，乡贤不能缺席 [N]. 光明日报.

新乡贤群体通常既有开阔的视野、清晰的发展思路与丰富的信息资源，又源自乡村本体，具有良好的乡亲关系和地方声望，了解乡村事务的规则，更具有承上启下、调节沟通的能力。首先，新乡贤对乡村的治理，大多以提升村民利益为宗旨，是村民团体的话语代表。村庄的产业、公共事业、基础设施等建设，都以提高村民收入、带动村民就业、优化居住环境为目的。在新乡贤的带领下，村民成为推进乡村事业发展的动力。其次，自下而上的乡村自治模式与自上而下的规划模式不同，前者通常根据乡村自身的需求针对问题提出解决和优化方案，后者则从更宏观的"他者"目的出发，而忽视了乡村本身的属性。再次，乡村的建设需要全体村民的支持和努力，而村民往往更注重眼前和短期的发展效果。新乡贤主导的乡村治理，既有结构性的发展考虑，又有可操作的行动方案，通常采用从局部到整体、从节点到片区的小规模、渐进式做法，避免了自上而下的规划建设模式导致的一次性破坏。

乡村的事业让村民自己来解决，在他们自己选出的村领导带领下治理村庄，更符合村庄的生长规律。自治模式与乡贤治理，是过去"皇权不下县"乡村社会的延续，更是乡村振兴的内生途经。新乡贤将成为乡村自治结构与振兴的中坚力量，重构乡村发展的内在社会秩序[2]。

对陶公山建设村朱 Q 的采访

之前有公司来和我们谈，说要在我们村子开发旅游，要把村民们迁出去，把村里的地用来建别的东西。我就没有答应啊，村子的旅游我们自己也可以搞的。我们村子环境整好了，到处都漂漂亮亮的，那外面的人自然就来了啊。到时候我们村民把自己的房子拿出来，自己搞民宿，引进物业管理，也可以做得很好的，还是我们村民受益。

我们村里 XX 的儿子就是在外面创业的，现在已经说要回到村里来一起发展事业了，到时候村里面搞好了，很多年轻人都愿意回到村子里来工作的，这样我们村庄就有活力了。

乡村的工作很艰难的，有很多阻力的，一开始重修村里的石板路，都有很多反对的。那我们就从小事情做起啊，先把一个小景观做好，这样村民们看了很高兴，过年过节还会去拍个照发个朋友圈，慢慢的就有自豪感了。所以真的得慢慢来，一步步来，越来越多的人明白，这么做是为了大家好，也就支持了。

二、村庄的居住者：原住民、村二代与新村民

1. 居住民意

随着国家级旅游度假区的建设，在日益火爆的近郊游需求下，东钱湖周边的外来游客越来越多了，特别到了周末，摄影的、登山的、骑车的、露营的，宁波市区的人们纷至沓来，拥堵的交通、排队的餐饮，"旅游热、乡村热"给周边的村庄带来了旅游服务业的商机，也让一度离开家乡的人们认识到了乡村的价值。出于对故土的依恋，以及对乡村未来价值的再认识，越来越多的人表示有未来回乡的意愿。为了解现阶段东钱湖原住民对于人居状态、历史遗产以及村落发展的态度，笔者选择了陶公村、殷湾村、韩岭村、下水村等 12 个沿湖村庄的原住民及常住民作为调查对象，进行了多次访谈、问卷等社会调查，得出了两种截然不同的观点。对于湖域村庄价值认知、家乡未来发展的态度，呈现出极为典型的"围城现象"——"出去的人想回来，里面的人想出去"。

---

[1] 本报记者龙军光明网记者禹爱华.村落文化重建，乡贤不能缺席 [N].光明日报.

在调查的 50 位离乡人中，80% 以上都想要回到村庄，或未来有回乡的明确打算。这部分人具有以下共性特征：一是普遍受教育程度较高，对乡村、老宅等遗存，认可其历史文化意义与价值；二是在城市拥有一份稳定的工作和固定的收入，没有从事农业生产，不用为生计发愁，也可预见一个较为稳定、有保障的退休状态；三是在老宅之外，有至少一处常住住宅，不依赖老房子作为其必须生活的地方；四是大多数人的童年都在村中长大，在长大过程中，因上学或工作离开家乡；五是常住地大部分在宁波市区，少部分迁至东钱湖镇上的居住区，还有少数来自长三角（实际上定居长三角地区的数值应该更大，只是大部分定居长三角地区的村庄原住民回乡频率更低，采访到的概率更小，但根据受访者提供的亲戚朋友信息，还是有相当一部分城市化了的原住民未来希望回到属于他们的家乡）。告老还乡是大多数人的愿望，特别是离开家乡的村民，很多中年人希望、甚至已经在回乡。倘若村庄本身不受外部介入力量的影响，这一部分打算返乡的"曾住民"，将是村庄未来的原住民，或成为村庄复兴的主体力量。

首先，这类群体认为当前的村庄在经历了一段时间的衰落后，最近略有复兴的迹象。随着东钱湖的发展和交通的便利，近五年回村生活、工作的人越来越多。这类久居城市的群体认为村庄的生活环境更舒适，这种偏好同样传承到下一代。很多人表示自己的孩子更喜欢回到村子里生活，充满野趣和小伙伴的童年，更是每一代村民最难忘的回忆。如果村中配置有更多的老年活动中心、医疗卫生服务站与幼儿园，生活的条件更为成熟，会有更多的人愿意回来。

其次，回村的现实条件受到一些政策限制，譬如农村户籍迁出容易但迁回难，户籍与房屋产权、宅基地产权挂钩等。根据《国务院办公厅关于严格执行有关农村集体建设用地法律和政策的通知》的规定，只有本村村民能够继承、购买宅基地或农民住宅，非农业户口不能拥有宅基地，因此许多户口迁入城市的"曾住民"，无法将户口迁回家乡；即使通过继承程序，非农户口也不能拥有宅基地，可以继承房屋的使用权，但没有建设权，也就是说，一旦房屋毁损，也不能申请重建，失去房屋的同时也就失去了所在土地的使用权，权属转为集体所有。失去房屋权属关系也是造成老房子逐渐损毁、坍塌，村民却极少积极修缮的原因之一。

最后，这类群体对湖域村庄的开发更新模式持否定和质疑态度。如韩岭村、大堰村、高钱村、象坎村、沙山村的拆迁及旅游项目的开发，对古村及周边的历史遗迹造成了毁灭性的破坏。即使进行旅游开发，也应该带领原住民共同发展，让村民都参与到旅游等三产服务中去。特别是建设成旅游服务的酒店餐饮后，原本的公共家园变成了少数人获利的资本，村民对此有看法，但也觉得自身缺少话语权，对于村庄和原住民的消失感到无奈。

下水村叶某：很多中年人想回来，不要拆迁，喜欢在村里的熟人关系。

绿野村史某：父辈们已经在回来了，但村庄一直在衰落，年轻人很少回来，想回来的有心无力，未来村庄可能会复兴，但还是得靠政府，居民大多数是安于现状的。

洋山村项某：之前有一段时间村庄人都走了，这几年，外面打工的人开始回迁，现在村里的人又多了起来。

下水村史某：过去 30 年的很长一段时间，村庄都一直在衰落，但近 5 年，交通发达了，村庄有转型，有一些年轻人有回来的意向。未来整个村可以作为旅游产业，农业可作为旅游的一部分，村里可以自己成立旅游公司。

陶公村忻某 1：希望能力所能及地参与村庄发展，可以从事养老服务、医疗等工作，但不要像韩岭那样开发，韩岭居民已经怨声载道了。其实东钱湖周边的邻里关系都很好，拆掉的横街、韩岭、沙山等几个村子，其实年纪大的都希望留在村里，但是年轻的想搬出来。

陶公村忻某2：觉得大堰村的开发模式不好，以前大堰村是风水最好的，现在不如从前了。村庄确实在衰败，住的都是年龄大的人，年轻人就业是个问题，复兴需要靠政府，也希望自己能参与旅游业，可以来开个咖啡厅。

建设村王某：觉得村庄在衰落，以前人多，但政府的开发没有考虑老百姓，不希望自己的村子和大堰村一样被拆迁，希望采取合作的模式，保留原住民，公众参与，自己也愿意做一些力所能及的事情，希望有所帮助。但不希望东钱湖有更多开发，现在的旅游业已经饱和了，不建议收门票，希望复兴村子的老集市。

建设村朱某：认为十年前的村庄，人气更旺，现在外地人多，本地人少，政府只投资环境，没有投资带动村民的旅游产业，觉得大堰村拆了很可惜，以前更好，自己愿意投入到旅游产业，比如开个小店。

殷湾村李某：觉得村庄在衰落，不可能复兴，年轻人要出去，老了可能会回来。但也觉得城市的商品房没有村里的房子住得舒服，家里还有地，以后退休了想回来种地。

陶公村忻某3：不希望村庄全部开发为旅游业，缺少本土文化，缺少人文生活，开发不应只是在设施上的，应该对文化进行深度开发。感觉村庄在衰落，年轻人在外迁，家里在本地有房子的，未来有可能会回来。如果要复兴村庄，只能够靠年轻人，赚够了钱了回来。不希望变成新农村，新农村一户两扇门，互相都不认识。未来退休后打算回来，如果有能力，希望能做公益事业。

"想出去"的少部分人，都是现在居住在村中的人，这类人群希望搬离村庄，主要出于以下三个原因：一是出于生活考虑，村庄的居住设施与公共服务条件无法满足现代生活需求，医疗、教育、育儿设施的缺乏都是村庄有待改善的现实状况；二是出于经济考虑，少量村民希望通过房屋置换，获得城市化的居住条件或拆迁款项，解决眼前的现实需要；三是出于政策考虑，东钱湖迅猛发展，带来各种突变性的政策风声，专业技术人员的不断进村以及村中"今天量、明天测"的预建设行为，都暗示着随时拆迁的可能，给村民带来强烈的不稳定感，于是，村民以一种"将就住着"的暂居心态，期待着由政策优惠带来居住环境的改善，便不再对自家老宅进行持续的维护性投入，这加速了老房子的破败。

与原住民的访谈

问：您喜欢您家的老宅子吗？

答：不喜欢，又不好住。

问：您喜欢住在哪里？

答：那肯定是小区里啊。（面露希望的表情）怎么？这里什么时候拆啊？

问：不一定拆，您希望它拆吗？

答：我就希望拆迁，到时候安置到一个小区里去。

问：您觉得老房子拆了可惜吗？

答：这有什么可惜的，破破烂烂的，还是楼房好。

问：为什么喜欢楼房呢？

答：肯定是楼房好啊，而且有幼儿园啊，学校啊，小孩马上上学了方便。

对比一些已拆迁安置到周边的居住小区，生活条件改善的村民，如高钱村、大堰村、郑隘村等，未搬迁村庄的原住民羡慕不已。

地点：许家祠堂弄

访谈对象：许家村民（一对母女）

问：您好，请问您是许家人吗？

母：是啊。

问：这是您祖上的房子吗？

母：是啊。

问：喜不喜欢这房子？

母：不喜欢，想卖掉。

问：为什么要卖掉呢？

母：儿子要结婚，儿子不喜欢，想在外面买房，需要钱。

女：不想卖，喜欢住这里。

女儿和母亲在一起剪田螺，母女对于老房子的态度是不统一的。母亲为了给儿子结婚买新房，希望把老房子卖掉，因为儿子不喜欢用这老房子当新房。而女儿却对老房子很有感情，并且认为这儿住得更舒服，非常不赞同母亲的卖房想法。能感受到在浙江的农村，传统观念依旧根深蒂固，儿子买房娶妻生子甚至比祖屋的继承更重要。

与原住民的访谈

答：（问访谈人）我们这里什么时候拆迁？

问：没有听说，这里要拆迁吗？您从哪里得知？

答：几年前就说要拆了，（政府）都来量（测房屋面积）过好几次了。一会儿说要拆，一会儿又说不拆，到底拆不拆啊？

问：这个不清楚。如果肯定不拆，你们愿意自己改善一下房屋吗？

答：如果肯定不动的话，我们就装修装修自己改善了。

2. 居住主体多元化趋势

未来乡村的"土著"包括三个类型：一是本来居住在村庄中的原住民，二是回乡的"村二代"，三是来到村庄长期或短期居住的"新村民"。

原住民群体是当前仍居住在村中的人，属于20世纪80年代后外出打工潮形成的"空心村"中留下的人群，以老年人为主，生活节奏缓慢，活力较弱。他们从传统中走来，受文化水平和谋生技艺所限，未能适应和进入当下的现代生活，有的甚至还固执地保存着传统的生活方式，是历史文化、地方记忆、传统技艺和特色风俗的记载者。这部分人群正随着时间的流逝逐渐减少，因此从他们手中接过地方历史文化的接力棒，做好口述历史、家族历史的记录，是传承工作中当下需要完成的紧迫任务。

"村二代"是指在村中长大，近些年离开村庄外出打工的年轻人。正是因为他们的离开，曾一度导致村落空心化和老龄化的现实困境。如今在乡建政策及互联网经济的导向下，许多村庄出现了人员回流的趋势。一些在外打拼过或在外接受过中高等教育的年轻人，开始回到家乡从事于科技农业、旅游农业、都市农业、互联网农产品等"农业+"产业，或利用家乡的山水及古村落资源，开展文创、民宿等文化产业。

　　"新村民"则是主动选择进村的"外来人"。随着城市病的日益凸显，以及互联网、自媒体等新兴信息的推广，返璞归真、亲近自然的田园生活重塑了人们的价值观，从对城市的趋之若鹜，转向对乡村的喜爱和向往。越来越多的人愿意到东钱湖周边找一民居长期租住、疗养或养老。

　　如今，东钱湖不再是避难的失业工厂，反而因其自然风光和良好的空气，成为人人向往的养老休憩佳地，拥有回乡择居的可能成为一种稀缺资源。这意味着，即使没有外界力量的介入，东钱湖湖域乡村本身也具备着自主振兴的潜力和趋势。未来，原住民、"村二代"与"新村民"，将构建起乡村振兴的活力主体。

三、村庄的保护者：地方社群

1.地方社群的构成

　　地方社群是指东钱湖湖域因某种共同属性而形成社会联系的人群，这类群体或有共同的生活经历，或有同一血脉关系，或有相似的人生志趣。未来成为村庄保护主力的社群，是指共同立志保护湖域村庄的群体，大概由以下几类构成：由血缘关系建立的宗族群体，如陶公村忻氏后裔、各家族房长群、寻根群等；具有地方属性与共同经历的群体，如韩岭人同乡会、东钱湖中学群等；具有共同价值认知和保护意愿的群体，包括各类型、各方向的历史文化研究者、乡建群体等，如东钱湖历史文化研究会、非遗联盟等。

　　根据现状调查，东钱湖村民的主人翁意识甚为强烈，尤其是居住在湖畔村落的人们，具有存在于一个聚居单元内的集体认知(图6-2)。根据共同体的关联差异，这个单元的边界可以是具体的地理单元，也可以是象征性的文化簇群，由此区分出内部和外部。东钱湖的地方认同因社群而差异，对于湖域整体，是湖上人身份；对于村庄集体，是生活交往的地缘联系；对于家族成员，是血缘关系。每个人记忆相互交叠，形成多个层次的集体记忆，包括地域历史记忆、空间记忆、习俗记忆、家族记忆等。而孩童时期的记忆，是形成个体记忆和地方认知最关键的基础，孩童时期的乡村记忆，建立了人们的早期认知，是形成价值观的基础。因此让更多的孩子在村中长大，让传统乡村记忆在孩童记忆中培植，成为集体记忆中的原型，是社群未来主动保护的依据。

图6-2　村民对未来村庄风貌的偏好调查
（图片来源：笔者自绘）

下水村史某：我记忆最深刻的是小时候在湖畔抓鱼，东钱湖的鱼真多啊，那些湖边的芦苇丛里，一抓就是一条，一捞就是一网。现在孩子们，哪里玩得到这些呢。现在村庄虽然是发展了，但还是非常遗憾的，如果能回到过去的样子，多好啊。

殷湾村郑某：希望都不要开发，村庄就应该保持村庄的样子，希望东钱湖也不要开发，乡村的衰落不是村庄的问题，是社会观念的问题。如果村子不变，会回来养老，希望永远都是这样，有童年的感觉，有记忆，有成长的感觉。

陶公村戴某：大堰村是过去东钱湖拥有老宅院最多的村子，而且是东钱湖最早的村落。拆迁的时候，很多村里的老人都不同意，后来政府答应把十几个老院子留下来才同意。但最后只留下来了裴君庙和宗祠，老房子都拆光了，没办法，很可惜的。

韩岭村郑某：退休的老人都希望留存回忆，找到过去的感觉和味道。

横街村毕某：其实在经济收益面前，大家还是考虑得比较现实，但真的接受安置后，还是挺怀念以前在村中的生活。

2. "主动"保护：乡土记忆、场景载体、家园意义

因此在对"归来人"的调查中，大多数人都对古村持保护态度，认为湖域传统村落具有家乡的意义，是怀念过往的场景化记忆，是寄托思乡情结的物质载体，是落实归属感的实在家园，更是人类本性中对山水土地的本性热爱，本书分别从乡土记忆、场景载体、家园意义三个层面进一步阐述。

湖域村民的乡土记忆，建立在乡土社会及乡村生活之上，具有独属于此地的特殊性，也具有属于此地所有人的共同性。这里所说的乡土记忆，是集体记忆中的一种类型，在社会群体属性的角度，乡土记忆属于乡村社会群体，因此也可以称为乡村社群的集体记忆。在群体生产生活中，人们产生了与社群、事件、环境的交互过程，从而形成独属于"他们"，而又具有共同性的集体记忆。这一特点，直接通过人们对于儿时事件的怀念，对比现今变迁的无奈反馈出来。成年后离开家乡、久居城市的村民，对家乡的怀念是透过小时候的集体事件展现的。调查中，过去每周末在史氏宗祠门口晒场举行的露天电影——集体事件，以及假期和村里的小伙伴们到水边抓鱼捞虾——乡村野趣，是持保护观点的村民最具有代表性的集体记忆。

集体记忆中的场景画面，通过村中的历史空间记录、存储，固化为可供村民追忆的场景载体，包括作为节点的公共建筑和作为底层肌理的老房子。公共性的历史空间大多结合公共建筑如宗祠、寺庙、桥梁、大树等，形成具有节点和标志性的公共空间，这类公共建筑的变化不是某家某户自己的事，而是全族人甚至全村人共同的事，个人对于公共性的侵占利用，不具备合法性。其次，作为肌理的老房子，是形成景观氛围的基底，通俗来讲，就是人们所表述的"感觉"。虽然大多数民居宅院是属于各个家庭的，但当大多数村民都持有相同的观点和态度时，对于私宅的场景记忆就变成了一种群体习惯和集体共性。老房子是属于各个家庭的个体记忆，如家族祠堂堂沿、祖传的老宅院等，这类历史遗存的变化，虽然话语权在村民自身，可根植于村民内心的恋旧情结依然让这些老建筑得以留存。因此只要没有极其迫切的住房改善需求，大部分村民并不会轻易拆除祖屋，而是选择就地保存，或等条件成熟时予以修缮。这正是许多村民表示"没有了老房子，感觉不如从前"的原因之一。

在集体记忆和场景载体之上，村庄抽象为具有家园意义的符号，转化为中国传统文化中"根"的具体形象。许多久居城市的原住民表示，虽然很多年轻人、中年人都离开了家乡，但从心底对从小长大的村庄仍然有依恋和眷恋的情感，并且大部分都希望退休之后能够回到村中养老。不仅是喜欢村庄

中安静的环境和良好的空气，更多的是源于人们告老还乡的归隐情怀。

3. 地方社群的保护特征

作为保护村庄的主体，地方社群具有以下保护特征。一是全民参与，成为全民公担的公共事业，保护工作不再是地方政府的单方责任。二是问题导向，地方社群更了解乡村本体，能够直面文化遗产传承中的症结，在保护意义与目的引导下，通过乡村环境的保护解决各种社会问题，满足日益增长的美好生活需求。三是情感导向，评价体系和保护依据不仅是基于建筑风貌、艺术造诣或历史年代的客观价值评价，更加入了地方社会记忆与集体记忆的需求，不单纯是对物质遗存的保护，更是物质与非物质相结合的活态保护。

在田野调查的过程中，许多居民会本能地对比当下乡村与记忆中的差别，譬如行为习俗或是建筑风格、布局，是延续了过去的模样，还是已经改变，哪些是绝对不可以变动的，哪些对于他们来说是最重要的，诸如此类的价值判断。在这种引导模式下，村民才能渐渐明晰乡村存在的意义和保护方向，为他们自身的未来进行决策。

与自上而下的"名录式""制度式""法律化"的保护体系相互补充，从地方社群出发展开全民保护工作，是基于对地方共同体的归属感和集体记忆，是以自治组织为前提，人们所认同的"交往"为基础的 [1]。认同的形成，源于地方共同体对于地缘、血缘、业缘等社会关系或人际交往的认知，不是单一的属性认知，而是复杂的、交织的情感。地方认同是集体记忆建立的基础，因为人是集体记忆本身，也是集体记忆的传递者，集体记忆是属于这一地方共同体的共同记忆。进而，集体记忆又反过来影响地方认同，并在记忆与认同的因果作用下，建立地方文化自信，集体记忆在特定共同体内部活态传递的核心，是通过集体成员保持"在场"的原生传递。

四、人居前提的乡建要求

实施乡村振兴必须强调农民的主体地位，要把农民，包括返乡农民对于美好生活的需求放在核心位置 [2]。

1. 保障居住需求

2018 年的"中央一号文件"中"深化土地制度改革"的要求，提出探索宅基地所有权、资格权、使用权"三权分置"，落实宅基地集体所有权，保障宅基地农户资格权，适度放活宅基地使用权。保障了农村宅基地不被外来资本侵占，保障了全体人民住有所居，并给予农民更多的权利，使其根据自身的实际情况处理自己的宅基地。在建立完善的农村住宅租赁制度的前提下，传统民居和居住小区的房屋一样，租赁价格受市场主导，不仅为外来人进入乡村提供准入可能，更有利于农民增加收益，遏制乡村衰败。

[1] 张信，岳谦厚，张玮. 二十世纪初期中国社会之演变：国家与河南地方精英，1900—1937[M]. 北京：中华书局，2004.

[2] 中国城市规划. 文章精选 | 石楠：乡村振兴的核心是人 [EB/OL].(2018-03-17)[2023-02-23].https://mp.weixin.qq.com/s/720y7NHXk0Wyz7bpiXExKw.

2. 保障多元的民生需求

尽管东钱湖湖域的环境建设是按照创建国家级旅游度假区来规划建设的，但却较少有惠及普通村民的民生工程。根据对湖域村民的居住意愿调查，村民普遍反映出的生活需要包括交通、医疗、幼托、互联网、金融服务等方面。每个村庄虽然都配备了卫生室，但对于老年人集中的古村，医疗条件还是太薄弱了。除了老人之外，许多在外打工的青年把年幼的孩子放在村落中给父母看管，而陶公山、殷湾、韩岭等大型村落中，却没有配置一所幼儿园。此外，应在村落中配置快递点、金融服务点，满足信息时代生活消费的新需求。以及已经在乡村中普及的五水共治、管线下地等市政工程措施的实施，也应以优化村落环境为目的。

3. 共享保护责任

共享青山绿水的同时，还共享有保护山水环境、村落特色责任，"入乡随俗"，而非"乡随城变"。来到村庄中，就应该适应村庄的节奏，而不是将乡村生活改造成城市生活的模样。在陶公山调查时，一位村里的长者说："回到村子里面，就应该是慢生活，想要开车进出，可以去城里面住嘛，回到村子里，就应该步行。"另一对从上海来此长租的退休夫妇也说："我们也不喜欢游客太多，来这里租房子住就是想过安静简单的生活，人多了太吵闹不好。这边的人都很好的，很友善，相处得也很愉快。"此外，应尊重传统生活方式，满足村民各种生活功能，譬如在韩岭村的更新改造中，为了出让地块的开发需要，避免堂沿建筑的丧葬功能影响旅游服务，将孔家堂沿、孙家堂沿两处家族的祭祀建筑迁至村尾集中安置，破坏了过去老街沿线的家族关系。而新建部分则将用于旅游商业服务开发，出租或销售给新迁入的文创主体。最后导致传统村落在空间上被腰斩，在社会关系上被隔离。这种乡村"城市化""高端化"的做法，无疑是城市对乡村的再次"剥削"[1]。乡村特色保护、乡村建设发展的前提，必须以村民为主体和主导，让外来群体适应、融入乡村，而并非让乡村和村民去改变、满足游人及租客。

第三节　生产环境：传统产业的转型

一、生产环境现状

当前，随着城市扩张和人们生活品质的提升，东钱湖逐渐被纳入城市功能的一部分在最初的水利湖泊基础上，逐渐转变为旅游度假区，被赋予公共休闲功能。为顺应国际化都市、新城建设的现代化浪潮要求，东钱湖承担起功能发育和档次提升的城市职能，周边生长了千百年的乡村不得不服务于区域力量，作为有限的土地资源，让位于旅游项目建设，最终逐渐消失（图6-3）。

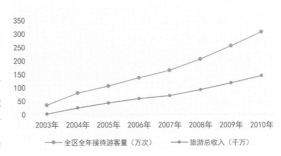

图6-3 东钱湖旅游发展趋势图（2003—2010年）
（图片来源：笔者自绘）

---

[1] 崔功豪. 从乡村视角反思城乡关系 [EB/OL]. (2017-08-21) [2023-02-23]. https://c.m.163.com/news/a/CSCBMBGL0521C7DD.html.

东钱湖旅游度假区各项项目的迅速推进，是以乡村景观的消失作为代价的。为了在现有的建成区域建设旅游度假项目，在《东钱湖旅游度假区总体规划（2006—2020）》指导下，从2005至2016年，十年间将东钱湖周边二十余个自然村撤村并点，统一迁建至钱湖丽园、隐学山庄、钱湖景苑。迁出的村庄用地通过招商引资，吸引资本进入。在政府的引导及管控下，一部分风景资源较好的地块被开发建设为近二十个旅游度假项目，且随着时间的推进，更多的建设项目已列入行动计划；另一部分非邻湖的村庄，则由政府主导，作为邻湖村庄的安置工程。十年的飞速变化，让东钱湖湖域景观产生了剧烈变动。

1. 整体意境从自然清幽变为人工热闹

东钱湖原本的意境主打"自然清幽"，这在历朝历代流传下来的诗句中均有体现，这源于其地理空间的独立以及不易到达所带来的神秘感。这显然不符合当前旅游度假区的发展思路。十年间，鄞县大道、钱湖大道、环湖路等主要交通干道的修建，让东钱湖向宁波市民打开了大门。钱湖悦庄、凯悦度假酒店、二灵山温泉酒店、韩岭水街、南宋石刻公园、上水度假营地等休闲度假产品，迎合着各种消费类型需求。从2003年到2010年，游客接待量翻了近十倍，从2010年到2015年，接待量持续增加，接待游客从2010年的300万人次提高到2015年的393万人次，年均增长6%[1]。数字背后需要的是巨大的资本投入、快速人工设施建设，才足以吸引、支撑这么庞大的消费群体。只不过游客们看到的是又一个城市湖泊，不再是文人笔下那个与繁华热闹的杭州西湖形成鲜明对比的自然清幽的东钱湖了。

2. 乡村景观被毁灭式替代

快速的景区建设为湖域村庄带来的历史性破坏是毁灭性的。村庄是长期在地缘环境中生长出来的有机体，缓慢和稳定地与自然环境保持着和谐共生。而当"打造""开发""利用"作为自上而下进行建设干预的强制手段时，那些生长了千百年的村落景观，弱小、低矮、附着在土地上，被城市化、工业化的推土机瞬间推平，然后，村庄之地被所谓颇具文化特色的新中式酒店、极简现代的美术馆、欧美风格的别墅区、高端洋气的高尔夫球场等所替代。东钱湖的传统村落作为农耕时代的作品，在现代建设手段的冲击下变得不堪一击。

湖域原有的三四十个历史村落[2]，现仅存12个，这种拆与不拆的选择，同样是土地经济导向下的逐利结果。在农村土地流转时，村庄本身的自然环境与区位资源并不是征收的首要考虑因素，村庄集体所携带的农田用地的位置、面积，才是最重要的评价指标。由于大堰村的农田位于紧邻村庄的湖塘下片区的两山之间，毗邻环湖南路，区位条件优越，倘若征收大堰村，则便于征收村集体所有的农田，出让价格远高于征收成本，因而湖域历史最为悠久的村庄——大堰村，历史文化价值和人居价值最终被忽略，牺牲于土地经济导向下的逐利行为。而同样是环湖渔村，由于陶公山三村和殷湾村的农田均在距离湖泊较远的区域，村居的征收成本高，农田的土地价值较低，土地价值的"低性价比"，使得陶公山三村和殷湾村得以"幸存"至今。笔者曾亲历这种不可逆的毁灭，其变化之迅速、差异之震撼，

[1] 宁波东钱湖旅游度假区管理委员会.宁波东钱湖旅游度假区国民经济和社会发展规划纲要[Z].2016.
[2] 仇国华.新编东钱湖志[M].宁波：宁波出版社，2014.

足以令旁观者为之反思。横街村、上水村、沙山村、高钱村、大堰村等，均已在 2011 年之前完成了拆迁（图 6-4）。

图 6-4　2015—2018 年横街村的消失
（图片来源：Google Earth 地图）

二、农渔业的三产结合："后农业化"转型

1. 农渔活动是现阶段回归田园生活的内生需要

随着人们的生活方式从城市向乡村田园回归，传统的农渔生产成为现阶段人们回归生活的内生需要。人们向农渔生产的回归，不同于往日对农渔产品产量和效益的追求，而注重生产过程中与自然相融合、顺应自然节律的生活方式。换句话说，农业与渔业已不是当前人们赖以生存的基本需求，而是满足了温饱等基本需求后，对自我本性、对美、对文化的更高层次的精神需求。

具有这种需求的包括两类人，一类是拥有农田的本地农民，许多人在外打工的同时，也保留了家中的农田，给自己提供另一种生活方式的选择。另一类是来乡村消费的城市人群，尤其是有孩子的家庭，通常通过周末游、假期游、家庭游的方式来体验乡村。他们定期到乡村中体验农事生活，在对自然的接触中"治疗"城市病。

对下水岙种植桑葚农民的采访

问：请问您每年种植桑葚能赚多少钱啊？

答：赚不了多少钱的，就是自己种着玩玩。

问：您不靠种田为生吗？

答：不啊，我们在镇上有工作，只是留着这几亩地自己玩的。

问：那您多长时间来种一次呢？

答：每周末过来打理打理，就当个兴趣爱好的。

2. 渔业、农业与第三产业的结合——渔乡综合体、田园综合体

生产环境的再生，需要从传统产业的转化与复兴中找路径，东钱湖的农渔资源丰富，渔业与农业生产既是过去的传统产业，也是未来进行产业转化，营造渔乡综合体、田园综合体的优势条件。

以渔乡综合体为例，建设以农民合作社为主要载体、让农民充分参与和收益，集循环农业、创意

农业、农事体验于一体的综合体模式。即以本地渔业合作社为载体，带动新老渔民集体参与，通过渔业业态转化而实现渔业的复兴。当前东钱湖的渔业捕捞由政府统一发派捕捞证管理，不允许私人垂钓。根据笔者对淡水渔业合作社的调查，现湖域持有渔业捕捞证的渔民仅有 9 人。如今，随着人们不断提升的生活品质要求，东钱湖的淡水湖鲜价格不菲，渔民收入颇丰。渔业在经历了长时间的萎缩衰微之后，又在市场规律下呈现回升的态势，东钱湖渔业这一曾经具有举足轻重地位的产业门类，迎来了复兴的机遇。未来的东钱湖渔业，不再是作为人们生存依赖的第一产业，转而成为渔业与旅游业相结合的产业类型。从传统渔业转化出的一系列衍生品，包括渔业水产、水产加工售卖、渔业捕捞培训、传统渔具制作、传统捕捞体验、渔业景观观光等，核心是在复兴渔业的大前提下，密切结合第三产业，通过产业带动实现全民参与、共同富裕。

三、生产环境的保护：功能再生

生产环境是生产活动的前提，因此农业与渔业生产活动与使农田与渔场再生是同步进行的。

1. 农田资源的底线保护

东钱湖现存的农田区域已不多，下水岙、里外岙、上水岙、范岙、庙沟等湖东侧山岙为主要的农田区域，这些山岙同样是旅游度假区项目建设的集中区域。要保护农业耕种作业景观，发展田园综合体，山水田地的生产载体是前提。东岸的各个山岙各具特色，下水岙以果林苗木为产品，里外岙则是福泉山茶场的延伸，上水岙、范岙、二灵山下的西岙，种植景观各不同，具有构成综合型田园景观的条件。应积极主动保护东钱湖周边有限的田野资源，让想回到乡村的人有田可种、有房可居，是促进城乡融合、带动三农发展、乡村振兴的特色路径。

2. 渔业生产的景观再现

在渔业方面，东钱湖现存的水体环境是渔业生产的天然条件，而那些围绕捕捞作业已消失的一系列生产空间，同样可以随着渔业活动的复兴而再生。以殷湾村、陶公山三村为主要渔业基地，以谷子湖为重点捕捞区域，恢复隐没在水面之下的柳汀，满足泊船功能，继而恢复修船的船坞以及滨水的晾晒场地，并且在现有的湖蓬下、薛家山、莫枝老街，引导、组织定期的渔市活动。在外界的市场需要和内在的生活需求的双重作用下，"陶公钓矶""殷湾渔火"等渔业景观也能同步再现（图 6-5）。

图 6-5　殷湾渔火的渔业景观
（图片来源：网络和东钱湖摄影家协会）

第四节　家族空间：家风文化的传承

一、社会环境现状

　　飞速发展的经济创造了日益丰富的物质产品,大多数人在满足基本需求之外有了额外消费的余资,"消费"开始由一种经济行为,演变为一种经济思潮,最终由物质领域扩展到文化意识领域,成为当前大众文化流行的意识形态之一。以宁波为代表的江浙地区,经济增长迅速,人均收入逐年增高,人们的生活条件明显改善,闲暇时间增多,整个社会呈现出由生产本位转入消费本位的趋势[1]。为满足不断增长、品质提升的消费需求,市政府打造东钱湖作为旅游度假产品的决策的确是符合大众文化、引导流行趋势的顺势之举。从近几年的旅游消费反馈来看,不断推进的东钱湖旅游产品伴随着网络、手机、电视等媒体及自媒体的各种传媒手段,以及首批"国家级旅游度假区"名称的荣获,的确促进了消费主义和旅游产业。

　　按照 Loretta Lees 等学者的总结,绅士化现象的重要依据包括四方面:资本在旧城区的再投资,高收入群体推动地方社区的升级,城市景观的改善,直接或间接地迫使低收入原住民的迁出[2]。为了满足消费主义,特别是中产阶层消费所倡导的对文化、品质、价格、身份等消费的偏好[3],东钱湖度假区的定位、主打的中高端旅游产品、人工景观的提升、撤村并点将原住民安置于新农村社区等,均可视为湖域环境的绅士化过程。这样一种绅士化现象,不仅体现在环湖的公共活动区域,那些依托村庄建设的旅游项目、地产项目,更与代表农耕文化的民居村落形成鲜明对比。然而这种市场导向下的消费文化给湖域社会环境带来了"绅士化"现象。

1. 村落景观的拼贴和对峙

　　绅士化造成村落景观的拼贴和对峙,导致淳朴乡土意境、浑然天成的有机形态完全消失。以最典型的韩岭村为例, 2005 年,在改造韩岭村泄洪工程的过程中,从村中拆除了一大片传统民居,导致传统肌理被"腰斩"(图 6-6)。顺应这一改造契机,韩岭古村着力开始打造第二街——水街。与老街保守的保护性修缮完全不同,水街采取地块出让的办法,在严格控制建设量、建设高度和建筑风格等环境协调的前提下,由开发商进行商业化提升建设。相应的补偿办法是将韩岭村尾的十几公顷农田出让给开发商进行高端别墅区地产开发。如今的韩岭村,在一片质朴自然的村庄之中,夹着一长段积聚商业气息、彰显着高端品质、看似"洋气时尚"的仿古建筑,呈现出一种极为滑稽、冲突且突兀的景观感受。

2. 社会环境的矛盾与隔阂

　　消费主义导致了一定程度上的社会隔离,造成文化观念、生活行为上的矛盾,有可能因为贫富悬殊,为原本和谐共融的原住民带来负面影响。韩岭水街服务对象定位的是中高端消费群体,对空间有私密性要求,这与村庄中的熟人社会形成两种对立的相处模式,导致社群心理的不信任与不平衡。并且,由于

[1] 夏丽君 . 当代中国文艺思潮研究 [M]. 武汉 : 武汉大学出版社 ,2014.

[2] LEES L, SLATERM T, WYLY E. Gentrification[M]. New York: Routledge Taylor&Francis Group, 2008.

[3] 顾朝林 , 刘佳燕 . 城市社会学 [M]. 北京 : 清华大学出版社 ,2013.

图 6-6 "腰斩"的韩岭村中老村与开发地块的拼贴状态
（图片来源：笔者自绘）

贫富差异悬殊，必然主动形成空间上的隔离。韩岭村尾的别墅，高墙大院、门禁森严，与一墙之隔的民居是邻居关系，却不构成邻里关系。此外，由于商业区位提升了地价和租金，一定程度上可能造成本地居民生活成本的增加，为追求更高的经济收益或眼前利益，或造成一部分原住民"被"主动迁徙。

二、家族文化引导社会融合：以"和"为序

以"家风"为代表的家族文化是一个家庭长期培养的文化与道德氛围，是家族伦理与美德的集中体现，并作为一种精神力量在思想上约束、影响家族成员在一种和谐健康向上的氛围中发展[1]。"仁、义、礼、孝、勤、俭"等中华传统美德，是家族文化中优良的文化基因。在这里，主要讨论家风文化中的优秀基因，如何与现代多元文化相结合，未来并不意味着家族的终结，也不是一味回溯到过去，而是讨论家族传统在现代生活中有意义的转换[2]。

1. 家族教育是乡村道德伦理教育的基本单元

家是社会的细胞，以家庭、家族作为基本单元的道德伦理教育是近千年中国传统思想教育体系的基础环节，家庭培养模式更是社会教育的重要构成，是人生的第一所学校。当前阶段，在物质文明建设之外的精神文明建设中，"和谐、勤俭、自强、文明"等"新家风"建设被国家及社会再次强调，这正是对中国传统文化特色的延续。城市中的家风教育只能通过家庭进行，在社会结构之上，而以家族为本的家风文化，尚能在乡村中找到物质与非物质印记，家风与家族社会同步影响着乡村社会本底。

[1] 郑运佳. 传统家风的内涵与现代意义 [J]. 山东农业工程学院学报，2014(05):107-108.
[2] 魏乐博，范丽珠. 江南地区的宗教与公共生活 [M]. 上海：上海人民出版社，2015.

在下水史氏宗祠，对史氏后人的访谈

我们史家人最提倡孝礼和睦，你看（指着史氏宗祠中的匾额楹联），老祖宗说了，要"纯诚厚德""淡泊明志"，我们家就提倡"孝友、睦姻、任恤、中和"，到现在我们家族还是拿这些道义教育小孩子的。不听话的、做了坏事的孩子，都不让进宗祠的。

2. 家风文化是乡村人文特色的核心内容

在以家族为社会单元的乡村社会，家族性格气质等文化特质构成了乡村的人文特色。"耕读传家""诗书启后""忠厚培心""颗粒成箩"……这些家族祖训所传达的家族核心价值观与家族在村落中定居发家的艰难历史，构成了村庄的文化内涵，更是乡村人文特色的核心内容。在城镇化过程中，市民社会丢失的一些乡土文化中的良好品格与文化本质，尚能在乡村里找到生存和发展的土壤，以及家族祠堂、族居地等实物性载体的存在，正是保护传承故乡历史的意义。

3. 家族传统是维系乡村社会和谐的重要方式

传统的乡村社会是由长老管理，由血缘或地缘关系形成的熟人社会，人们的观念与行为都自觉遵守家风要求。"友爱和睦""尊老爱幼""谦逊礼让"等行为准则，是对日常生活与相处模式的具体指导。家风教育等传统管理模式是维系乡村社会和谐的重要方式。而家族性建筑则是乡村环境中最显而易见的家族符号，在日常生活中，时时刻刻强化着人们的家族认同，且约束、提醒着人们这一身份带来的行为与思想要求。

另一方面，在乡村的"小圈子"里，也由人情关系形成了熟人社会。人与人之间朝夕相处、你来我往的生活更有温度和人情味，这在城市寡淡的人际相处中很难找到。根据对50个回村的村二代的采访可知，有一半以上的人希望村庄的亲友联系继续沿袭，熟人社会是他们极为珍视的社会生活（图6-7）。由于村民都是以房族、家族为单元聚居，院落、巷道、宗祠广场等公共空间自然而然成为户与户、房与房之间的交流活动场地。每家有了喜事要庆祝，会邀请邻居亲戚到院子里一

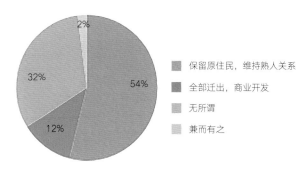

图6-7　村民对未来村庄社会形态的偏好调查
（图片来源：笔者自绘）

起聚会，而遇到大大小小的麻烦，别家也会到你家里来帮忙。因此，乡村紧密而聚合的空间特性为这种熟人关系提供了空间条件。

对殷湾村郑氏后人（30岁）的采访

我现在在宁波市区生活，会回到村里过年。我特别怀念这种乡村生活，城市里面人和人之间都太冷漠了。你看这过年，大家都聚在一起，聊天啊玩啊，多热闹。我小时候就是这样的，希望以后大家还能这样一起在村里生活，保留这种熟人社会关系，这才有人情味嘛。

三、家族空间的保护：文化复兴

从空间构成要素来看，家族空间的保护包括以下三部分内容。

1. 织补院落肌理

通过织补院落肌理，强化房族结构，是组织村内房宅布局的重要依据。房族院落是日常生活的家族空间，但在分房、分家的自我更新与插建搭建中，院落肌理日益模糊，逐渐消解，以堂沿为代表的房族院落是最容易被忽视的家族空间单元。尤其是村中一些规模较小的家族姓氏尚未达到建宗祠的规模，仅有堂沿院落作为家族身份的符号。因此在自下而上生长而成的村落中，房族院落肌理的织补意义格外重要。

以下水村为例，史氏为主姓，拥有家族的宗祠和房族院落。而其余王、李、陈三姓为小姓，三家各仅存一H形院落，分别以"三槐堂""树德堂""西山堂"三个堂沿建筑作为家族空间符号。因此家族院落肌理的织补以及堂沿核心地位的突出，对于这类家族的历史意义尤为重要。通过梳理院落中的插建搭建，恢复堂沿建筑前的空地，为举办家族公共活动提供场地，并在两侧排屋更新中保持其面向堂沿对开的朝向关系，延续家族符号性建筑的中心地位[1]（图6-8）。

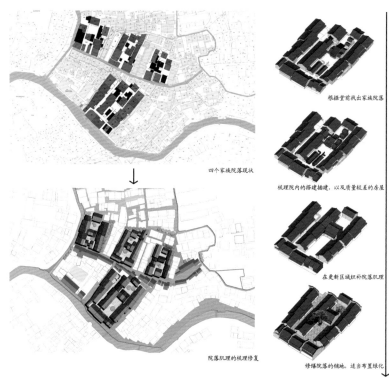

根据堂前找出家族院落

四个家族院落现状

梳理院内的搭建插建，以及质量较差的房屋

在更新区域织补院落肌理

院落肌理的梳理修复

修缮院落的铺地，适当布置绿化

图6-8　织补家族院落肌理
（图片来源：《宁波东钱湖下水村建设规划》）

2. 强化祠堂格局

祠堂是家族空间的中心，至今仍具有组织家族（宗族）事务、举办家族仪式、传播家风文化的重要功能。通过强化祠堂的中心格局，突出以宗族祭祀为核心的祖宗意识，增强家族凝聚力。如在殷湾村中，突出郑氏宗祠、项氏宗祠在主街上的中心格局，并梳理张氏宗祠前的搭建建筑，打开祠堂前的空地。又如陶公山忻三房老支祠，虽在20世纪70年代转为粮站功能后又废弃，但地块格局尚存。陶公山居民民意调查显示，忻三房老祠堂曾经是陶公山最精美、最宏大的建筑，是村民们记忆中重要的节点。未来可在忻三房祠堂遗址基础上建造村庄公共服务中心，在建筑形制上

---

[1] 孔惟洁, 何依. "非典型名村"历史遗存的选择性保护研究——以宁波东钱湖下水村为例 [J]. 城市规划, 2018(01):101-106.

通过延续祠堂格局形式，作为对老祠堂建筑意象式的保护。

3. 集成节点要素

通过将散落在村庄内外的家族遗迹集成串联，形成可识别、可阅读的叙事性节点。如下水盆中，盆口那曾专为史家下船暂歇的官驿河头遗址，下水村口的史家家庙忠应庙、史氏宗祠，下水溪上的德行桥，长乐园山脚的叶氏太君墓及墓道，史家家寺无量寿庵，绿野村的史诏墓及墓道，林染桥及中庵，黄菊岭古道等，散落在村内村外的建筑和构筑物，都是史氏家族性的活动遗迹。将这些零散的遗存个体进行组合，形成官驿节点、墓祭节点、祠祭节点、坟寺节点、道亭节点，将看似历史价值不高的环境要素，集成为一系列旧时官仕家族的集体活动线索，让家族历史的环境载体完整可读（图 6-9）。

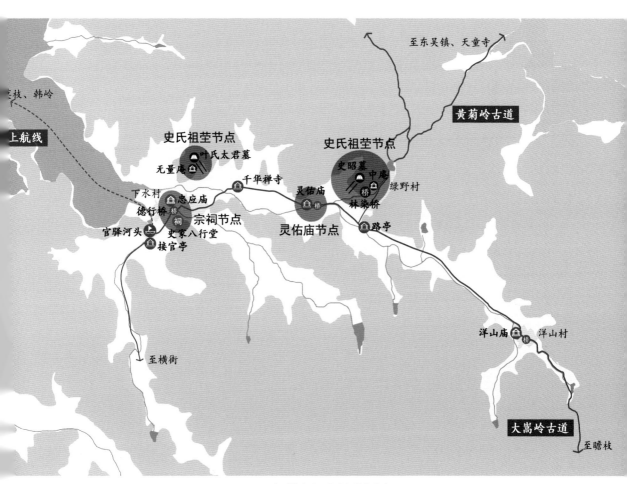

图 6-9 下水盆散点式历史遗存的集成串联
（图片来源：笔者自绘）

第五节 信仰场所：社会记忆的活化

一、信仰活动现状

当前，乡村宗教信仰与地方崇拜的精神功能逐渐弱化，娱乐与民俗文化意义逐渐提升，尽管近几年游神、祭祖等文化活动出现复兴态势，但仍呈现出"老龄化"的断层状态。

其一，随着科学知识的普及、科技的发展以及生活水平的提升，传统信仰崇拜的精神需求不如从前。具体表现为宗教仪式的减少，过去每个村中都有庙，年年举办庙会游神，但如今仅陶公山三村的裴君庙、龙舟殿和胡公祠，以及韩岭村的花桐娘娘庙仍保持游神传统，其余村庄的村庙虽尚在，但基本上不举办庙会活动。其二，即使在游神传统尚存的村庄，对于村民来说，作为一年一次的乡村"盛宴"，庙会活动的仪式意义、娱乐意义与社交意义要多于其本质的信仰崇拜意义。陶公山的村民对游神活动的准备需提前半年就开始，村委、村庙与家族的负责人共同商议，腰鼓队、鲜花队组织排练，裁缝缝制一件件服装，船匠给龙舟刷新漆等，日常的生活都围绕着这一年度活动展开。村庙游神已经从宗教信仰仪式转变为地方特色风俗。其三，信仰崇拜本质中的迷信色彩不被年轻人群接受，因而活动参与者以居住在村中的中老年人为主，未来这一地方习俗也面临着传承断层。

二、信仰崇拜向文化习俗转向：地域文化景观

民间信仰崇拜将逐渐从宗教性的精神需要转化为地方认同和社会记忆，在地方习俗与特色文化的传承中活化复兴。

1. 地域特色的文化景观

文化景观是地表文化现象的复合体[1]，宗教文化景观是具有宗教特色的场所环境，由建筑、环境、人文活动等共同组成。在东钱湖周边，广泛的民间信仰以及特色的崇拜习俗，构成具有东钱湖地域特色的文化景观。从水利文化衍生出的东钱湖湖域信仰团体、村落信仰团体，作为多个层次的地域信仰体系，以其信仰种类之多、供奉习俗之活态，在整个宁波地区乃至浙东及宁绍平原，都具有极强的唯一性。

譬如围绕陶公山的信仰活动，越剧、走马灯、腰鼓等曲艺及民间艺术走入乡村，服务于民众，又在民众中传承。身着大红大绿的游神队伍在村落中环绕，礼炮齐鸣、锣鼓喧天，人神神像坐在神轿上，手持羽扇、头戴凤冠，被抬到各家族的祠堂中做客。族人用一种极其拟人和生动的方式，为人神敬茶、洗脸、献牲礼，为族人祈福。这一系列的行为活动构成了极具陶公山特色的游神文化景观，以其盛大的规模而闻名，也成为陶公山人最为自豪的地方习俗（图 6-10）。

2. 地方社群的社会记忆

社会记忆是指人们将在生产实践和社会生活中所创造的一切物质财富和精神财富以信息的方式加以编码、储存和重新提取的过程[2]，既是社群的文化自觉，也是地方保护特色文化的反映与诉求，更是文化传承与地方发展的动力。对于生长在东钱湖的社会群体，根植于精神世界的信仰与崇拜是维持

[1] 李旭旦. 人文地理学论丛. 北京：人民教育出版社,1985.

[2] 孙德忠. 社会记忆论 [M]. 武汉：湖北人民出版社,2006.

图 6-10　陶公山游神中的各种民俗活动
(图片来源：笔者自摄)

地方归属与自我认同的重要组成。宗教仪式、信仰习俗已超越了过去的功利性目的，更多地成为地方文化体验、文化习俗传承的途径，即使在科学理性的新时期，仍具有广泛的群众基础与强大的生命力。

本土社会群体比任何其他人都热爱自己的故乡，珍惜自己的遗产，他们才是让传统乡村走向社会认同与自身造血的基础。从建立地方认同到建立文化自信的关键，是让更多的村民、村二代甚至社会群体参与到地方文化活动之中。让当地人有权利参与决策、实施、监督，才能恢复主人翁精神，让主体和客观物质环境之间产生回忆的交集、情感的联系。从而让所有居住在此乡村的人认识乡村遗产，构建地方认同和依恋，建立起村民的"乡愁"和文化自信，使乡村集体记忆一代一代地传承下去，进入主动保护的良性循环。

笔者自述：我必须作为一个主体人，站在主观的角度，而不是旁观者的角度，去佐证乡村生活中的非正式记忆及对于地方认同的意义。在多次调研的过程中，对于东钱湖的村民这样一个群体，自然而然也建立起来一些社会联系，渐渐地和村民熟悉起来。在村中遇到的各位爷爷奶奶，采访过的小朋友，看到我们会热情地打招呼"又来啦"。我们对东钱湖村庄的记忆，不再是一个个风景优美、有历史价值的古村落这种客观的、固态的、理性的认知，而变成了"我们曾经在横街村民家里吃过农家菜""梅树下那条弄堂住的老爷爷的孙女又长高了""在薛家山头的橘子林，老爷爷给了我们三个橘子，又大又甜""第一次到韩岭，就遇到了一家人办丧事，第一次看到披麻戴孝的人们排着队在村里走路，我们有点被惊吓到，就从主街上躲到卖盐弄里"……田野调查的过程渐渐成了我们生活的一部分，我们也成为村庄人中的一员，而与村子和村民之间发生的细碎的片段，作为主体和客体交互的结果逐渐成为我们对空间、场所、地方的认知，而被地方人文特色而同化，进而更加珍惜这种记忆，成为我们努力保护东钱湖人居遗产的动力。

三、信仰场所的保护：记忆重构

信仰场所之所以能成为社会记忆的载体，是由于它与群体的非日常活动相关，正如同哈布瓦赫所说的"群体的记忆遗产中标志性的元素"，这种非物质与物质的关联，是保存、传承场所精神的关键。它作为社会记忆的内容，是社会群体记忆迭代复刻的文本，它携带着村民们的文化自信与地方符号，即成为地方共同体的集体记忆，呈现出主体性特征[1]。在这个过程中，物质的场所环境与非物质的群体活动不断重构，构成乡村中具有纪念性的叙事空间。

1. "旧瓶装老酒"：信仰场所与传统仪式相结合的原生传递

"旧瓶装老酒"的保护，即集体成员"在场"的原生传递。通过神庙、祠堂、寺观等信仰场所与祀神、庙会、祭祖、祈福等传统仪式活动的结合，达到物质遗产与非物质遗产的同步保护。通常来说，物质遗产的保护可以依靠外界介入实现，但非物质的习俗活动更需要原住民作为主体进行保护。当前，随着传统文化再一次被大众所重视，湖域村庄中的一些民俗活动也正在复兴之中，除陶公山三村外，还有韩岭村花桐娘娘殿的游神，下水村忠应庙的庙会，殷湾村岳王庙庙会等。

2. "旧瓶装新酒"：信仰场所与当下活动相结合的再生利用

"旧瓶装新酒"的保护，即新进群体"进场"的再生利用。通过信仰场所公共空间与当下新的集体活动与事件的结合，达到传统公共场所的再生利用。目的是吸引年轻人回到村庄，满足新的人居活动需求，甚至可结合网络媒体，传播乡村新民俗。如以村庄作为载体，在陶公山建设村举办的祭湖仪式，或在韩岭村老裴君庙举办的诗歌大赛，都吸引了大量的年轻人来参加。传统信仰场所被赋予了新的功能与新的集体事件，构成了年轻人的集体记忆，从而弥合"新老集体"的记忆断层。

在了解乡村人居环境的形成过程与变迁之后，不难发现乡村有其自身的发展阶段和规律性。东钱湖湖域的乡村，只要没有外界造成的介入性影响，以其千百年来形成的成熟的社会生态环境、湖域人居环境能保持长期而稳定的生长状态。基于前文的阐述，本章从"主体人"、生产环境、家族空间与信仰场所四个核心要素出发，探索乡村人居环境的保护策略。

当前，在东钱湖打造旅游度假区的背景下，湖域仅存的12个传统乡村依然有强大的人居民意，这些村庄未来将成为众人向往的人居热点。在有见识、有情怀、有能力的新一代乡贤领导下，以原住民、村二代与新村民为居住主体，在满足基本现代生活需求的基础上，传承延续传统村落的营建规律，能够让湖域传统人居环境进入自我认同、主动保护的良性循环。

在东钱湖地区"去乡村化"的发展趋势与宁波城区"逆城市化"的需求趋势并存的前提下，传统农业渔业迎来了转型与复兴的新趋势。以本地农业、渔业合作社为载体，带动新老农民渔民的集体参与，密切结合第三产业，通过农渔业业态转化而实现传统产业的复兴，同步再现"陶公钓矶""殷湾渔火"等渔业景观，通过全民参与达到共同富裕。

此外，现阶段高端化的湖域发展定位吸引来各类高端的旅游度假项目代替乡村聚落，呈现出"绅士化"现象，或导致村落空间被占据与割裂。而湖域传统村落尚保存有较为完好的家族环境，家风文化中"以和为序"的道德伦理秩序是城市中所稀缺的优秀传统，对社会和谐发展有良好的规范作用。通过对传统乡村家风文化的复兴，同步保护宗祠、民居、聚落等家族空间载体。

最后，尽管随着传统文化的提倡，近几年湖域村庄的民间信仰活动重现生机，但这些地方习俗仍然呈现出"老龄化"的特征，或面临传承的断层。作为弘扬地方特色文化的窗口，一年一度的游神民俗已逐渐从信仰崇拜本身的功能意义，转变为文化景观与社会记忆的文本，是建设地方认同与文化自信的重要途径。通过对物质环境与非物质活动的结合，用集体事件重构新老社会群体与信仰场所的情感关联，促进地方特色文化的活态传承。

---

[1] 哈布瓦赫. 论集体记忆 [M]. 毕然，郭金华，译. 上海：上海人民出版社，2002.

附录 A　地方名称释意

东钱湖：指浙江省最大的淡水湖泊东钱湖，东西宽 6.5 千米，南北长 8.5 千米，环湖周长 48.9 千米，湖水面积 19.91 平方千米，平均水深 2.2 米。

东钱湖湖域：东钱湖周边山体环绕形成的地理单元，即本书的研究对象。

陶公山：《东钱湖志》中对陶公山周边自然村的地方总称，为地方约定俗成的叫法。

陶公三村：当前，环绕陶公山的三个行政村，包括建设村、陶公村、利民村。

陶公（村）：指陶公山三个行政村之一的陶公行政村。

下水（村）：当地人将下水水口位置俗称为下水，并将东村和西村两个行政村通称为下水村。此外，下水乡包括下水岙中的四个行政村，东村、西村、绿野、洋山。

东村和西村：东村和西村既是两个相邻的行政村。但在本书中被作为下水村整体进行历史与空间分析。

堂沿：宁波地区 H 形家族院落中的祭祀开间，学术意义上指"正堂""明堂"，宁波话音"tang3 yi1"，有的学术论文或地方文献又称为"堂檐""堂前""道义"，本书中均用"堂沿"一词。

附录 B　陶公山游神：鲍盖与胡榘

根据亲身经历，笔者对陶公山的两次游神进行了详细记载。

游神，是村中一年一度的盛事，而陶公山游神，又是东钱湖湖域最盛大的庆典。

农历九月的陶公山，已是深秋，旧时正是晚稻收割之后，外海渔业"早冬汛"鱼汛，渔民即将出洋捕捞之前。由于陶公山的几个大姓，忻、曹、王、许，都是渔业大户，游神除了祭祀和供奉地方神祇之外，还有开渔求运的目的。游神的时间，根据村民们的说法，是祖先定好的黄道吉日，"托祖先的福，游神庙会都没有遇上过小雨"，想必这也是祖先根据节气与气候经验总结而来的时间。农历九月一整个月，陶公山的建设村、陶公村、利民村三个村庄，各姓、各房、各族轮流举行游神庙会，供奉分别是后裴君庙的裴肃、龙舟殿的鲍盖和胡公祠的胡榘。三个游神活动既有类似之处，又有差异，本书将以我参与过的陶公村和利民村的两次游神活动，讲述村庄中活态的风俗文化。

一、一天的事件

1. 陶公山游鲍盖

清晨五点半，天刚蒙蒙亮，深秋的东钱湖湖面上飘着一层雾气，把整个陶公山包裹在朦胧之中。陶公山的许家屿上，供奉鲍盖的龙舟殿大门已打开，请神的队伍已排列整齐，准备就绪。实际上，从头一天晚上开始，常年灯黑门关的龙舟殿已是灯火通明，凌晨开始每半小时放一次炮，临近早晨出发之时，放炮频率愈发密集。六点，放过鞭炮，长者们跪拜完成请神后，抬轿队伍便将神像放置在八抬大轿上，从龙舟殿请出。

整个参加游神的队伍以迎神队伍为首，都是中老年男性，身着统一的红衣，头上系着红头巾。迎神队伍由炮担开路，以头牌旗为先导，万民伞、大小锣会、吹行、硬甲牌、哈达郎随后，其中大锣需两人共抬，前人掌握方向，后人敲锣，小锣一人一抬，边走边敲，抬杠上有雕龙或挂灯笼，还有专人抬锣架。其后四位族长，分别抬着人神的随身配物，包括人神红色牌位、裹着黄布的印闸、签筒和宝剑，从配物上来看，鲍盖是武将出身。族长身后就是神像的坐轿，佛像之大，高2米，宽1.2米。十二个中年壮汉一同抬着环村庄一圈，还需经常换人抬轿，因此抬轿人员就有十几人之多。神像脸为深红色，头戴凤冠，身披黄袍，手持羽毛长扇，神态威严肃穆，神像双手放在身前的案桌上，案桌前挂有"敕赐青山"桌帘，神轿上有黄龙伞。神像头上的凤冠和帽翅随着人们的步伐上下摇动，活灵活现。神像身后紧跟着上百名信众，双手合十持香，沿途拜谒。之后是腰鼓队和献花队，以中老年妇女为主，呈双人队列，各队伍披挂着各自的服装和道具，动作整齐，由队伍领头统一指挥。

游神的整个路线是在许家屿鲍公祠龙舟殿前集结，然后出发，过南安桥进入陶公村老街，走街串巷，到每个家族的宗祠或堂沿停下，族人依次迎神献礼，按照"金鲤堂—四如堂—彝训堂—厅屋里—曹氏宗祠—史氏宗祠—罗氏宗祠—过张迈岭—朱氏宗祠—王氏宗祠—余氏门第—许氏宗祠—忻氏宗祠四合堂"的路线，逆时针环陶公山一周，总行程约14千米。忻家为陶公山主姓，四房分立，各立支祠，因此老大、老二、老三及总宗祠均要献礼，其余各姓则在自家宗祠或堂沿内举行仪式。堂沿或宗祠的祭台呈长方形，纵向放置在房屋正中，摆有香炉、烛台、锡器花瓶，另外还有水果、年糕、喜饼、牲礼（猪头、活鱼、鸭）以及酒，种类多达二十余种，每种贡品上都摆放了剪纸。祭台之后，挂有大红色的幕帘作为背景。

神像由抬轿队伍抬至祠堂沿的空地，锣鼓声停，神像暂搁在两张条凳上，换所在祠堂的本家人抬神像进入祠堂，放置在祭台后，配物也一并放置在神像前的祭台上。随后，由族长或房长拿毛巾擦拭神像，给茶杯倒上茶水。族人们也纷纷拿着毛巾给神像擦脸，信众们随着神像涌入堂中，对神像跪拜、磕头、敬香、许愿。这期间，迎神队伍等候在祠堂外的空地或巷道中。礼毕，锣鼓声起，人们又将神像抬出祠堂，去往下一家宗祠，在那里，另一族族人已经放置好鞭炮，准备好祭品，在宗祠外的老街上排着队，合手握香，迎接神轿到来。每处祠堂大约停留15~20分钟，从清晨6点出发，直至上午12点多来到最后一站——许家屿上的忻氏宗祠四合堂，随后将神像请回到龙舟殿。大小锣会、伞牌配饰等，一并放回龙舟殿中。宗祠前的广场上，已经搭好戏台，正对戏台临时搭建了一处2米长、1米深的小神龛，由帷幔围起来，上面挂有"敕赐青山都督大元帅"几个字。由于声光电技术的需要，宗祠中的戏台已经不能满足现代戏剧演出的需要，在宗祠外的广场上搭台唱戏，并置简易神龛，延续了"请神看戏"的宗旨，这是一种对现代方式的适应和转变。

经过一个多小时的短暂休息，下午一点半，水路迎神的船只即将出发。根据史料记载，过去水路迎神船队以河台船尾先导，后为神台船、左炮船、右铳船，之后两排龙舟拖着神台船前进，一路吹行，炮铳齐放，是一组形制完整而盛大的水上仪式队伍。如今由于渔业萎缩，渔民减少，水路请神的规模简化，但形制依然完整。仅一条机动乌篷船前去迎神，由几位族中长老作为代表前去迎神。船头一人放炮，另两位老人分坐左右敲大锣小锣，船上正中的八仙桌上放有一只香炉。即使是在一艘小船之上，仍完整地保留了迎神队伍的礼仪结构。

水路迎神要从两个地方迎三位人神，均为历史上有利于东钱湖发展的三位地方官员人神，先从湖对岸的福应庙请王安石及其夫人的神位，再回到陶公山上塔山庙请李夷庚、陆南金的神位。迎神队伍从许家屿埠头出发，穿过湖心堤的拱桥，转向二灵山，在福应庙前的湖湾上岸，同样由炮仗领头，沿路敲锣，直至福应庙前，放鞭炮敬香后，请出两尊牌位，下山上船。再从北湖东岸行至西岸侯舟亭上岸，到张迈岭的上塔山庙，放鞭炮敬香，请出李夷庚和陆南金的牌位，和王安石夫妇牌位一同放置在船上的八仙桌上，并带上两把万民伞为神位遮风挡雨。船只再次启程，从利民村进入陶公山内河，穿过四座桥梁，回到许家屿后，将四座神位都摆放到鲍盖所在的临时神龛中。五位人神集合并共同看戏，请神的事项才告一段落。

正式的唱戏是从游神的第二天下午开始。因为开戏之前还有一项陶公村特色的节目——龙舟殿庙会龙舟竞渡。第二天中午12点30分，陶公山沿湖已挤满了观看的群众，蓝黄两只龙舟队，以曹家山头为起点，到许家屿忻氏宗祠为终点，三局两胜，胜者颁发两坛老酒为奖品。龙舟每年只使用这一次，使用后需要刷桐油、晾晒以及刷新漆，为来年做好准备。颁奖仪式过后，围观人群散去，祠堂内开始家族盛宴，各房派家庭代表入席，宴席的餐食是头一日游神时供奉的牲礼，当地人认为这类开过光的食物能够保佑族人平安。同时，唱戏的舞台拉开了帷幕，观看的村民就座，开始了长达七天的年度大戏。七天结束后，再将各神位送回庙中，一年一度的庙会才正式结束。而此时，陶公山另一边，曹家山头的胡公祠庙会，才刚刚开始。

而与游神庙会有关的许多烦琐事项并未结束。负责组织这次活动的忻家族人，要核算整个庙会过程的收入与开销，每家出了多少钱，每项细节花了多少钱，都要张榜公示。然后休息三个月后，族内又要开会商量确立新的游神庙会"组委会"，并开始计划和准备明年的游神庙会。

2. 曹家游胡榘

胡榘是陶公山曹家供奉的人神，与鲍盖不同的是，神像为白脸人神。胡公祠游胡榘和龙舟殿游鲍盖的庙会整体结构类似，在具体活动项目和游神路线上略有差别。

游人神胡榘的路线，是从莫枝镇开始的，由于莫枝镇某老板是胡公祠的信众，为此次游神庙会捐了一笔钱，因此游神的队伍首先到莫枝镇上，然后回到陶公山，从建设村开始，按照"朱氏宗祠—王氏宗祠—余氏门第—许氏宗祠—忻氏宗祠—金鲤堂—四如堂—彝训堂—曹氏宗祠—史氏宗祠—罗氏宗祠"的顺序进行，最后回到曹家山头胡公祠前的空地搭台唱戏。比起龙舟殿庙会，胡公祠庙会没有水上迎神的项目。

胡榘的迎神队伍中，除了腰鼓队和献花队外，还有钱湖丽园马灯队。马灯队由一男一女两位憨态可掬的大头和尚、身着红白蓝黄的四位跑马、一位铜钹阵伴奏和四位伴唱组成。唱词内容为《发财发财、大发财》，共分五段："①菩萨出殿日子好，炮仗起锣就出着，领头炮仗放得高，人山人海真热闹，嗳格论等腰，人山人海真热闹；②黄龙伞要戴其高，菩萨大旗迎风飘，前后腰鼓咚咚拷，四只马灯到处抛，嗳格论等腰，四只马灯到处抛；③菩萨座位安排好，所有贡品桌上放，五颜六色模姥姥，一样一样讲勿光，嗳格论等腰，先把贡品讲一讲；④雪白长面配黄糖，圆圆金团松花黄，红红苹果桌上放，广东香蕉味道好，嗳格论等腰，广东香蕉味道好；⑤中教信仰要自由，保寿众生得健康，和谐社会保太平，子孙万代财源到，嗳格论等腰，子孙万代财源到。"针对每一段唱腔，大头和尚和马灯都编排有不同的动作和造型，大头和尚笑眯眯地拿着元宝或佛珠做出送祝福的动作，偶尔和围观人群互动。五段演完后，锣钹声起，人神被请往下一家祠堂。

二、人

1. 组织者

忻家二房的忻 JW 是本次龙舟殿庙会的总负责，今年 70 岁，常年住在陶公山。龙舟殿游神这一天，忻爷爷负责组织人员，安排迎神的具体事项，有时还需要亲自抬神、敲锣。从清晨 4 点开始准备，到水陆两线迎神，忻爷爷这一天需要绕着陶公山走一整圈，来往多处神庙，直到夜晚才能休息。他表示，组织这样一次活动太辛苦了，明年真是不想干了，可是三个月后，又要开始准备明年的事项了。

忻家四房的忻 LG，是来家族游神帮忙的族人，今年 61 岁，常年住在宁波市区。退休后，希望回到自己家族所在地，力所能及地帮忙家族事务。龙舟殿游神和胡公祠游神，他都从宁波市区赶来参加，抬神、助宴、放炮以及对外联络等事务，都尽力参与。他说今后希望能参与到修族谱、修祠堂等更多的工作中去，这里也是自己最终的归属。

2. 信众——戴手铐的"犯人"

在鲍盖的信众队伍中，有一名非常特别的信徒，约 40 来岁，她本人不是陶公山人，却手戴木制手铐，一身囚装打扮，一路紧跟神像，到每个宗祠中拜谒。告知我们这样做的原因是：大约 20 年前她罹患重病，危机之时，她嫁到陶公山的姨妈到龙舟殿鲍公祠求神保佑，倘若能渡过难关恢复健康，愿让外甥女给鲍盖大人今生做奴隶。后来转危为安，平安至今，这名女子便年年来龙舟殿拜谒，并在游神活动恢复后，每年都以囚装敬神，以虔诚报答鲍盖人神的"灵力"。

3. 鲜花队、腰鼓队与马灯队

迎神的队伍包括陶公山常住和已迁走的原住民。由于拆迁，许多曾住民迁至钱湖丽园、钱湖景园等安置小区居住，但村中组织游神庙会时，他们仍然按照传统回到村中参加。迎神队伍以居住小区为单元组织，自主参加不同类型的方阵，在游神前的一段时间集中排练，参加九月的三次庙会。每个方阵身着同一服装，以区分来自不同的小区。腰鼓队是陶公山本地的现住民，以中老年女性为主，有大红色的统一服装，都是陶公村头的妇女和裁缝们在日常缝制的。可以说游神之外的时间，大家都在为下一次的游神活动做准备。

三、空间、意义与记忆

敬神过程中，各种行为是具有意义的。譬如在宗祠前换本族人抬进屋，寓意着神仙来到本家地盘中，只有本家人代表家族请神进宅；神像就位后，给神像倒茶、擦脸、擦手，是将人神完全拟人化，将其当作客人一般来招待；除请地方的主要护界神游神外，还请其他众神仙一同赏戏。换句话说，敬神的各项习俗，来源于朴素的生活习惯，是将日常生活行为加以抽象化，再运用在敬神的过程中。

虽然传统村中的大多数人受教育程度不高，但仍然通过人神与山水拟人等通俗方式丰富自己的精神世界，教化后人，传播美德。而另一部分经历过科举入仕的人，许多来到东钱湖，寄托山水情怀，归隐自然田园。无论是哪一种情感类型，都在村庄塑造或人们对乡村的期许中，找到对应的空间意境，是传统人居环境的重要构成。

附录 C　村庄发展的民意调查

一、调查问卷

1. 受访者的基本情况。

（1）村庄：　　　　　（2）姓氏：

（3）年龄：　　　　　（3）性别：男　女

（5）常住地点：

A. 宁波　　　B. 浙江省内　　　C. 上海

D. 长三角其他地区　　　E. 其他：

（6）职业：

（7）平时回到村庄的频率：

A. 过年及清明　　　B. 长假回　　　C. 普通节假日回，不定　D. 每周

（8）在老家村庄一般停留时间：

A. 大年三十左右的 2~3 天　B. 整个假期时间的 5~7 天　　C 不确定

（9）您过去在村子里居住过吗？在村子里长大的吗？

（10）是什么时候离开家乡的？什么原因？

2. 对村庄历史遗产、价值的认知，对村庄保护的态度。

（1）您了解您家乡、家族的历史吗？

A. 迁徙到此处的时间、原因　　　　B. 重大历史事件及人物

（2）过去每年会定期举行家族活动吗？在哪里举行？和现在有区别吗？

（3）您会来参加吗？您的孩子呢？

（4）您觉得您的村庄中，什么东西最有特色？

A. 祖屋，房子　B. 宗祠　C. 街巷　　D. 寺庙

E. 山水环境　　F. 桥　　G. 大树　　H. 整个村子　I. 其他

（5）您每次回想起家乡，就会想到家乡的什么？

A. 祖屋，房子　B. 宗祠　C. 街巷　　D. 寺庙

E. 山水环境　　F. 桥　　G. 大树　　H. 整个村子　I. 其他

（6）您觉得如今的村庄和记忆中有什么不一样了？为什么变了？

（7）您希望村庄：

A. 保持现在的风貌

B. 回归到记忆中的模样

C. 更新成新农村

（8）您能觉得是什么导致您家院子的变化？

（9）您打算修缮您的老房子吗？如果修缮，是用木结构，按传统样式修缮，还是用现代的砖瓦房？

3. 对村庄未来发展的想法及建议、个人打算。

（1）是否喜欢回到村里？

A. 喜欢　　B 不喜欢，不喜欢的原因：

（2）未来是否考虑回到村里居住或养老？您孩子的看法呢？

（3）如果打算回来，计划在什么时候回到家乡？如果不打算回来，未来对祖屋有什么打算？转售、出租、闲置？

（4）如果打算回到家乡？是否有从业打算，什么工作？种田、养殖、捕捞？餐饮、旅游服务、民宿？

（5）对村庄未来产业发展，有什么建议？

A. 有农耕、捕鱼产业等第一产业

B. 转型为旅游服务

C. 其他：

（6）对村庄未来社会关系，有什么希望？

A. 维持现状，保持家族聚居的熟人社会

B. 大家都迁出去，村庄是什么样的社会跟我没什么关系

C. 如果旅游，成为旅游消费的社会关系也可以

（7）周边有的村庄，有的开始建设旅游景区，如韩岭水街、裴君庙，您希望自己的村庄也这样开发旅游吗？

（8）对东钱湖周边大力发展旅游度假区的大环境，个人有什么看法？

A. 希望开发力度更大，成为全国知名的旅游目的地

B. 我也希望能参与到旅游服务的产业中去

C. 不希望更多开发，现在的旅游产业已经饱和，刚刚好

D. 现在已经过度开发，希望东钱湖周边回到过去的状态

（9）您觉得，乡村可能复兴吗？

（10）如何复兴？靠谁？

二、民意调查统计

附表 C1 民意调查统计

序号	村庄	姓氏	年龄	性别	常住地	职业	回村频率	是否在村中长大
1	韩岭村	施	40~49	男	东钱湖	农家乐	常住	是
2	韩岭村	孔	30~39	女	长三角	自由职业	季度	是
3	洋山村	顾	40~49	男	东钱湖	自由职业	一周一次	是
4	下水村	叶	30~39	女	宁波	职员	一月一次	是
5	绿野村	史	20~29	女	东钱湖	外贸	一月一次	是
6	下水村	五	30~39	男	宁波	汽车维修	一月一次	是
7	洋山村	项	30~39	女	宁波	职员	过年、清明节	是
8	下水村	陈	30~39	男	宁波	宁波港	一月一次	是
9	洋山村	俞	50~59	女	宁波	职员	季度	是
10	洋山村	俞	50~59	男	宁波	五金制造	节假日	是
11	殷湾村	郑	50~59	男	东钱湖	退休	常住	是
12	下水村	史	40~49	男	宁波	销售	一月一次	是
13	下水村	邹	30~39	女	宁波	房地产	一周一次	是
14	陶公村	许	40~49	男	宁波	工厂	过年、清明节	是
15	陶公村	忻	40~49	女	东钱湖	医疗	一周一次	是
16	陶公村	忻	30~39	男	宁波	医生	节假日	是
17	下水村	潘	40~49	女	宁波	职员	过年、清明节	是
18	陶公村	忻	20~29	女	宁波	财务	节假日	是
19	建设村	王	40~49	女	宁波	自由职业	一月一次	是
20	陶公村	忻	20~29	男	宁波	旅游	节假日	是
21	陶公村	忻	20~29	男	宁波	自由职业	节假日	是
22	建设村	忻	50~59	男	东钱湖	个体	常住	是
23	建设村	忻	30~39	男	宁波	自由职业	过年、清明节	是
24	建设村	曹	50~59	女	东钱湖	退休	常住	是
25	建设村	朱	30~39	男	东钱湖	职员	一周一次	是
26	建设村	曹	40~49	女	宁波	教师	一月一次	是
27	殷湾村	李	50~59	男	宁波	退休	常住	是
28	殷湾村	李	20~29	女	长三角	公司	节假日	是
29	殷湾村	曹	30~39	男	宁波	工程师	常住	是
30	建设村	忻	40~49	女	宁波	其他	过年、清明节	是

序号	村庄	姓氏	年龄	性别	常住地	职业	回村频率	是否在村中长大
31	陶公村	忻	30~39	男	东钱湖	其他	常住	是
32	陶公村	忻	30~39	男	东钱湖	IT	一周一次	是
33	陶公村	忻	40~49	男	宁波	个体	一月一次	是
34	殷湾村	朱	30~39	男	宁波	工程师	一月一次	是
35	殷湾村	郑	30~39	女	宁波	医生	一周一次	是
36	殷湾村	郑	20~29	男	宁波	自由职业	常住	是
37	莫枝村	张	30~39	女	宁波	职员	一周一次	是
38	上水村	施	40~49	男	宁波	工人	一周一次	是
39	殷湾村	项	50~59	男	东钱湖	工人	常住	是
40	韩岭村	余	60~69	男	宁波	工人	常住	是
41	韩岭村	孔	30~39	女	宁波	金融	一周一次	是
42	韩岭村	徐	40~49	男	宁波	公务员	一周一次	是
43	郭家峙村	程	40~49	男	宁波	高校教师	节假日	否
44	建设村	朱	40~49	男	东钱湖	公务员	常住	是
45	陶公村	戴	50~59	男	宁波	自由职业	常住	是
46	陶公村	王	50~59	女	东钱湖	退休养老	常住	否
47	郭家峙村	徐	50~59	男	东钱湖	务农	常住	是
48	韩岭村	郑	30~39	女	宁波	职员	节假日	是
48	韩岭村	郑	60~69	男	东钱湖	退休常住	常住	是
49	横街村	毕	50~59	男	东钱湖	自由职业	常住	是
50	洋山村	俞	20~29	男	浙江省内	高校学术	过年、清明节	是

三、村庄发展意见汇总

附表 C2　村庄发展意见汇总

村庄	发展意见
1. 韩岭村施姓	国家政策到位，地方复兴，容易出现不公平的现象
2. 韩岭村孔姓	旅游开发好了可能会复兴
3. 洋山村顾姓	65 岁以上的老人们会回到村子里来的
4. 下水村叶姓	很多中年人想回来，不要拆迁，喜欢在村里的熟人关系
5. 绿野村史姓	父辈们已经在回来了，但村庄一直在衰落，年轻人很少回来，想回来的有心无力，未来可能会复兴，还是得靠政府，居民大多数是安于现状的
6. 下水村五姓	现在村庄在衰落，有三分之一的房子收回国家，不属于个人了，未来十年村庄的复兴主要靠旅游
7. 洋山村项姓	之前有一段时间村庄人都走了，这几年，外面打工的人开始回迁，现在村里的人又多了起来
8. 下水村陈姓	一点都不支持上水村被拆迁，好好的村庄都被破坏了，本来觉得是大家的历史资源，现在变成了商人的资源，个人觉得不要开发，开发的模式不好，像象坎村本来有很多东西的，现在都什么都没有了
9. 洋山村俞姓	无所谓
10. 洋山村俞姓	觉得最近几年村里来的人很多，交通更便捷了，希望开发力度更大
11. 殷湾村郑姓	不知道，以后孩子在不在这边看他的想法
12. 下水村史姓	过去 30 年的很长一段时间，村庄都一直在衰落，但近 5 年，交通发达了，有转型，有一些年轻人有回来的意向。未来整个村可以作为旅游产业，农业可作为旅游的一部分，成立旅游公司
13. 下水村邹姓	靠政府、村集体、村民，有可能复兴，可以发展旅游产业
14. 陶公村许姓	希望开发旅游业
15. 陶公村忻姓	年轻人不会回到这里，有点衰落，以前年轻人更多
16. 陶公村忻姓	希望能力所能及地参与到村庄发展中，可以从事养老服务、医疗等工作，但不要像韩岭村那样开发，韩岭村居民已经怨声载道了。其实东钱湖周边的邻里关系都很好，拆掉的横街、韩岭、沙山等几个村子，其实年纪大的人都希望留在村里，但是年轻人想搬出来
17. 下水村潘姓	如果要拆迁，一起搬走就一起搬走，不要留，希望旅游开发力度加大
18. 陶公村忻姓	觉得大堰村的开发模式不好，以前大堰村是风水最好的，现在不如从前了。村庄确实在衰败，住的都是年龄大的人，年轻人就业是个问题，复兴需要靠政府，也希望自己能参与旅游事业，可以来开个咖啡厅

村庄	发展意见
19. 建设村王姓	觉得村庄在衰落，以前人多，但政府的开发没有考虑老百姓，不希望自己的村子和大堰村一样被拆迁，希望采取合作的模式，保留原住民，公众参与，自己也愿意做一些力所能及的事情，希望有所帮助。但不希望东钱湖更多开发，现在的旅游业已经饱和了，不建议收门票，希望复兴村子的老集市
20. 陶公村忻姓	村庄不可能复兴，同学和朋友都搬走了，希望村庄可以开发农家乐，水上娱乐等项目
21. 陶公村忻姓	不希望更多开发，现在旅游产业已经饱和，自己愿意参与到餐饮业工作中
22. 建设村忻姓	会参与旅游开发
23. 建设村忻姓	觉得村庄在衰败，开发力度可以更大
24. 建设村曹姓	希望开发力度更大，如果这样的话，村庄可能会复兴
25. 建设村朱姓	认为十年前的村庄人气更旺，现在外地人多，本地人少，政府只投资环境，没有投资带动村民的旅游产业，觉得大堰村拆了很可惜，以前更好，自己愿意投入到旅游产业，比如开个小店
26. 建设村曹姓	村庄衰落了，工作在附近的人愿意回来住，其余的人都迁到外地了，不赞成大堰村的开发模式，应该保留原住民。另外行政区划的变化也有一定影响，东钱湖如果并入鄞州区，发展会更快
27. 殷湾村李姓	村庄在衰落，只有老年人，但本地人只愿意租房子，不会卖祖屋
28. 殷湾村李姓	觉得村庄在衰落，不可能复兴，年轻人要出去，老了可能会回来。但也觉得城市的商品房没有村里的房子住得舒服，家里还有地，以后退休了想回来种地
29. 殷湾村曹姓	喜欢湖边的房子，可以自己住，愿意把自家的房子改造成民宿，或者大老板来买也可以
30. 建设村忻姓	开发旅游有利有弊，以后可能会回来养老
31. 陶公村忻姓	没有觉得村庄在衰落，虽然希望能回来养老，但觉得可以接受搬迁出去，搬出去之后，可以接受不再回来，不打算参与旅游产业
32. 陶公村忻姓	老房子保留原住民，沿湖的部分房子可以开发改造为新房子。村子可以开发成南塘老街那样。感觉村庄没有衰落，鱼少了，年轻人都不再捕鱼，渔业可以复兴，要加大保护力度
33. 陶公村忻姓	不希望村庄全部开发为旅游用地，缺少本土文化和人文生活，开发不应只是在设施上的，还应该对文化进行深度开发。感觉村庄在衰落，年轻人在外迁，家里在本地有房子的，未来有可能会回来。如果要复兴村庄，只能够靠年轻人，赚够钱了回来。不希望变成新农村，新农村一户两扇门，互相都不认识。未来退休后打算回来，如果有能力，希望能做公益事业
34. 殷湾村朱姓	希望村庄发展旅游景区，但希望原拆原建，不想迁走
35. 殷湾村郑姓	希望都不要开发，村庄就应该保持村庄的样子，希望东钱湖也不要开发，乡村的衰落不是村庄的问题，是社会观念的问题。如果村子不变，会回来养老，希望永远都是这样，有童年的感觉，有记忆，有成长的感觉

村庄	发展意见
36. 殷湾村郑姓	无所谓
37. 莫枝村张姓	希望开发力度更大
38. 上水村施姓	村庄可以通过旅游开发复兴
39. 殷湾村项姓	希望人多了，可以发展旅游业，搬迁出去，希望拆迁条件好，自己愿意参与旅游业，做农家乐业务
40. 韩岭村余姓	没感觉
41. 韩岭村孔姓	由于平时在市区生活，住商品房住厌了，希望自己有个度假的地方。如果开发旅游，自己家的老房子可能会出租，由政府统一定价。即使开发旅游，老村中也要保留原住民，坚守的人肯定也会坚守下来。韩岭村可以开发旅游业，有一定的人气，但也要进行控制，人太多了也不好。村里有一些拆迁走了的村民，是出于现实考虑的后人，而且政府收购的诚意也比较足，具有一定的诱惑。关于房地产开发，只要不影响老街，那是别人的地。个人希望多做一些公共项目
42. 韩岭村徐姓	村庄需要适度的开发，有原住民的开发，像那些完全拆迁开发的景区，没有意思，一定要有保留人
43. 郭家峙村程姓	觉得现在房地产开发力度太大了，周边旅游开发的力度还是比较小的
44. 建设村朱姓	觉得整个东钱湖可以有另一种发展思路，本来是个很神秘的地方，路一开，人都跑来，周边又是房地产又是酒店，一点神秘感都没有了，这边游览资源这么多，可以学一下那种国家公园，就保留原生态，别人来了一次，觉得一次玩不完，还想来，这样才可持续。而且应该搞准入制，村子里就是慢生活，想要快生活的人就去城市里面生活嘛，这里留下来的就是慢生活的，必须步行进来，村子就要有村子的样子
45. 陶公村戴姓	大堰村是过去东钱湖拥有老宅院最多的村子，而且是东钱湖最早的村落。拆迁的时候，很多村里的老人都不同意，后来政府答应把十几个老院子留下来才同意。但最后只留下来了裴君庙和宗祠，老房子都拆光了，没办法，很可惜的
46. 陶公村王姓	听朋友说这里风景好、空气好，退休后我们就从上海过来了，在这里租了房子养老，一个月也不贵，很舒服
47. 郭家峙村徐姓	房子太破旧了，等待拆迁换新房
48. 韩岭村郑姓	退休的老人都希望留存回忆，找到过去的感觉和味道
49. 韩岭村郑姓	开发旅游业挺好的，但需要原住民参与才有味道，不要太商业化，不然就和别的景区雷同了
50. 横街村毕姓	其实在经济收益面前，大家还是考虑得比较现实，但真的安置后，还是挺怀念以前在村中的生活

附录 D　东钱湖湖域古村家族及入迁信息

根据《新编东钱湖志》《鄞县通志》及田野调查整理，得到附表 1 中的东钱湖湖域古村家族及入迁信息。

附表 D1　东钱湖湖域古村家族及入迁信息

行政村名	自然村名	主姓	入居年代	备注	宗谱所在地
莫枝村	莫枝村	杂姓	—	集镇	—
殷湾村	殷湾村	项	明中叶	始祖安世，号平庵，宋代人；始迁祖森九、森十兄弟，由浙江慈溪鸣鹤乡迁居鄞县殷湾	上海图书馆，民国《殷湾项氏支谱》
		郑	元末	始祖玫，字香席，号蕙谷，唐末由河南陈州（今淮阳县）迁浙江。五世祖麒，字毓祥，号东鲁，宋进士，明州录事参军，迁居鄞县。六世祖穀，宋元符初卜居郡城东市，庭植古槐，号槐木郑氏。十四世孙以玖，字伯远，元末自甬江再迁殷家湾，为始迁祖。生子二，长礼美，次礼全，各为东、西房祖。此为始迁祖以玖子全西房八房觉庵公派支谱。八房祖思抚，乃礼全长子仁童之季子	上海图书馆，《殷湾郑氏支谱》
		张	元末	始迁祖官禄，字帝臣，元末自鄞县邑城迁居本邑殷家湾村	宁波档案馆，《殷湾张氏宗谱》（四卷）
利民村	曹家村	曹	元至元	曹氏于五代末自苏州来居鄞东之曹隘（今潘火街道），越十有二传至绍闻，于元至元年间由曹隘迁陶麓（今东钱湖镇），是为始迁祖，后分居庙弄	上海图书馆，《鄞东陶麓曹氏支谱》
	史家湾村	史	南宋	史唯则十世孙史免之由鄞城迁入，后有迁薛	上海图书馆，《鄞东史湾史氏宗谱》
	薛家山村	陈	明	观音庄迁入	—
陶公村	忻家村	忻	明	元至元年间自福建宦居定海县金塘山。始迁祖颟，字公信，号继陶，明季再徙鄞东陶公山天镜亭	天一阁，《鄞东忻氏老三房支谱》
建设村	许家村	许	明	本姓郑世祖郑允为避难迁鄞，改名许允	—
	王家村	王	明	始迁祖谦四，避战乱定居，移居鄞县陶公山村	奉化区文管办，《陶公山王氏宗谱》
	朱家村	朱	明	避战乱定居	缺
	余家村	余	明	避战乱定居	—
	张迈岭村	徐	明中后期	始迁祖明坤，明中后期由鄞县邑南茅山村迁鄞东张迈岭村	宁波档案馆、天一阁，《鄞东徐氏宗谱》
—	大岙底村	戴	不详	先祖善庆，五代初携子元祐自姑苏迁鄞西桃源乡，善庆九世孙隆之再迁鄞东翔凤乡，后发至大岙底	—
象坎村	象坎村	徐	宋时	从丽水迁入	—

行政村名	自然村名	主姓	入居年代	备注	宗谱所在地
城杨村	陈夹岙村	陈	明	—	—
		俞	清	从横溪梅岭迁入	—
	杨家村	杨	明中叶	从塘溪镇迁入	—
俞塘村	俞塘村	俞	明永乐	俞山寿、俞山静从洋山岙迁入	—
	汤家山	汤	唐时	据传最早定居于此,建房于山头	—
	头村	杨	明时	从华山李家垮迁入	—
前堰头村	前堰头村	史	南宋中叶	从下水迁入史氏后裔发族	河北大学图书馆、山西家谱、美国犹他,《鄞东钱堰史氏宗谱》
下水村	西村	史	北宋\南宋	北宋初始祖惟则从江苏溧阳迁吴江,迁慈溪,又迁洗马桥,孙入赘江东王氏,为始迁祖	本谱为今鄞州区福明洗马桥村史氏二房、三房房谱
		俞	宋	俞信定居下水	
	东村	蔡	南宋	五代时从山东迁苏州,约在南宋从苏州迁入	天一阁,《鄞东蔡氏宗谱》
		王	南宋	始迁祖良才,自奉化区连山驿移居下水	天一阁,《鄞东蔡氏宗谱》
	茶亭跟	史	清初	从东村分居迁入	—
	沈岭岙	沈	南宋	从北方迁入	
		陈	清中期	从东钱湖镇旧宅迁入	
	官驿河头	董	南宋	从鄞南董家跳迁入	
		钱	南宋	—	
绿野村	绿野村	史	北宋	北宋徽宗政和年间从江苏溧阳迁入	—
洋山村	洋山岙	杨	北宋	—	
		俞	南宋元至元二十一年	一种说法南宋从下水迁入,另一种说法始祖鼎,字廷器,宋代人。始迁祖得一,元至元二十一年(1284年)自鄞县合门村迁居本邑十一都一图洋山岙村。	第一种说法来源于《洋山村介绍》,第二种说法来源于天一阁《四明洋山岙俞氏宗谱》
韩岭村	韩岭村	郑	明中叶	始迁祖大佺,明中叶自越州(今绍兴市越城区)迁居鄞县韩岭村(今属东钱湖镇)	天一阁,《韩岭郑氏宗谱》
		孙	元至正	从河北保定清苑县迁入	—
		金	元末	始迁祖益厔,元末避乱自舜江迁四明,其子文英复居鄞县东钱湖韩岭镇。文英子世忠以预明成祖靖难功,死谥忠襄,被奉为新宅始祖。忠襄三孙,启孟、仲、季三房,孟房祖钥传十一世再别为天、地、人房。人房祖明阶,曾孙道淳,是谱即其支所修	上海图书馆,《韩岭金氏新宅人房下道淳公支谱》
		金	明初	始迁祖益厔,字汉卿,明代自姚江(今余姚市)迁居鄞县韩岭村	天一阁,《鄞东金氏宗谱》
		孔	明中叶	始迁祖宏,自慈溪县樟桥村迁居鄞县韩岭村	天一阁,《鄞东金氏宗谱》《郯东韩岭孔氏宗谱》

行政村名	自然村名	主姓	入居年代	备注	宗谱所在地
韩岭村	韩岭村	史	明中期	始迁祖伦佰，自鄞县邑城（今宁波市区）迁居韩岭村	天一阁，《鄞东韩岭史氏宗谱》
		陆	明代	始祖元，元中叶自慈溪县迁居宁波府城月湖；始迁祖文一，明代自宁波府城月湖（在今海曙区）迁居鄞县韩岭村	天一阁，《鄞东韩岭陆氏宗谱》
		郭		始祖孝先，北宋开宝间自杭州府城迁居鄞县东乡东雅桥村（今邱隘镇境）。始迁祖乾统，再徙本邑韩岭村	天一阁，《鄞东韩岭郭氏宗谱》
郭家峙村	郭家峙村	郭	明中叶	从郭洞呑迁入	天一阁，《鄞东郭家屿徐氏宗谱》
		徐	明末	始迁祖潭，从横溪禄广桥（今属横溪镇）迁入	
	寨基村	任	清中期	从横溪上任迁入	—
郑隘村	郑隘村	郑	明洪武	从河南荥阳迁宁波，后分族来此	—
	方边村	方	清初	从宁波迁入	—
		边	清初	从姜山迁入	—
		戴	清中叶	从镇内大堰村迁来。始祖善庆，五代后梁时居姑苏。子元岭，始迁鄞西桃源乡。善庆九世孙隆之，再迁大堰（或曰鄞东翔凤乡）。明初，善庆二十一世孙平允迁韩岭，其子邦宝赘方边马氏，为始迁祖	上海图书馆，《鄞东方边戴氏宗谱》
青山呑	青山呑	叶	宋时	从福建迁来	—
沙家垫	沙家垫	沙	宋时	传宋时来此定居	—
		李	明时	李氏分族到此定居，李千四居沙家	—
	前后五港	励	清初	历君平改历为励，清时迁入定居，何处迁入未知	—
	邵家弄	邵	宋时	未知	—
		朱	明时	祖籍山东福山县迁入	—
黄隘村	黄隘村	黄	宋时	从下应迁入	—
		钱	明时	从叶公山迁入	—
	谢家码			建跑马场已废	—
光辉村	搀竹庙村	王	明时	从甲村迁入	—
		葛	清时	从宁海迁入	—
	范家漕村	葛	清时	祖籍山东胶州高密，宋时从建康句容县迁至宁波西乡，清时又分迁于此	—
	湖塘下村	张	明	从山东郭山迁入	—
		高	宋建炎	高思继自汴来此	—
		胡	明代	始迁祖宁宇，迁至鄞东湖塘下	上海图书馆，《鄞东湖塘下胡氏房谱》

行政村名	自然村名	主姓	入居年代	备注	宗谱所在地
红林村	林家村	林	明	祖籍福建莆田，宋时迁鄞，明时分居迁入	—
	长漕村	曹	宋时	宋时迁至潘火桥曹隘，后分支迁入	—
	上杨村	杨	—	从横溪迁入发族	—
		舒	—	—	—
下王村	下王村	王	宋时	—	—
旧宅村	鹿山头村	陈	元时	从福建迁入	—
	旧宅村	陈	宋末元初	从福建迁入	—
高钱村	高钱村	钱	宋时	钱埠从河南开封迁入定居	—
畚河村	康家畚村	康	南宋	从河南扶沟迁入	—
	山下河村	何	宋时	从西乡望春迁入	—
章隘村	章隘村	章	明时	从福建迁入	—
方水村	方桥村	毕	南宋	避战乱逃难，从山东迁入	—
	水门漕村	陈	元时	从旧宅村分支迁入	—
梅湖村	梅湖村	余	明时	从象山迁入	—
庙弄村	庙弄村	曹	元时	从曹家山头分居迁入	—
马山村	马山村	周	明时	从望春藕缆桥迁入	—
横街村	横街村	史	明嘉靖年间	始迁祖元理，从西乡青石桥迁入	天一阁，《鄞东上水横街史氏宗谱》
上水村	上水村	钱	明朝中叶	从塘溪迁入	—
	鸡山村	陈	宋时	从奉化迁入	—
	沙家山村	袁	元	始迁祖袤，元代自鄞县邑城南甬水桥社坛衕村（今属海曙区）迁居邑东沙家山村	天一阁，《鄞东沙家山袁氏宗谱》
大堰头村	大堰头村	戴	元至正十三年（1353）	先祖善庆，五代初携子元祐自姑苏迁鄞西桃源乡，善庆九世孙隆之再迁鄞东翔凤乡（大堰），后发家至大岙底、韩岭	上海图书馆，《江东戴氏谱》《鄞东方边戴氏宗谱》
	周家村	—	—	—	—
	毛竹下村	—	—	—	—

表格资料来源：《东钱湖志》《钱湖文史》（第14期，2013年5月），《宁波市鄞州区地名志》《中国家谱总目》（上海图书馆编，上海古籍出版社于2008年12月出版的第一版），其中部分村庄已消失。

附录 E 《大堰头戴氏宗谱》

《大堰头戴氏宗谱》：吾族自善庆公，由姑苏迁宁波之鄞县，越四世分为守真志满四房，子孙繁衍，有分居绍兴临安者，有分居慈溪奉化者，至九世隆之公（实为二世，隆之公乃善庆公之子）系真房承祥公之嫡派，徙居鄞东翔凤乡，是为翔凤一世祖，厥后有居岙底（陶公山）、方边、天童、下王等处者，我东乡大堰头之久汶公，我江东新河头之道江公，同为翔凤九世祖天禄公之裔孙，今江东支谱加入大堰头，则补其所阙，必有闻风而起者，传曰，公侯子孙必复其始，将来吾族之居鄞东者，必由大堰头之久汶公追溯，翔凤乡之隆之公，吾族之居浙东者，必由翔凤乡之隆之公追溯桃源乡之善庆公。萃涣聊睽，裕后光前，谱之言普诚普矣，哉抑余更有言者，世禄之家，鲜克有礼，礼失而求，诸野吾族二千余定丁，相传已三十世，捕鱼业农业者多数，经商做工者次之，读书为官者又次之，若夫游手好闲、作奸犯科者，谓之绝无一人焉。可也故当岁时伏腊，冠婚大事，往来致敬，相率为礼，颇有先民之遗风，昔范宣子自叙其先世在夏为御龙氏，在商为豕韦氏，在周为唐杜氏，而叔孙穆子云，此之谓世禄不如世德之不朽，今吾族之所重者，在世德不在世禄，故原原本本，但以气体醇固为风尚，不以势位富厚相夸耀，或者可免穆子之机乎。——民国十四年（1925年）岁次乙丑第二十七世孙鸿祺敬撰。

穷思吾族约七八百户，人口以数千计，在外经商出洋捕鱼者居多数。

四明戴氏一世祖：善庆公，旧谱云世居亳州，避唐季之乱，迁于姑苏枫桥，曾祖应麟公官至大中大夫，祖彬公，父凤翔公为吉安判官，善庆公由姑苏徙庆元（四明），始居鄞西三十里桃源乡之地，南舱先生谱序曰：宋太宗淳化五年（994年），善庆公客游四明，遂家桃源故四明戴氏以善庆公为始，娶巩氏，生五子。至八世祖杭，娶水氏，生二子，隆之、升之，升之生子谓无嗣，迁居翔凤乡。

翔凤乡在县东南四十里管沧门里十二都至十六都，戴氏始迁在十五、十六两都之间，历年已久，难却指其所在。

隆之公，配傅氏，由桃源迁翔凤乡为东钱湖一世祖。后考证以德胜公为翔凤始迁祖。

附表 E1　大堰头戴氏宗谱

世代排行	名字	配偶	子女	墓葬地点
一世	隆之公	傅氏	—	由桃源迁东钱湖
	德盛公	—	—	居毛竹园下
二世	楞（986年）	高桥沈氏	祺、祐	合葬黄泥岭
	桧	东浦金氏	祒	合葬黄泥岭
	桻	河桥张氏	祯	合葬绍兴大样山
	柕	茅杨汤氏	礽、神、祜	—

世代排行	名字	配偶	子女	墓葬地点
三世	祺	诸暨县主簿李忠公次女	—	随任不回
	祐	平水埠鲁氏	玘，娶青山章氏，（随岳翁任至开化县不回）	合葬青山湾
	祖	平水埠头张氏	玒（无考）、瑄（于浦化县入赘金氏不回）	合葬青山
	祯	八字桥？氏	琪	合葬前山脚
	礽	青山章氏	俊（娶傅氏无嗣）、佳（客于山西沁水不回）	葬后山
	神	东浦村鲁氏	傅（太学授临安县令，娶金氏，不返）	—
	祛	茅洋方氏	无出	合葬后山
四世	琪（生于绍兴）	茅洋汤氏	弥、智	合葬白马山后下水牛背山
五世	弥（宋徽宗宣和六年进士，授湖广襄阳府光化县令、后升至礼部右侍郎）	娶福安桥县令邹奇之女邹夫人	无嗣	合葬下水牛背山
	智	天童章氏	鑑、钝	合葬下水
六世	鑑	大街倪氏	谭、谧	合葬下水簸箕斗
七世	谭	黄树桥郑氏	无嗣	—
	谧	柯桥李氏	时中、才璎、时泾	合葬下水
八世	时中	—	—	徙居天童
	才璎	乾坑任氏	天福、天禄、天祚	合葬下水驴尾巴山
	时泾	—	—	徙居奉化
九世	天福	包氏	长寿（寨基？宅基一派）、长好（山头一派）、长富（方边一派）、长贵（无嗣）	合葬下水
	天禄	包家店王氏	长生、长祐、长名、长兴、长杲	合葬下水
	天祚（舍裴君新庙基，众感而祀之，称其百四公）	瞻崎（岐）杨氏	生子早卒	合葬天童岭西首，大呑田胜湾
十世	长生	新〇杨俞氏	明达、明咠（大呑底一派皆二公之后）	合葬老界乡田湾
	长祐	赘宝童任氏	明班、明涓	合葬钓鱼山
	长名	赘乾坑任氏	—	合葬金文寺西首山
	长兴	高钱金氏	无出	合葬大嵩岭脚西首
	长杲	赘叶公山叶氏	明伻	合葬后山
十一世	明班	乾坑任氏	久木奚（生子传五世无考）	合葬戴婆桥
	明涓（1314—1341年）	监场乐氏	久轩、久锦、久汶	合葬大呑底

附录 F 陶公《朱氏宗谱》

　　《朱氏宗谱》：吾浙甬陶公山朱氏家谱谓山谱，之前谱谓旧谱或称京谱，之后谱谓序谱称存谱皆有定义。山谱起于清道光，定于咸丰，后续人丁。

　　山谱记载：信直公乃山谱七世祖之一也，公之长重孙（宗）瑞康（又名本仁）在世时多次强调"陶公山朱家宗字辈与本字辈是同一辈分，两种叫法一个意思"，"老人传言，吾陶公朱家来自北方。陶公山朱氏家谱之前有老谱，老谱以派行论辈家谱不同。但派与排音相同。派行是太祖恩赐予后代……太祖以前做过和尚……"

　　吾族落湖山大岙底珠山之西，始于明清鼎革，此时狼烟遍地，生灵涂炭，"明亡之后无华夏"明朱家族百之九九惨遭屠戮额，唯一残存实属侥幸。明朝后期朝纲不振，北方大旱，天下枭雄作乱。崇祯八年反明张李部铁骑三十万剿杀凤阳朱氏族人十九万余，掘朱家祖坟，并在全国各地烂屠明宗室无数。以致明朱再无储备力量。近极少数皇室成员于兵荒马乱中失踪，生死不知、下落不明。

　　古人云生死两大矣，固知一死，生为虚。吾山谱以异姓贤士名义撰朱氏家谱，言山谱一世为饱学儒雅之士，却不肯露一、二世之生卒。岂惟数百年盖百家姓有史以来之最大隐也，其用九页文将南宋名门望族翌公与明代勋公视为吾前族，然经稽考此二公间既无直接血脉传承，且无任何牒谱，更无佐证与山谱有关联。翌公勋功有功于山谱乃吾山谱之门神……此乃明修甲家谱，暗渡鬼门矣，山谱忽悠清庭实佑吾朱家血脉不绝也。朱由检即朱棣后裔世系派字第十代，属山字辈木行，其第三子属慈字辈火行命焵，再延吾山谱第三世君瑝、君瑞、君琳，排行改旧谱世系派字则名为和瑝、和瑞、和琳属和字辈土行。陶公山朱家谱系派字与朱氏旧谱推演契合，可证实陶公山朱家与明朱姓宗室后人，有血脉关联。

附表 F1　陶公朱氏宗谱

世代排行	名字	配偶	子女	墓葬地点
一世	垂统公（力行节俭务农，敦诗说礼，有儒雅风）	失	华宇	始迁鄞东钱湖许家岙珠山之西，为始迁祖，在大山脚下生一子
二世	华宇	配俞氏	君瑝、君瑞、君琳	在葛家屿、簸箕斗生三子，祀山在上水横街赵家门前土名郭家湾，又在下水新岭岙土名酣茶园。地在本族屋后土名黄泥潭，量计二亩，又徐家门前大路外基地三间。本族祖堂沿大墙大路外基地三间，据古老仓门山、大鼠山庙门前田一亩一角，今允兑本族屋后山地二亩
三世	君瑝	失	文锴（绝）、文铎（绝）、文锡、文银、文钗（绝）	葬大岙底长爿地脑
	君瑞（1657—1734年）	配忻氏、林氏	文江、文海、文河	葬大岙底
	君琳	失	文鑑、文铉（无载）、文琮（无载）、文钊	失

世代排行	名字	配偶	子女	墓葬地点
四世	文锡	配任氏	行义、四女（分别嫁曹家、忻三、李家岸、鸡山头陈）	失
	文银	配应氏	行仁、行礼、行敬（绝）	失
	文江	配郭氏	行孝	葬屋后山巅
	文海（1710—173？年）	配王氏	行？（绝）、行富、行贵（绝）	葬本山地脚下
	文河	未娶		葬本山地脚下
	文鑑	配杨氏、刘氏	行魁（绝）、女二（分别嫁忻、王）	葬在大山脚下
	文钊（1708—1764年）	配杨氏	行元、女二（分别嫁高钱钱氏、忻氏）	葬在父坟旁
五世	行义	配潘氏	忠贵、忠和	葬大岙底
	行仁	失	忠任	葬大岙底
	行礼	配华氏	忠谋	葬大岙底
	行孝（1721—1803年）	配高塘头张氏	忠训（殇）、忠德、忠义、女二（分别嫁王氏、陈氏）	葬顿岙土名沙田坟丘古老一亩陆分祀田在湖塘下张家门前古老一亩，祀地在河泥潭古老一亩
	行富	配陶江张氏	忠法、女四（分别嫁陶江张氏、？、大堰头戴氏、忻氏）	葬在地脚下
	行元（1757—1828年）	配高钱钱氏	女三（分嫁方氏、忻氏）	失
		续配下王范氏	忠恒	—
		续配殷湾郑氏	忠相、女二（分嫁观英庄陈氏、罗氏）	—
六世	忠贵（1751—？年）	配忻氏	女一（嫁象墈徐氏）	失
	忠和（1761—？年）	配忻氏	信符	失
	忠任	配方氏	信久（无出）、信长（未娶）、信悠	迁居茶亭下
	忠谋	失	信福、信禄、信寿（失）、信足（失）、信备（失）	失
	忠德（职员？）	配藤家园邵氏	信众、信远、信达、信运、女三（分嫁王氏、葛家屿徐氏、横街史氏）	失

世代排行	名字	配偶	子女	墓葬地点
六世	忠义（1764—1835年）	配湖塘下张氏	信达、女一（嫁忻氏）	葬本处地脚下
	—	继配周氏	女一（嫁忻氏）	—
	忠法	未娶	信遂（殇）、信通（过继）	失
	忠恒（1802—1824年）	—	信刚（过继）、女一（嫁擂鼓山王氏）	葬月波寺东首岭下
	忠相（1813—?年）	配忻氏	信刚（出继）、女一（嫁陈郎岸陈氏）	—
	—	继配周氏	信直、女四（分嫁方桥毕氏、陶麓忻三、陶麓忻四、陶麓忻氏）	葬月波寺东首岭下
七世	信符（1807—1859年）	配方氏	克怀、克方、克荣	失
	信悠	配项氏、徐氏	克勤、克俭	失
	信福（1790—?年）	配舒家岸戎氏	克承、克金	失
	信禄（1794—?年）	配王氏	失	失
	信众（国学生?）（1787—1817年）	配王氏	克和（早卒）、克怀（过继）、女一	葬井跟
	信远（1795—?年）	配忻氏	克怀（出继）、克锡、女二（分嫁茂屿郑氏、湖塘下张氏）	失
	信达（1803—1846年）	配余氏	克进、女三（分嫁殷湾郑氏、钱家漕陈氏、韩岭陆氏）	失
	信运（1807—?年）	配郭家屿徐氏	失	失
	信达（1787—1818年）	配云龙碶张氏	克己、可俊、女一（嫁忻氏）	葬本处小山墩
	信通（1798—1845年）	配余氏	克昌、克盛、女二（分嫁前堰头史氏、大堰头戴氏）	葬大吞底
	信刚（1838—?年）	配陈氏	克谟、女二	失
	信直（1843—?年）	配徐氏	克谐、克训、克诰、克谕	失
八世	克怀（1840—?年）	配王氏	修诚	失
	克方（1842—?年）	配曹氏	失	失
	克荣（1847—?年）	配曹氏	失	失

世代排行	名字	配偶	子女	墓葬地点
八世	克勤（1838—？年）	配王氏	修聿	失
	克俭（1841—？年）	配忻氏	修学、修理、女一	失
	克承	失	失	失
	克金（1842—？年）	配林氏	修根、修生、修美	失
	克进（1831—？年）	配陈氏、继配史氏	修国、女一（嫁前徐徐氏）、女一（嫁周氏）	失
	克怀（1823年）	配王氏	女一（嫁湖塘下张氏）	失
	克锡	失	失	失
	克和（1808—？年）	配张氏	—	—
	克己（1805—1854年）	配周氏	女三（嫁陶麓徐氏、陶麓王氏、新岭呑陈氏）	—
	—	续配张氏	修兰、修富、修贵、女二（嫁陶麓曹氏、周家岸周氏）	—
	克俊（1815—1851年）	配陈氏	修成	—
	克昌（1828—？年）	配方氏	修义、修伟（出继）、修侃、修俉、修佐、女（嫁忻式、许氏）	—
	克盛（1830—1861年）	配董氏	修伟（过继）	—
	克谟、克谐、克训、克诰、克谕	—	—	—
九世	修诚	修聿	修学	修理
	修根	修生	修美	修国
	修贤	修兰	修义	修伟
	修侃	修俉	修富	修成
	修佐	—	—	—
十世	宗培	宗定	宗垣	宗福
	宗善	—	—	—

附录 G 大堰戴 JY 访谈记录

时间：2017 年 5 月 5 日

地点：东钱湖镇政府

问：以前东钱湖渔业和农业哪个更主要一些？

答：过去东钱湖周边乡村的产业，渔业排第一，商业排第二，农业排第三，因此渔业生产是最赚钱的。因此渔民是最富有、最有钱的，东侧山里的居民就比较穷困。

周边的渔村并不是没有农田，建设村的农村在大通桥，钱湖人家南侧的区域，以及隐学、小梅岙。大堰村的农田就在大堰村旁，利民村农田在戴婆桥莫云路一带。陶公村农田就更远了，在云龙的区域。渔村的田地离村庄非常远，从农田到村庄很不方便，米啊菜啊，要装上船，通过船运到村子里。若农田在北侧，船就过莫枝堰，农田在南侧，船就过高湫堰，平水堰也可以过船，这几个是车坝，可以把船拉过堰。从高湫堰到陶公山这段路，风浪很大，经常翻船，粮食啊作物啊，都翻到水里，很可怜的。

双夏的时候，要收割又要播种，时间非常有限，农民就住在田里，田里有田舍，可以住人，也放一些农具。

过去村里捕鱼的，淡水方面啊，要加入云龙的合作社。大堰有个外海渔业合作社。过去大堰属于云龙的，后来才划入莫枝。

问：以前大堰村外海捕鱼的渔民，都去舟山那边吗？

答：都去那边捕鱼的。以前农民都去那边捕鱼啊，大堰村的渔民都是下海捕鱼的。

问：以前东钱湖的大对船，能进得了东钱湖吗？

答：以前的船小，后来船大了。大船就进不来了，是桥洞的高度限制了这个船能不能进来的。以前整个东钱湖西侧，殷湾、莫枝、陶公、建设、利民、大堰，都是捕鱼的。郭家峙少，前堰头有捕鱼的，上水也有，下水没有，韩岭有。我们过去这里是鱼米之乡，鱼是在上面的。

问：过去郭家峙也是捕鱼的吗？

答：郭家峙过去（应该是中华人民共和国成立后）没有什么物产资源，主要的经济产业来源是卖菜秧苗，属于基础农业，在整个东钱湖周边是很穷的。过去有句土话说，穷得嗒嗒滴，庙啦郭家峙。

问：历史上说，明清时期的两次海禁，使得舟山渔民内迁到东钱湖居住？

答：这个没有听说过的，只有迁到外面去的。我的妈妈的姐姐的老公，就迁到沈家门那边去了。所以沈家门那边人说话跟宁波人一样的。

问：那沈家门那边的渔民，是不是都是东钱湖迁过去的？

答：那很多的，原来他们地方上就有渔民的。

问：东钱湖哪些家族有渔业大户呢？大户是不是就有比较大的宅院？比如殷湾比较大的家族，像张家、郑家、孙家，都捕鱼吗？

答：基本上都是捕鱼的，收入比较高一些。

问：请问清末民初的时候，一批绍兴渔民迁入？

答：他们是知道这边有鱼，就过来捕鱼。

问：他们一开始过来，是住在船上吗？后来定居了吗？

答：是的呀，外地人嘛，定居的不多，很多捕完就回去了。东钱湖的渔民捕鱼都到外海去的，湖上捕鱼不多的。内湖渔业就是自给自足的，小打小捞的。

问：过去的渔业大户，是住在靠山脚，还是靠湖边？

答：原来基本上是什么地方有空，就在哪里造房子的。

问：过去一开始建房子，是靠山防水，还是靠湖边？

答：一般都是靠河边，还是喜欢住在湖边，不会造到山脚去。靠近湖边风景好，行船方便。也不会非常靠水，比较多的是在老街的两边。

问：东钱湖淡水鱼很多，怎么售卖呢？

答：我们这边鱼很多，很多宁波人过来买鱼。有划船过来买鱼的，也有挑着担子过来买的。过去我们两个市，莫枝市和陶公市，就是主要交易湖鲜鱼虾的，卖到外面去。这些绍兴渔民呢，慢慢有钱了，就住下来了。

问：现在还有渔民吗？

答：现在很少了，没有人捕鱼了，不让捕鱼了。

问：过去从东钱湖出海，渔民们是从哪一条路线出海的？

答：有两条路线，从前堰头那边是走小浃江出去的，从莫枝堰是走中塘河出去的。

问：您刚才说的商业第二，这个商业是像韩岭、莫枝那样的商业，还是到外地的？

答：是到上海等外地经商的，有的后来去了香港啊，海外啊。

问：在过去是每个家族都有人到外地去经商？还是有特定的几个家族到外地去？

答：说句难听的话啊，过去是生活不下去了，才到外面去打工，去外面闯一下，跟现在的北漂、南漂一样的。有的发达的，再把家里的人带出去。有的去的也有搞得很好的，家人也跟着一起去。这个收入好一些，捕鱼也好一点，经商也好一点，农民收入不好。

问：渔村有没有田？

答：渔村也有田，但是都在下面（平原地区）。

问：这么远那怎么过去呢？

答：有的就坐船，有的就走过去。观音庄那片以前是大堰村的，利民的土地在戴婆桥，向云龙去的方向，莫云路附近；陶公的在小梅岙、莫云路，建设村在隐学山、小梅岙、老的镇政府那边、钱湖西苑那片、大通桥（钱湖人家南面）。他们最忙的是双夏的时候，马上收了马上种，抢时间，他们不回去，就住在田里面。田里面有宿舍，有工具。打下来的谷子就用船运到村里去，船要过坝。我们叫过船叫车坝，农船都是木船，从高湫堰上去很危险的，经常翻船，风老大。

问：过坝要收钱吗？

答：要收钱的，过一次一毛钱两毛钱。有的小船就几个人一起磨上去，先磨这一头，再推那一头。

陶公山这片以鱼货为主，韩岭市以山货为主，韩岭厉害。

前堰头村没有什么东西，捕鱼的就我们这一块。人与群分，物以类聚，捕鱼的都会住在一起。有的人没有兴趣的，不去，怕海上危险，就不去，不知道的人到什么地方去，怎么去，都不清楚，就不去（捕鱼）了。

问：为什么陶公、殷湾（道路）都是这种放射状？

答：是这样的，我们大堰也是这样的。为了方便啊，否则不是一条条弄出来，怎么走路啊。他们原来的路，一条条巷子里面都可以通的，现在是里面造了房子通不了。不通的话，一边的房子失火了怎么逃，这么小的房子。通的话，一家失火，这边人过去救火，那边人也救火，都通的，防火的。跟城镇一样的啊，都是一条大路，我们这几个渔村，都是下面一条主路，上面（山上）一条主路。

问：以前毛竹下、周家这一片，是不是渔村？

答：以前都是大堰村的。裴君庙这边是毛竹下，那边是周家。

问：以前都是建满的吗？

答：靠近裴君庙空了一点，其他都是满的。

问：都是和陶公一样一条条的？

答：是的，一条条的，基本上一样的。

问：那真的都是拆光的？

答：是的，拆光了。

问：以前村民也是捕鱼的吗？

答：是的，都是捕鱼的。以前就是这么一块（指从陶公山—周家毛竹下—大堰）都是捕鱼的。我们村过去有15栋房子特别好，领导说保留起来不拆，最后还是拆掉了。

问：以前这15栋房子特别好，是不是因为过去戴家人很多经商回来建设的？

答：捕鱼的人多，经商的人稍微少一点。捕鱼的人最多了，后来慢慢地积累起来的，捕鱼的不是很穷的。

问：有的资料上说，自从1972年浙江渔业参加东海的渔业会战后，就没有什么鱼了？

答：不啊，那以后还有很多，到（20世纪）80年代后就少了。

问：那时候是不是黄鱼没有了？转而去捕乌贼？

答：乌贼一直都有（捕）的，到（19）83年没有了，黄鱼也是一样的。到了（20世纪）80年代后不知道是为什么没有了。

问：淡水渔业都集中在哪些村子呢？

答：莫枝、殷湾、陶公这一片都有的，上水也有的。上水已经拆光了。有钱的人家，有好房子的，都跟捕鱼有关系。

问：这说明以前捕鱼还是比种田赚钱多了？

答：那是啊。

问：或者有些是出去经商的。

答：是的，经商有的是没办法出去的。

问：您知不知道陶公山过去有个王家？王家过去是不是渔业大户？还是经商？

答：经商的是曹家，曹兰彬。利民村好的房子多。史家湾以前到张迈岭那片，到曹家，好房子多。

问：那以前这片，是经商还是捕鱼？

答：捕鱼也有的，经商也有的。

问：那他们住在这里，不会不方便吗？

答：不会啊，从殷湾过去，到利民、陶公，都要从那边走。

问：以前东钱湖东边这一片的村庄，下水、绿野、洋山等这一片的村子，都是以农樵为主是吗？

答：是的，种地、砍柴，比较穷。

问：象坎这个名字，是不是和风水八卦有关？

答：这个不清楚了。

问：陶公和殷湾，为什么殷湾村的院子多？

答：殷家湾有钱。过去有句话，陶公山一山，不如殷湾一湾。

问：因为殷湾渔业大户多吗？

答：是的，殷湾捕鱼的多。

问：资料说过去外海渔业的 310 对大对船，都在东钱湖上停着吗？还有乌贼船。

答：这个有记载的，捕鱼的多少人，种地的多少人。

问：种地的农民也去捕鱼？

答：过去农闲的时候，农民也去抓乌贼的，捕来的鱼，就分一分吃，这是传统了。

问：过去东钱湖周围有织网产业吗？

答：过去渔民要织网，就给你线，织好了收回去要称的，剩下的多少，不能少的。

问：这属于农渔副业是吗？

答：是的，副业，没有专门的生产厂家。

问：过去织网是用麻是吗？

答：是的，用麻，沾上猪血煮一下，烤一下，晒一下，就硬了，外面就没有毛了，干净了，更耐用一些。

问：过去东钱湖有专门看护、维护水利设施的工人吗？

答：好像没有的。

问：那谁类管理呢？

答：过去有鄞县水利委员会的，比如戴东元生平上写的，曾任浙江省水利委员会委员。

附录 H　陶公山建设村朱 Q 采访记录

时间：2017 年 5 月 6 日

地点：东钱湖陶公山建设村村委会

问：您的朱姓家族，是明朝正统的皇室后代吗？

答：考证的话，有这种说法。各种传说很多，这个可以参考。

问：一些资料显示，在咸祥片区有非常多姓朱的聚落，跟您的朱家有关吗？

答：他们跟我们的朱姓不是同一族的。我们肯定跟皇族有关系。清朝开始，朱家开始逃难，逃到宁波，又逃到这里（东钱湖）。我们的祖辈到这里来是非常低调的，要隐姓埋名。应该来说，我们朱家是皇族的后人，后代繁衍应该是比较兴旺的，因为有钱，但是我们现在家族人数这么少，是因为为了隐居在这里，不想让外面人知道。刚过来的时候，据我们了解，最早是一个太公，到这里来已经四十多岁了，把那边（故地）的子女啊都抛弃了，他就是一个人到这里来。

问：那他是从哪里到宁波来的？

答：来宁波以前的事情就很难考证了，因为是逃难隐居过来的，所以都没有留下来以前的资料。其实我们的祖先也不是最早到陶公山的，因为这里都是避难过来的。

问：一世祖大概是什么时候来的？

答：他肯定是在明末的时候出生的。朱家，我们这一条线有三兄弟，爷爷辈的有五兄弟，再上面的话都是堂兄弟关系，太公的话就是堂兄弟关系，到我们这一代的话，就是第七代。我们家搬到陶公山的事情不是很长的，大概 400 多年。

问：朱家搬到陶公山，最早那一代大概住在什么位置？

答：就在朱家祠堂那一块。

问：后来分了几支之后，还是聚居在这一块吗？

答：到我们这一辈，朱家是第十一代，第十代到上海去的多。到外面的也很多，像我叔叔啊，像我们父辈的话，出去的多，这一代就少了。

问：为什么到了这一辈去上海的多？

答：我认为是这个时候解放了，社会上慢慢平静了，战争也少了，加上我们朱家祖先本来也比较喜欢创业。像我们父辈，年纪轻轻的十几岁就出去经商了。另外就是，我们父辈兄弟姐妹比较多，爷爷那一辈的子女差不多有十个，都在这里（组成自己的家庭）也不好。还考虑到到外面去发展，思想比较活跃的，多数都到外面去。

问：您爷爷从事渔业也从事农业吗？

答：我爷爷嘛，有捕鱼的对船，也有土地，不仅渔业、农业，还从事商业，他开店啊、卖肉啊、杀猪啊等。

问：那您的爷爷是第九代，到了第九代，这一代基本都是从事农、渔、商是吗？

答：对的。最早的话应该也差不多，我们爷爷上面一辈人各种各样职业的也有。我爷爷那一辈的子女多，家里人都挤在一起也不好，就开始往外迁，子女多了送出去的也多。以前的话不是不想出去，子女少，住在陶公山，家族也比较小，没人气的话别人要欺负的。因为你搬过来的，到这里晚，像余家、王家、忻家、许家，他们来这里早，族大。那我们族小，明朝过来的话，朱姓本来是很有身份的，但到了清朝的时候，清政府也要来处理这个事情。据我了解，我们太公一辈做生意经商的多，因为族小，赚谁的钱呢，就是赚那些大家族的钱，忻家、王家、许家。因为我们所在的位置本来就在陶公山的入口，在这里就开个店做生意。那个时候比较乱，治安不像现在这么好，那如果家族人不多，像我们爷爷上一辈的人，基本上都在这里经商种地，比较安分的，只能比较低调。

后来从这里出去以后，都是（发展）比较好的。比如爷爷那一辈，松、竹、梅三房，我爷爷是老二，我大爷爷他们出去以后，博士、教授、大学生都很多，因为他们是家族里的老大。如果三房都在这里，上海都不去，那可能我们家族还要大，人才可能也会聚集在这里。其实他们那一帮人到了上海去，外面人才也多，他们也就不怎么出名了。如果都在农村里面，这里面他们有很多才能，我们家族可能会发展得更好一点。这就跟现在一样的，有魄力的到深圳啊、广州啊，北漂啊、海漂啊，去竞争一下，去搞一些名堂，都有这种想法。我们族里面也是有藏书楼的，跟宁波天一阁差不多，后来起火没了，宅子也烧掉了。

问：去了上海以后还会回来吗，是否在外面定居？

答：（他们）在这里原来还有一些房产啊，包括现在还有的，有的卖掉，有的送人。

问：是不是村里的房产只能集体内部买卖？叫作择亲问邻？

答：原来是这样的，像我们朱家，如果有钱，也不能造很大的房子，或者很多的房子。其他的姓可能可以去弄，但朱家就不能这么弄。所以我们朱家特别好的房子就没有，不敢造，祠堂也不敢造很大的。说是没钱，但说实话以前（造房子）也很便宜的，但是不敢弄，因为怕太张扬的话，引来杀身之祸，这个东西都有讲究的。

我也经常在思考这个问题，为什么咸祥那边朱姓的人那么多？他们大部分都是朱姓，50%~60%都是朱姓，为什么我们这里这么少，那都有讲究的。可能咸祥那边过去靠海捕鱼，原来我们去咸祥去，很不方便的，从宁波到咸祥去，一天都到不了，根本就是两个地方，要坐船到韩岭，再走大嵩古道过去，交通很不方便。清朝官兵如果来查，查出来都是贫民多，没有什么关系的，咸祥那边的朱姓，也是清朝末期的时候发现的，民国的时候再派人去的话，清朝也快没有了气焰，对朱家防范也没有那么严重了。防范最严的就是清初期和清中期，前面两代人。所以朱家是不可能让你繁衍很多子孙的，也不可能让你考取功名的。

我们这里朱家也有一个人在清朝时去做县令，我思考可能是由于清晚时期政府的捐官行为，本来我们家族比较殷实，为了保一个官，能够安稳一些，所以把所有的钱都捐出去。

问：从宅院空间上，是否能看出辈分之间的关系？

答：我们家族比较特殊，我们不能公开去弄家族的等级辈分，怕上面来查的会抓住谁是头，所以再有钱也不能造很大的宅院，可能我们太公祖先是有大房子的。这个我们一直在找，但是找不到。可能是因为他来的时候是一个人来，据我们了解是，他大概到了宁波之后隐姓埋名，住在月湖，安顿下来后，他也是一个人迁到东钱湖这边，慢慢繁衍。所以在清朝之后，我们朱家也没有什么名人，清朝以前的事情，我们祖先都把它隐瞒埋没了。在这以前，在到宁波之前，祖先可能都借别的姓氏，到了宁波再改回到朱姓，毕竟宁波已经是版图的最东边了，再追就要追到别的地方去了，所以朱家在沿海、福建比较多，只能到那边去了。到河南、四川，姓朱的就少。所以像我们爷爷一辈，刚好是在 20 世纪六七十年代，我们朱家已经有点兴旺了，我爷爷他们三个兄弟，一个读书的，一个多种经营的，小爷爷很专业，专门买卖耕牛，做牛的生意，出租牛、卖牛、给牛看病，在整个宁波东乡都是非常有名的牛医。他们就是发挥了自己固有的强项和智慧。

问：在图上能看到祖先的房子吗？

答：这一块（朱家宗祠这一块）。

问：一开始宅院也是在这边吗？

答：是的。

问：会不会是最早的祖先的宅院，后来就演化成了祠堂？

答：对的。这一片都是我们姓朱的。这个地方以前是我们朱家的堂沿。前面这片宅基地，本来打算等太公发迹了造祠堂的，但是后来因为各种原因没有造。

问：这一片不是很大啊。

答：对，不是很大，这一片是徐家上岸，我们这一片都是小的族姓聚在一起，小的族姓里面，朱家是最大的，徐家上岸、方家、陆家、李家都在这里。

问：相当于这是整个陶公岛上面最后的一段，其他地方都建满了。

答：他们之前迁过来，也是有各种各样的原因的，像我们是皇族避难，有的就是犯了事，他们就只能偷偷地在里面生活。

问：那旁边的余家的呢？

答：这要问余家的，他们家族之前在比较早的时候，出了个宰相余有丁。余家比王家还早。

问：余有丁的后人就住在这一片吗？

答：是的。东钱湖周围只有一个余家在这里。

问：陶公山最早的家族是哪个？

答：我怀疑是曹家最先在那边，越早，房子越从里面往外造，一家家排过来的。我们这里已经是村口了。

问：陶公山闻家弄的闻，和郭家峙的闻家，有没有关系？

答：肯定是有些关系的，东钱湖周围的姓氏，周、王、俞等家族，不同的村子之间都有关系的。

问：休渔期，外海渔民会把船只停靠回东钱湖吗？

答：从下河到东钱湖有几个堰坝，堰坝都很大很宽的，高湫堰、平水堰、莫枝堰，最早的时候还有钱堰，现在已经毁掉了，那边也很大的。

问：堰坝可以过这么大的对船吗？

答：堰坝上原来糊有稻田里的泥巴，很滑的，船下面的脊梁过坝，就有纤夫一边拉一边推，一边浇水，很滑的，很容易过坝的。

问：那就是说，东钱湖里是可以停大对船的？

答：一般也没有，小对船没有大修也不会停进来，一般会到舟山沈家门那边去停靠。到这里来修的一般有两种，据祖辈的人说，有一个家族把大对船开过来，他就是为了显摆，说明家族很有钱、很有势力。一家过来，那其他的家族也要把大对船开过来，其实这个成本很大的，你把它弄进来、拉进来，在湖上面漂。我们这里还是以小船为主，我们村里原来有三个修船的沙滩，现在都造房子了，就在王家祠堂旁边，（20世纪）80年代的时候，台湾人造了两间小别墅的地方。王家祠堂旁边本来有一个很宽的十几米的沙滩，都是埠头的话船就上不来了。

问：那就是说，大对船是不会来湖上停泊的？

答：很少来的，没什么意义啊。

问：那东钱湖湖上的渔民，是自己划小船到沈家门去，集中了以后再上大船？

答：是的，用小船把人摇过去。一般我们用两种船，一种叫河轿船，一只船上有两只橹，一只是主橹，一只是副橹，左边两个人都可以摇的。一方面，我们到沈家门那边路途遥远，有时候江河进大水，单只橹进不去的，很累的；另一方面两只橹是成双成对的意思。在我们父辈结婚的时候，没车，这个船就作为喜船划到岸边，用人工搬嫁妆上去。

问：河轿船能坐多少人？

答：很大的，可以坐三四十人，可以运输稻谷，比较能负重，稳定性好，东钱湖上大的风浪都不怕的。

问：那过去怎样的家庭可以有一条河轿船？

答：生产队成立以后，这个船就多了，基本上每个生产队队主都有3~5条河轿船。过去这个船大，运输量也大，以前个体的话不需要这种船，一家人划船的人也没有，而且划这种船是力气活，人少是划不起来的，有点像龙舟。过去没有生产队的时候，河轿船很少的，（20世纪）六十到七十年代很多，需要合众人的力量。因为这种船维护起来成本较高，每年桐油、油漆都要上一遍，每年都要保养，不然木头会烂掉。

问：所以过去海洋渔业是用河轿船把人运进运出的？

答：他们去沈家门也是用船去，但不是用河轿船去，也是用宽宽的、大的、稳定性也比较好的（船），屁股是平的，一只橹的。

问：淡水渔业主要是环湖渔民在从事吗？

答：原来我们东钱湖水产资源很丰富，鱼品种很多，量也很多。现在就很少的，现在品种是捕捞的多，放养的少，生态失去了平衡，有的鱼就没有了。我们小时候，河埠头随便一碗扎下去，就是一碗河虾；随便弄根鱼竿，一下子能弄来一桶鱼。那时候鱼真的很多啊，随便扔个石头可以砸死几条鱼。那时候周围没有什么工业。

问：殷湾渔火是指内湖渔业合作社的捕捞场景吗？

答：殷湾外海捕鱼的大对船比较多，他们捕鱼的人多、船多，渔民比较富有。现在我们大公渔业队不如莫枝渔业队人多，他们捕鱼的人多，管辖的水域多。他们不但管辖东钱湖周边的湖面，他们还管辖中塘河下面的河。我们的海洋渔业，主要是大堰外海渔业社、殷湾外海渔业社，大堰外海渔业社参加的渔民，殷湾也很多，周边的渔民都会参加这两个渔业社。

问：殷湾渔火的渔船是指大对船吗？

答：没有这么大的船停进来。但是有一种抓乌贼的船，很粗壮很小，和大对船不一样，乌贼船可以停到这边来，每家每户农闲的时候，会去外面捕捞乌贼，我父辈就去过，乌贼捕回来晒一下，把乌贼里面的东西腌制。一个是丰富家庭的产品，一个是可以买卖。

其实东钱湖的殷湾渔火，是因为我们东钱湖原来周围都是芦苇荡，跟沙家浜一样的，止水墩旁边都是芦苇荡，现在草鱼一养，就都没有了，芦苇就灭族了。原来韩岭、上水，包括我们这里的止水墩上都是芦苇荡。有几艘船从外面捕捞回来，在止水墩里面捕捕虾什么的，看上去很神秘，很好看，现在的话，就没有这种神秘的味道了，芦汀宿雁嘛。比如梅湖农场，原来都是东钱湖湖面，现在变成了农田，原来那边都是一大片芦苇。

问：请问东钱湖周围各家各户的农家有织网的副业吗？

答：织网一般是用尼龙织。

问：织网之后专门有人来收吗？

答：一个是专门有人来收，另外一个自己也需要用，捕鱼之后需要修补渔网。

问：过去渔业是有生产体系的吗？大部分的生产资料是掌握在渔业主手上的是吗？

答：最早的时候是做生意，我们村里最早的老文书，他过去最早就在东钱湖周围的公墓地，把所有各地方原来的老坟碑采购过来，专门成立组织了一个这样的队伍，把这些资源回笼起来。我们这里最早还有一个叫洪家xx的，又是开银行，又是卖木材，他原来打算在东钱湖谷子湖上面打通谷子湖，从陶公连到莫枝。他打算在这里把木材运进来，做生意，这样运输方便。原来我们这里交通很不便，我们从这里到沈家门那边去，要坐船，很远的，如果打通交通，就很方便了。但后来因为有个尼姑庵，她的宅院不让拆掉，这个便没能实施。

你说的那些网啊、船啊什么的，你做这个生意的，肯定有几个人，成立一个组织，专门经营这件事情，有一种产业分工，你有什么能力，什么路数，就做什么事情。比如以前渔网的尼龙线很紧张，那如果你从上海能够把这个材料进过来，以后就向同一个人进材料。这跟现在其实也差不多，因为现在都有市场，过去都是计划经济，没有市场的。

问：那现在我们建设村这边包括王家有几个大的宅院，是渔业主吗？

答：是的，他们是外海捕鱼的，主要是以对船为主。他们有的就是宅院里能修小船，把小船搬上来放到明堂里修船。王家当时家族比较大，王家渔民很多，朱家基本上没有什么渔民，你不能随便去参加一个行业的，除非这个事情是有技术的，比如杀猪是有技巧，要有杀气的，一般人做不来的，我们朱家人能做。

所以这个事情和现在不一样，那时候渔网、渔具、木材、桐油、钢钉这些东西，都是计划经济，后来有了供销社，可以自己去供销社买了。以前没有这些，那就是谁有这个进货的渠道，谁去做这个。

问：建设村村口的几户大宅院，是哪一家的？

答：那也是王家的。

问：那是渔业大户的吗？

答：他们后来经商，到外面做官的都有。还有珠山里，珠山里那边和村头的那几个大的宅院是同一脉的。

问：资料显示有100多户绍兴渔民来东钱湖捕鱼？

答：有的，绍兴渔民到我们这里来参与的有。我们村口有个砖瓦厂，把湖里的泥巴集中到砖瓦厂烧制，一船一船挖泥巴的湖工，跟水有关系的，最早也是绍兴人。

问：那他们住在哪里呢？

答：哪里有位子就在哪里，周围都有的。他们也不一定在这边定居的，这个季节过了以后，就回去了，就像现在过来打工的。就像我们这边到沈家门去捕鱼的，陶公山忻家有一些留在那边的，但大部分还是留在这里的。绍兴、余姚那边，也是这样，在这边捕捞，赚钱赚好了再回去。但也有人会留下来，他们觉得这个地方很适合居住，和周围关系处理得很好，他们就留下来的也有可能。一般外地人到这里来，如果和周围关系处理不好，住不下来，人也低人一等的。

问：以前陶公王家、余家、曹家这些，有一些经济实力的家庭，一般会把宅院建在水边，还是建在山脚？

答：我们这边捕鱼的话，需要很多的空地，你不能占了别人的空地。这些空地呢，有一些当地的田户啊，或者比较霸道的人建在那里，你就得把这个地块买过来。建大房子，首选河边，但是河边比较潮湿，所以特别靠山建大房子的也很少。所以一般是以这条路为主，路两边会建一些大房子，路旁边靠近路的部分，会建大宅子。一般在路边建房子，一部分住，一部分也会开开店，弄一些作坊，酿酒或制作其他东西的比较多。我们这边路旁边有一些店铺，店铺旁边有一些大房子，可能店铺和大房子都是差不多一起造的。我太公沿河造了房子住人，又在路边造了房子开店。店铺和宅院之间有一个院子，沿河达有一个院子，到河埠头。

问：河埠头是属于某个家庭，还是属于公家的？

答：埠头有两种，一种是家族公用的，一种是私用的，一般建在邻水的院子外面。但后面这种，后来为了交通啊或者什么原因，有的也变成公用的。河埠头主要是两个功能，一是盥洗，二是运输。

问：止水墩是家族造的还是个人造的？

答：止水墩主要是起到防护的功能，防止风浪进到水边的村庄啊、宅院啊，没有止水墩旁边是不能住人的。过去没有湖心塘的时候，风浪是很大的，有一米多高，水边的人家都会进水的。湖心堤造好之前，每年东钱湖上都会死人，而且死的都是懂水性的人，水性很好的渔民在捕鱼的时候，不知道什么时候起风了，刚好船在湖中间，非常危险。

沿湖的居民一住下就发现一定要搞止水墩，大堰、陶公、殷湾、郭家峙、前堰头，都有止水墩，没有这个东西就没有办法住人。所以从历史的考证上，没有说止水墩纯粹是为了什么，但至少有一条可以说明，没有止水墩，里面是不能住人的，沿河的房子都要进水的。

问：止水墩是什么时候消失的？

答：止水墩也没有完全消失，陶公周边的止水墩是造公路的时候消失的。再就是，湖心堤造好后，大的风浪至少减少了一半，过去一米的浪，现在只有五十厘米了。原来在止水墩上拿一块石头，人家都会骂的，后来湖心堤造好了，没事了，人们就把止水墩下面的石块都搬到家里去造房子啊、造院子啊，慢慢止水墩的石块就被拿光了。

问：所以止水墩原来下面是有条石石块的？

答：对啊，很大的石头，很方正的石头，都切开切得很好的。原来止水墩都是很漂亮的，跟我们民房的墙角一样的，很整齐的，有一些地方又能够出去，是打开的。所以止水墩主要是预防风浪的，也可以在内河没有风浪的地方停船，止水墩做好后，就有了避风港，人们可以在船上进行加工工作，有的鱼必须在船上处理。

问：止水墩是不是只要是住在这里的村民，大家都会集体维护吗？

答：对啊，是集体维护的，原来是大户人家先弄，因为你这里造了幢房子。我们过去在大岙底那片，砖瓦厂那片，河非常大的，沿山脚下有一条很窄的路，两米宽的，到莫枝去的那条路，也很小，下面都是农田，两侧水都可以连通。砖瓦厂靠近山脚下，是我们的农田，但是过去新村以下的区域都是河。所以在里面也有止水墩。

我们整个沿岸的地方，都有止水墩，中间有一个进出船的出入口。止水墩做好后，祖先们也不想浪费这个空间，就种种菜，最早止水墩上面是种菜。至于养鸭子，那是在泥巴、条石都被偷光了之后，这种保护河岸、村庄的功能，没有了之后，才开始养鸭子、晒渔网的。最早都是种菜的。后来湖心堤造好后，止水墩弄得比较宽了之后，利民、陶公那一片，就在止水墩上造房子，有的是厂房，时间是在陶公这条马路打通之前。

其实我觉得东钱湖不应该打通陶公这条马路。我考虑的不是止水墩破坏、保护，而是你一定要给别人神秘感，我提出两点：一个是草鱼不能养，要把芦苇恢复起来；一个是东钱湖周围不能通车，以后要考虑慢生活。

我之前都和几个领导说过，东钱湖应该不让进车，进来只能坐车或者骑自行车，几个村子都保留。

问：为什么大堰、毛竹下、周家这一段出让出去了，陶公和殷湾没有拆迁出让？

答：实话说，因为大堰村前面有一大片土地，平水堰那片，所以把这个村子拿掉之后，土地就可以出让，可以用。这个村民不移走，土地没有办法征用，村庄不移走，老百姓都要种地的，村子拆掉后，老百姓都搬到小区了，搬到小区后就不会种地了，这样土地就出让掉了。包括周家、戴家、毛竹下几个自然村，都是一样的。

问：那这一片当时出让的时候，有人提出异议吗？

答：有啊，那有什么用啊。如果是大堰村，是村主任提出来的话，可能是阻止了，但其他老百姓呼吁，就没有用了。

问：那之前有没有提出把陶公这片出让出去的说法？

答：我们这里可以用的空间不多，没有地，如果我们和大堰那样，有几百亩土地的话，可能也被弄掉了。所以这片保留的话，也是无心插柳柳成荫。莫枝、殷湾也是这个原因，郭家峙那边后山倒是还有一点地，但是旁边有部队限制了，不能开发建设。

过去上水、横街，都是我们东钱湖最有历史保护价值的村庄，就这样毁掉了，你说这究竟是破坏了，还是开发了？

这个作为我们村庄层面，只能说我们村庄里面，坚持保护自己的村庄。

陶公、利民拆了很多房子的，他们都很欢迎拆掉的，我们就坚持不能拆。

问：过去朱家在陶公山捕鱼的多吗？

答：捕鱼的有的，过去我爷爷在陶公山捕鱼的船，也有好几对。

问：是大对船吗？

答：大对船和小对船都有。因为我爷爷还开了一个商店，还开了一个卖肉店，所以我爸爸是村里杀猪最好的。

问：过去在哪里养猪？

答：过去每家每户都养的，原来陶公山养猪、养鸡、养鸭很多的，在止水墩里面的内河，都是鸭子，鸭子的话，风浪太大，没办法养。我们小时候，（20世纪）70年代，止水墩上面、止水墩旁边，小鱼、小虾都有，螺蛳也有。

附录Ⅰ　莫枝渔业合作社马 DQ 采访记录

时间：2017 年 5 月 8 日

地点：东钱湖镇政府

问：请问您所在的合作社，是莫枝淡水渔业合作社是吗？

答：莫枝淡水渔业股份合作社。

问：请问渔业合作社在 1949 年前的情况。

答：我们是 1953 年成立的。

问：在这之前，有渔业合作社的概念吗？

答：没有。在这之前都是个人的。

问：是类似渔业主？

答：对，渔业主。我们这里过去主要是海洋渔业，过去东海的大黄鱼、小黄鱼、墨鱼，都很多的，现在基本上都没有了，成年的墨鱼都没有了。那时候一般渔业主是比较富裕的，到外海去捕鱼，一般是一对一对的，一个是网船，一个是煨船，一对两艘。一个是起指挥作用的，一个是起捕捞作用的。

问：1949 年前，东钱湖的渔业主集中在哪里？

答：殷湾还是比较发达的，陶公山一山不及殷湾一湾，因为渔业主比较多，对船比较多，比较富裕。

问：这里有一个数据，1933 年，东钱湖的渔行主有 6 户，渔业资本家 21 户，独立劳动者 117 人，贫苦渔民 191 户，渔工 360 户。

答：这个数量应该不止的。淡水主要是一家一户的，海捕的话需要很多人一起。但我也不是很内行，因为我也是在（20 世纪）60 年代出生的。当时乌贼多，黄鱼肉都是做成罐头出口，那个时候鱼多。东海的鱼，品质好、鱼群多，近海的浑水鱼都比较好。

问：资料上说，（20 世纪）70 年代的时候，过度捕捞，然后渔业资源就枯竭了是吗？

答：是的，那时候捕捞得很厉害，也没有休渔期的概念，休渔期是近 20 年的事情。

问：休渔期能改善鱼量减少的状况吗？

答：效果肯定有，但是之前捕捞的强度太大了，而且现在船也好，网也好，捕捞设备先进了，都捕捞上来。以前的渔网，像乌贼，都是人工捕捞的，没有机器的，捕到的少，漏掉的多。那个时候水产品还是更多、更好的。现在要么鱼汛不来，要么一来全捕光了。不光是东海，像渤海、黄海都一样。

问：请问过去配一对大对船的家庭，需要多少财产？

答：这个太早了，我不太清楚。

问：据您所知，过去殷湾有哪几户是渔业主、渔业资本家？

答：有，有几户，但是我叫不出来。殷湾主要是姓郑、项、孙、张的四大姓氏。

问：四大姓氏都有渔业主吗？

答：那肯定有的，但是我不确定到底有多少规模，每家几对船。需要去村里问 80 岁以上的老人，这些人可能会想起来。殷湾在东海那边捕鱼，还是很有名气的。特别是在沈家门那边，很有名。

问：那陶公和大堰呢？

答：大堰现在已经拆迁了，原来大堰有一个外海渔业社。

问：过去东钱湖有多少渔业合作社？

答：大堰、钱湖，两个是外海渔业社，莫枝、高钱、大公是 3 个淡水渔业社，原来是 5 个渔业社，现在是 4 个，大堰外海渔业社撤并掉了，地址也拆掉了。

问：以前外海渔业社在大堰村的哪个地方呢？

答：现在都找不到了，现在就都成柏悦酒店了。过去大堰的外海渔业社没有自己单独的地点，是在戴家祠堂，钱湖外海渔业社还有几间房子，就在岳王庙。（20 世纪）90 年代就搬到殷湾了，以前殷湾的一个学校后来就变成渔业社了。（20 世纪）90 年代之前，钱湖外海渔业社一直在岳王庙。那个时候钱湖渔业合作社由 11 户人家拼起来的，投资了 100 多万。

问：只有 11 户人家？这么少吗？

答：那时候乡镇企业起来了，捕鱼的人越来越少，外海渔业就慢慢萎缩了。后来就卖掉了，包括外海捕捞的许可证也卖掉了。现在许可证很值钱的，当时都卖掉了。先是卖船，后来许可证都卖掉了。大概是（20 世纪）90 年代中期的事情。

问：这是因为（20 世纪）90 年代中期乡镇企业起来的缘故吗？

答：我们这里乡镇企业起来得比较早，（20 世纪）80 年代就有了，后来渔民就分流了，外海和内河渔业都萎缩了。

问：那在 1949 年后，（20 世纪）90 年代之前，东钱湖渔业最鼎盛的时候呢？

答：1949 年后最鼎盛的时候，东钱湖的渔民还是很有名气的。

问：鼎盛时期，大概有多少户？

答：（20 世纪）70 年代末以前，淡水渔业在农闲的时候，也是组捕乌贼队，去近海捕乌贼。一般只一个季节去抓墨鱼，其他季节不去的。沈家门那边有鄞州办事处，后来用机械船，就需要加油啊、充冰啊，一般抓乌贼是人工的。上岸了之后，需要场地，晒墨鱼干。在鄞县水产局前面，专门提供鄞县渔民靠岸、晒鱼干、腌制鱼的场地。（20 世纪）80 年代的时候，淡水渔业就不出海了，只有外海渔业出海。

问：那其他的时候呢？

答：其他时候就在湖面、河流（捕鱼），我们莫枝渔业社有一个生产基地，有河流基地，我们渔民的生产资料大概有 2000 亩水域。

问：请问在湖面捕捞需要相关部门允许吗？

答：以前沿湖的渔民，因为有历史的习惯，是没有许可的，（20 世纪）90 年代左右，针对渔民发放捕捞证，只针对渔民，不能发给农民。2014 年浙江省搞五水共治，河流除污清淤，现在外荡渔民还有 8 个管理的人，以管理为主，捕捞为辅。

问：请问您这里现在有多少注册渔民？

答：现在东钱湖大概还有 23 户。我们这里河流的 8 户，零零碎碎五六户，一般一家夫妻俩会一起协助捕捞，捕捞上来老公再去卖鱼。

问：那外海有多少户？

答：我们已经没有注册的外海渔民了，都是去打工的，去给人家打零工。

问：大概多大年龄？

答：58 岁吧。

问：现在外海捕鱼打工收入怎么？

答：一年四五万吧。

问：现在还有船主吗？

答：现在也有，我听他们回来说，现在也有既是雇工，也是股东的，只是雇工份额少，大概占 2%，其他都是船主。但是他呢，纯粹就是雇工，没有股份。

问：以前像殷湾的渔业大户多，就意味着他们拥有的生产资料多？其他渔民没有的话，只能去给他们打工？

答：是的，以前也是打工的人多，船主少。一般去外海捕鱼要 3 个人以上，2 个人放网、驾船，都需要多个人一起合作。

问：过去没有国家管理的合作社，都是以渔业主大户为单位，其他渔民都跟着大户去捕鱼是吗？

答：1949 年前不知道，但 1949 年后，都是以集体为主，渔业社成立之后，就没有渔业主了。

问：上面这个问题的目的，主要是想了解，在陶公、殷湾村里，有许多大的宅院，这些宅院是不是都是在外经商的或者渔业主的？

答：大宅院多数是经商的比较多，到上海经商的比较多。渔民的应该也有，但是可能买一间。具体的我还不是很清楚，因为年龄不够大。

问：在一个村中，捕鱼的队伍一般是同一姓氏的族人比较多，还是也有外姓人？

答：这个外姓人也有的，一般都是同一村人，渔业主叫他去，给工钱的。

问：为什么陶公的房子是一条一条的，但殷湾的主要是靠近山的一个个院子？两个的差别是为什么呢？

答：我估计啊，原来靠湖的，是后来开发的，或者殷湾村庄外面都有湖堤的，因为东钱湖村庄比较大，像止水墩都是连起来的。过去我就住在四古山，对面止水墩上都是杨柳，下面是石头，人工砌好的，很漂亮。后来止水墩年久失修，湖堤就塌掉了，被人拿去修房子了。

问：听说前堰头的（止水墩）最大，最长？

答：对，以前每个邻湖的村子都有，前堰头那里风浪大，所以村前的止水墩很宽，中间还可以种地。

问：请问是不是有钱、有条件的人家，才能住在湖边上？

答：这是一个条件，靠湖的话，风景好，但基本都是后来建的。以前还是先靠山建房子的，主要是防水，台风来的时候，房子会被淹。

问：以前大概淹到哪里？

答：大路都会被淹没了，往上地势高，就不会再淹了。

问：那我继续问您生产方面的问题。东钱湖的外海渔民，他们是在东钱湖集中再出发吗？

答：是的，有开渔仪式，还要在湖面上举行一些活动，要抢老酒，在谷子湖中间，或者是内湖中间，放一坛老酒。这像是我们地方的习俗。

问：仪式过后就出海了？

答：对，一般我们是两季，一个是五月份，抓乌贼，十一月份抓带鱼、黄鱼，主要是这两种，其他为辅。那个时候黄鱼多，那个时候好像还是以捕黄鱼为主。

问：他们的路线是？

答：东钱湖一般在中塘河、梅墟都可以出海，先到沈家门那里。

问：大对船能进到东钱湖吗？

答：一般是进不来的，过去大对船都停靠在老外滩那里，三江口附近，老外滩的北面，甬江北岸那附近。

问：是不是有几个冷冻仓库的那里？

答：是的，就是停在那一片。大对船进不来的，但是乌贼船可以进来，不超过五吨，大概 2.5 米宽，15 米长。大概可以坐五六个人，操作上需要这么多人。乌贼一般在比较狭窄的地方，顺着水下来，渔民就对着水放网，就可以捕到乌贼。但是船不能顺水而下，下去乌贼就跑了。

问：乌贼一般在哪里捕捞？

答：一般都在岛屿、小的狭窄的海峡的地方。

问：那黄鱼一般在哪里呢？

答：黄鱼在北海，靠近深海，钓鱼岛以西，带鱼也在这附近。

问：资料上说，民国时候，东钱湖湖帮有 310~320 对对船？

答：对。

问：都停在甬江北岸那边吗？

答：对，都停在甬江那里，出海的话就都停在沈家门。

问：那渔民是怎么过去呢？

答：划小船过去。

问：海上的产品，是不是就在海上销售了？

答：也会带回来，像墨鱼干，都腌制好，都带回来，很多很多。以前很多的，墨鱼干都是贫苦人家吃的，地主给家里长工吃的，现在都是宝贝了。像黄鱼、带鱼，在海上就交易掉了，外滩那边有很多闹码头的，就交易掉了。或者家里剩一点回来，自己用。以前我们这里，有抓乌贼的网，后来也处理掉了。乌贼网上面铜钱很多的，要重，网才沉得下去，现在拿到都很宝贵的，都是康熙年间啊、顺治年间啊、光绪年间的铜钱。

问：殷湾渔火根本不是指的外海渔业是吗？

答：殷湾渔火是指的抓乌贼的船，上面吊着类似马灯的一盏灯，我们这里叫作桅灯，吊在船上，因为抓乌贼的船有桅杆和风帆，就会吊这种灯。还有一种就是内湖劳作的，也会有桅灯，这是殷湾渔火。

问：还有一种说法，在清末民初，绍兴渔民来东钱湖定居？

答：我（祖上）就是绍兴渔民啊，逃荒过来的。我们到东钱湖定居大概有 80 年。我们 400 多人，大概三分之一是从绍兴过来的。这里姓马的都是绍兴过来的，还有姓顾的。我是父辈过来的，我老爸今年 75 岁，他 18 岁过来的。

问：那当时过来挺不容易啊？挺危险啊。

答：是的，谋生啊。

问：当时是划个船就过来了吗？

答：是啊，划个船，从余姚江这样划船过来的。

问：那当时是一个家族一起过来，还是一两户人家一起过来？

答：一般是男的劳力先过来，这里有一个经济基础了，有个住处了，其他的家人再接过来，或者在这边结婚生子。这批渔民很辛苦的，背井离乡。

问：那这批渔民一开始过来还没有住的地方，只能住在船上面？

答：对，没有的，一部分是住在船上。

问：那殷湾渔火指这类吗？

答：那不是的，渔火一般是指晚上劳作的渔船，有一个固定的鱼荡，锚地。

问：在哪里？

答：一般是围绕着殷湾的村庄附近，止水墩附近，晚上捕捞，要用灯，所以殷湾渔火一般是指晚上劳作的东钱湖渔船。

问：乌贼船也可以用来捕淡水鱼吗？

答：可以的，有桅杆和风帆的，才能看得到。

问：这个场景什么时候没有的？

答：大概（20 世纪）70 年代左右还有，后来慢慢就没有了，数量就很少了，没有那样的规模了。

问：过去最多的时候殷湾渔火有多少渔船？

答：有一两百艘吧。

问：为什么要晚上捕鱼呢？

答：我们这里渔民呢，一个是有习惯，鱼也有季节，什么季节捕什么鱼。东钱湖的四大家鱼是成立东钱湖养鱼场以后才有的。以前都是野生捕捞的，就有季节性。比如现在这个季节（五月份），就是鲫鱼，再过两个月到七月份，就是白条，长长的翘嘴巴。不同的鱼捕的方法也不同，有的是用网捕，有的不用网，要钓，钓鱼都是晚上进行的，用鱼钩一条条钓上来的。一般是晚上上半夜放下去，下半夜收回来。

问：是捕什么鱼需要半夜钓啊？

答：那个时候有鳗鱼、甲鱼等，这几种都是晚上捕的。现在都很少了，鳗鱼基本上没有了。如果捕捞上来 3 斤以上，那价值很高的。

问：3 斤以上的淡水鳗鱼，现在可以卖多少钱啊？

答：如果有人要的话，最起码 1000 块以上。像甲鱼现在基本上没有了。

问：为什么东钱湖现在没有鱼了？

答：这个原因是多方面的，一个是管理，一个是滥捕。

问：像以前的捕捞方法，算是滥捕吗？

答：那不会，像以前殷湾那种捕捞，不管怎么捕，都不会滥捕。现在工具不一样的，以前的网用麻和丝（制造），网很宽。现在的网是什么样啊，2米，从下到上，网都很密，什么大鱼小鱼捕不到？现在主要是工具，现在还用电电鱼，以前没有的。

问：管理是因为什么？是和养鱼场有关吗？

答：养鱼场那时候还好。现在的管理问题在于，政府也好，管委会也好，东钱湖的渔业收益对他们来说无所谓，管理上不引导、不支持，渔业也就慢慢淡了。

问：在采访中，有些标识显示，水质问题、没有水草也是其中一个原因，是吗？

答：东钱湖水质是很好的，没有问题，这个不是主要原因，还是管理和捕鱼工具的问题。

问：所以还是因为没有机构去引导、组织大家钓鱼、捕鱼是吗？

答：对，对，东钱湖的渔民还有捕鱼的习惯，应该说还是非常有特色的。

问：现在捕鱼、捕虾还赚钱吗？

答：赚钱还是赚钱的，因为成本低，没有什么成本，像湖虾，现在最起码100块一斤，我们东钱湖的河鲫鱼就非常贵，为什么呢，因为东钱湖的鱼品质比较好。像半斤重的野鲫鱼，莫枝菜市场要卖60块钱一斤。

问：那捕鱼应该很赚钱啊？

答：那是因为少了嘛，少了才贵。捕的人多了，鱼少了，才贵。但这是管理的问题，管理得好的话，东钱湖的鱼是捕不光的。东钱湖的水很适合水产品的生产。比如水如果太清或者太混，都不适合水产品生长，但东钱湖的水很适合，什么藻类啊，微生物啊，都比较多，食物多，很适合鱼类生长。这个你知道的，食物链嘛。对吧，人家说东钱湖是万金湖，万金湖嘛，物产是很丰富的。比其他的地方同样面积的水库，物产多得多。

问：现在一方面没有许可证，不允许大家去捕鱼、钓鱼了吗？

答：现在钓鱼还是在继续，现在在湖里塘、梅湖那边还在钓。这只是一个措施，但是一般人们还是就近钓鱼，周边地方的人不可能从湖的南边跑到湖的北岸钓鱼，这个不现实。

问：请问渔业作为过去东钱湖最大的产业，您觉得还有没有可能复兴？如果想要做这个事情，客观的管理条件、人力条件如何？

答：最起码要一个强有力的班子，班子怎么来，要靠政府支持，比如渔业证啊等，肯定得支持，东钱湖管理得好，渔业的恢复，我估计两到三年就可以恢复。

问：这么大的潜力？那劳动力从哪里来呢？现在年轻人都不捕鱼了？

答：不不，以前好几个不捕鱼的人，现在又回来捕了。为什么？因为以前捕鱼的产业趋势很好的，后来慢慢少了，人们都到外面去了，东钱湖变成旅游为主，捕鱼为辅了。以后肯定旅游是大方向，但渔业搞成这个样子，主要是管理。那他们为什么回来呢？因为捕鱼的钱好赚。

问：捕鱼是不是自然养就可以了，人不用过多管理？

答：这几天我看又在管，为什么呢，东钱湖是一个公共的资产，不能说你能捕，他不能捕，人家打工的人就不能捕。没有一个人员管理的规则和规范，要么就做正式渔民。要制定具体的规范，什么网能捕，什么网不能捕，什么时候能捕，什么时候不能捕，国家规定的休渔期，多少目的网可以捕捞，三厘米还是四厘米，都要有细致的规定。这些措施都要跟上的，加强管理。这个要和渔业证配套，依法办事。

问：**对啊，渔业要是能够恢复，非常壮观的。**

答：对的，如果要恢复，最多两到三年，应该够了。因为东钱湖确实很适合水产品生长。现在好几个品种的鱼都没了，鲫鱼没了，白条没了，现在非常少，太少了，以前非常多的。东钱湖有个习惯，每到冬天就有冬捕，那是拉大网捕的，里面鱼非常非常多，各种各样的鱼，都是按吨计算的。殷家湾在北湖捕鱼多，陶公、大堰在南湖捕鱼多，就近捕鱼，郭家峙也捕鱼。

问：**郭家峙好像没有什么好房子。**

答：也有的，有一间，俗称"快发财"。什么意思呢，这间房子里的渔民在外海捕鱼的时候，可能是遇到一家商船沉了，这个渔民把人救了，被救的是一个很有钱的老板，老板很感谢他，就给他了一笔财产，所以人们叫他"快发财"。

问：**前堰头有捕鱼的吗？**

答：有，但外海少，内湖多。

问：**那高钱捕鱼人多吗？**

答：高钱也有，但是内河多。靠山吃山，靠水吃水。

参考文献

1. 出版著作

[1]KULP D H.Country life in South China: the sociology of familism[M]. Taipei: Ch'eng-wen Pub. Co, 1966.

[2]LEES L.SLATERM T.WYLY E.Gentrification[M]. New York: Routledge Taylor&Francis Group, 2008.

[3] 哈布瓦赫 . 论集体记忆 [M]. 毕然，郭金华，译 . 上海：上海人民出版社 .2002.

[4] 布迪厄，华康德 . 实践与反思 : 反思社会学导引 [M].李猛，李康，译 . 北京 : 中央编译出版社 ,1998.

[5] 戴乐仁 . 中国农村经济实况 [M]. 李锡周，译 . 北平 : 北平农民运动研究会，1928.

[6] 戴仁柱 . 丞相世家 : 南宋四明史氏家族研究 [M].刘广丰，惠冬，译 . 北京 : 中华书局，2014.

[7] 杜赞奇 . 文化、权力与国家 :1900—1942 年的华北农村 [M]. 王福明，译 . 南京 : 江苏人民出版社 ,2008.

[8] 明恩溥 . 中国的乡村生活 [M].陈午晴，唐军，译 . 北京 : 电子工业出版社 ,2012.

[9] 葛学溥 . 华南的乡村生活 : 广东凤凰村的家族主义社会学研究 [M]. 周大鸣，译 . 北京 : 知识产权出版社 , 2012.

[10] 吉阪隆正 . 住生活观察 [M]. 日本 ; 劲草书房 , 1986.

[11] 马克思，恩格斯 . 马克思恩格斯选集 [M].中共中央马克思恩格斯列宁斯大林著作编译局，译 . 北京 : 人民出版社 ,1972.

[12] 哈耶克 .致命的自负 : 社会主义的谬误 [M]. 冯克利，胡晋华，译 . 北京 : 中国社会科学出版社 ,2000.

[13] 海德格尔 . 诗・语言・思 [M]. 彭富春，译 . 北京 : 文化艺术出版社 ,1990.

[14] 孟德拉斯 . 农民的终结 [M]. 李培林，译 . 北京 : 社会科学文献出版社 , 2010.

[15] 格利高里，厄里 : 社会关系与空间结构 [M]. 谢礼圣，吕增奎，等译 . 北京 : 北京师范大学出版社 ,2011.

[16] 戈布尔 . 第三思潮 : 马斯洛心理学 [M]. 吕明，陈红雯译 . 上海 : 上海译文出版社 ,2006.

[17] 戈特迪纳，巴德 . 城市研究核心概念 [M]. 邵文实，译 . 南京 : 江苏教育出版社 ,2013.

[18] 盖尔 . 交往与空间 [M].何人可，译 . 北京 : 中国建筑工业出版社 ,2002.

[19] 芮德菲尔德 . 农民社会与文化 : 人类学对文明的一种诠释 [M]. 王莹，译 . 北京 : 中国社会科学出版社 , 2013.

[20]SHIELDS R.Lefebvre,love and struggle: spatial dialectics [M]. London and New York: Routledge, 1999.

[21] 皮特 . 现代地理学思想 [M]. 周尚意，译 . 北京：商务印书馆，2007.

[22] 威廉斯 . 乡村与城市 [M]. 韩子满，刘戈，徐珊珊，译 . 北京：商务印书馆，2013.

[23] 雅斯贝斯 . 时代的精神状况 [M]. 王德峰，译 . 上海：上海译文出版社，1997.

[24] 白寿彝 . 中国通史（第 3 卷）：上古时代（上）[M]. 上海：上海人民出版社，2015.

[25] 周远廉，孙文良 . 中国通史（17）第十卷：中古时代·清时期（上）[M]. 上海：上海人民出版社，2015.

[26] 班固 . 汉书 [M]. 北京：中华书局，2007.

[27] 曹顺庆 . 中华文化概论 [M]. 北京：高等教育出版社，2015.

[28] 陈志华 . 村落 [M]. 北京：生活·读书·新知三联书店，2008.

[29] 陈伯海 . 陈伯海文集 第四卷 中国文化研究 [M]. 上海：上海社会科学院出版社，2015.

[30] 费孝通 . 乡土中国 [M]. 北京：人民出版社，2008.

[31] 冯淑华 . 传统村落文化生态空间演化论 [M]. 北京：科学出版社，2011.

[32] 高峰 . 社会秩序论 [M]. 北京：人民出版社，2016.

[33] 高培 . 中国千户苗寨建筑空间匠意 [M]. 武汉：华中科技大学出版社，2015.

[34] 宫留记 . 布迪厄的社会实践理论 [M]. 开封：河南大学出版社，2009.

[35] 郭文 . 文明的曙光：中国史前考古大发现 [M]. 北京：中国纺织出版社，2001.

[36] 顾朝林，刘佳燕 . 城市社会学 [M]. 北京：清华大学出版社，2013.

[37] 何兹全 . 中国文化六讲 [M]. 郑州：河南人民出版社，2004.

[38] 洪贤兴 . 中国渔文化研讨会论文集 [M]. 宁波：宁波出版社，2005.

[39] 黄文杰 . 文·化宁波：宁波文化的空间变迁与历史表征 [M]. 杭州：浙江大学出版社，2015.

[40] 黄继刚 . 空间的迷误与反思：爱德华·索雅的空间思想研究 [M]. 武汉：武汉大学出版社，2016.

[41] 黄文杰 . 文·化宁波——宁波文化的空间变迁与历史表征 [M]. 杭州：浙江大学出版社，2015.

[42] 季国清 . 利维坦的灵魂 [M]. 哈尔滨：黑龙江人民出版社，2006.

[43] 敬正书 . 中国河湖大典：东南诸河、台湾卷 [M]. 北京：中国水利水电出版社，2014.

[44] 姜涛 . 管子新注 [M]. 济南：齐鲁书社，2006.

[45] 介子平 . 雕刻王家大院 [M]. 太原：山西经济出版社，2013.

[46] 金其铭 . 农村聚落地理 [M]. 北京：科学出版社，1988.

[47] 金耀基 . 从传统到现代 [M]. 北京：中国人民大学出版社，1999.

[48] 蓝吉富，刘增贵 . 中国文化新论：敬天与亲人 宗教礼俗篇 [M]. 台北：联经出版事业公司，1982.

[49] 兰林友 . 庙无寻处：华北满铁调查村落的人类学再研究 [M]. 哈尔滨：黑龙江人民出版社，2007.

[50] 李伯华 . 农户空间行为变迁与乡村人居环境优化研究 [M]. 北京：科学出版社，2014.

[51] 李宁 . 建筑聚落介入基地环境的适宜性研究 [M]. 南京：东南大学出版社，2009.

[52] 李秋洪 . 中国农民的心理世界 [M]. 郑州：中原农民出版社，1992.

[53] 李晓峰 . 乡土建筑：跨学科研究理论与方法 [M]. 北京：中国建筑工业出版社，2005.

[54] 李永刚 . 基于企业衍生的经济发展演化原理：对浙商三十年发展经验的一种理论抽象 [M]. 杭州：浙江工商大学出版社，2013.

[55] 梁漱溟 . 东西方文化及其哲学 [M]. 上海：商务印书馆，1926.

[56] 梁漱溟 . 中国文化要义 [M]. 芜湖：安徽师范大学出版社，2014.

[57] 梁漱溟 . 中国文化要义 [M]. 上海：学林出版社，1987.

[58] 林耀华 . 义序的宗族研究 [M]. 北京：生活·读书·新知三联书店，2000.

[59] 刘岱 . 中国文化新论：社会篇 吾土与吾民 [M]. 台北：联经出版事业公司，1982.

[60] 刘沛林 . 古村落：和谐的人聚空间 [M]. 上海：上海三联书店 .1997.

[61] 刘沛林 . 家园的景观与基因：传统聚落景观基因图谱的深层解读 [M]. 北京：商务印书馆 .2014.

[62] 毛泽东 . 毛泽东选集 [M]. 沈阳：东北书店，1948.

[63] 宁波市鄞州区水利志编纂委员会编 . 鄞州水利志 [M]. 北京：中华书局，2009.

[64] 宁波市鄞州区政协文史资料委员会 . 鄞州百村 [M]. 宁波：宁波出版社，2008.

[65] 宁波市鄞州区档案局，康城阳光宁波帮文化研究基金会 . 鄞州寻踪 [M]. 宁波出版社，2012.

[66] 宁波市档案馆 .《申报》宁波史料集 [M]. 宁波：宁波出版社，2013.

[67] 罗浚 . 浙江省宝庆四明志 [M]. 台北：成文出版社有限公司，1983.

[68] 马克伟 . 土地大辞典 [M]. 长春：长春出版社 ,1991.

[69]《农业辞典》编辑委员会 . 农业辞典 [M]. 南京：江苏科学技术出版社 ,1979.

[70] 潘晟 . 宋代地理学的观念、体系与知识兴趣 [M]. 北京：商务印书馆，2014.

[71] 彭克宏 . 社会科学大词典 [M]. 北京：中国国际广播出版社，1989.

[72] 戚嵩 . 马克思社会形态理论研究 [M]. 合肥：合肥工业大学出版社，2014.

[73] 钱穆 . 国史大纲 [M]. 北京：商务印书馆，1996.

[74]《钱湖经纬》委员会 . 钱湖经纬——浙江东钱湖旅游开发与投资 [M]. 上海：科学技术文献出版社 ,1991.

[75] 邱枫 . 宁波古村落史研究 [M]. 杭州：浙江大学出版社，2011.

[76] 仇国华 . 新编东钱湖志 [M]. 宁波：宁波出版社，2014.

[77] 瞿海源 . 宗教、术数与社会变迁 [M]. 台北：桂冠图书股份有限公司，2006.

[78] 冉学溱 . 历法·节气·传统节日 [M]. 重庆：重庆出版社，1984.

[79] 阮沛华. 人口县情：鄞县"四普"资料分析论文选编 [M]. 鄞县人口普查办公室，1992.

[80] 史美露. 南宋四明史氏 [M]. 成都：四川美术出版社，2006.

[81] 孙德忠. 社会记忆论 [M]. 武汉：湖北人民出版社，2006.

[82] 谭刚毅. 两宋时期的中国民居与居住形态 [M]. 南京：东南大学出版社，2008.

[83] 唐君毅. 中国文化之精神价值 [M]. 南京：江苏教育出版社，2006.

[84] 王德福. 乡土中国再认识 [M]. 北京：北京大学出版社，2015.

[85] 上海图书馆. 中国家谱总目 [M]. 上海：上海古籍出版社，2008.

[86] 王建友. "三渔"问题与渔民市民化研究 [M]. 武汉：武汉大学出版社，2014.

[87] 王万盈，何维娜，魏亭. 宁波风物志 [M]. 宁波：宁波出版社，2012.

[88] 王水. 江南民间信仰调查 [M]. 上海：上海文艺出版社，2006.

[89] 魏乐博，范丽珠. 江南地区的宗教与公共生活 [M]. 上海：上海人民出版社，2015.

[90] 吴良镛. 吴良镛城市研究论文集：迎接新世纪的来临（1986—1995）[M]. 北京：中国建筑工业出版社，1996.

[91] 吴良镛. 人居环境科学导论 [M]. 北京：中国建筑工业出版社，2001.

[92] 吴良镛. 中国人居史 [M]. 北京：中国建筑工业出版社，2014.

[93] 夏丽君. 当代中国文艺思潮研究 [M]. 武汉：武汉大学出版社，2014.

[94] 徐杰舜，刘冰清. 乡村人类学 [M]. 银川：宁夏人民出版社，2012.

[95] 许道勋，赵克尧. 唐玄宗传 [M]. 北京：人民出版社，1993.

[96] 薛林平，王潇，黎源，等. 石淙头古村 [M]. 北京：中国建筑工业出版社，2014.

[97] 杨国荣. 伦理与存在：道德哲学研究 [M]. 上海：上海人民出版社，2002.

[98] 杨懋春. 一个中国村庄：山东台头 [M]. 张雄，沈炜，秦美珠，译. 南京：江苏人民出版社，2012.

[99] 杨海如. 钱湖风韵 [M]. 宁波：宁波出版社，2016.

[100] 鄞县土地志编纂委员会. 鄞县土地志 [M]. 西安：西安地图出版社，1998.

[101] 鄞州交通志编纂委员会. 鄞州交通志 [M]. 宁波：宁波出版社，2009.

[102] 伊国华. 宁波东钱湖历史文化四明史氏篇 [M]. 香港：天马出版有限公司，2011.

[103] 伊国华. 宁波东钱湖历史文化庙宇宗祠篇 [M]. 香港：天马出版有限公司，2011.

[104] 余敦康. 中国宗教与中国文化（卷二）：宗教·哲学·伦理 [M]. 北京：中国社会科学出版社，2005.

[105] 宁波市地方志编纂委员会. 宁波市志 [M]. 北京：中华书局，1995.

[106] 袁方. 社会学家的眼光：中国社会结构转型 [M]. 北京：中国社会出版社，1998.

[107] 乐承耀. 宁波农业史 [M]. 宁波：宁波出版社，2012.

[108] 查常平. 人文艺术（第14辑）[M]. 上海：上海三联书店，2015.

[109] 詹石窗 . 中国宗教思想通论 [M]. 北京：人民出版社，2011.

[110] 张传保，汪焕章 . 鄞县通志（上下）[M]. 宁波：鄞县通志馆，1935.

[111] 张芳 . 中国古代灌溉工程技术史 [M]. 太原：山西教育出版社，2009.

[112] 张芳 . 城市逆向规划建设：基于城市生长点形态与机制的研究 [M]. 南京：东南大学出版社，2015.

[113] 张宏 . 性·家庭·建筑·城市：从家庭到城市的住居学研究 [M]. 南京：东南大学出版社，2002.

[114] 张建锋 . 人居生态学 [M]. 北京：中国林业出版社，2014.

[115] 张杰 . 中国古代空间文化溯源 [M]. 北京：清华大学出版社，2012.

[116] 张立修，毕定邦 . 浙江当代渔业史 [M]. 杭州：浙江科学技术出版社，1990.

[117] 张柠 . 土地的黄昏：中国乡村经验的微观权力分析 [M]. 北京：东方出版社,2005.

[118] 张佩国 . 近代江南乡村地权的历史人类学研究 [M]. 上海：上海人民出版社，2002.

[119] 张佩国 . 财产关系与乡村法秩序 [M]. 上海：学林出版社，2007.

[120] 张文奎 . 人文地理学词典 [M]. 西安：陕西人民出版社，1990.

[121] 张文忠，余建辉，李业锦，等 . 人居环境与居民空间行为 [M]. 北京：科学出版社,2015.

[122] 张新民 . 阳明学刊（第 5 辑）[M]. 成都：巴蜀书社，2011.

[123] 张信，岳谦厚，张玮 . 二十世纪初期中国社会之演变：国家与河南地方精英，1900—1937[M]. 北京：中华书局，2004.

[124] 张载 . 张载集 [M]. 章锡琛，校 . 北京：中华书局，1978.

[125] 赵希涛 . 中国海面变化 [M]. 济南：山东科学技术出版社，1996.

[126] 赵忠格 . 史前时代的桑干河流域 [M]. 北京：商务印书馆，2016.

[127] 马克思，恩格斯 . 马克思恩格斯选集 [M]. 中共中央马克思恩格斯列宁斯大林著作编译局，译 . 北京：人民出版社,1995.

[128] 中国社科院世界宗教研究所宗教学原理研究室编 . 宗教·道德·文化 [M]. 银川：宁夏人民出版社，1988.

[129] 侯杰，王玉红，刘如江 . 家庭农场经营管理 [M]. 北京：中国农业科学技术出版社,2015.

[130] 周大鸣 . 当代华南的宗族与社会 [M]. 哈尔滨：黑龙江人民出版社，2003.

[131] 周道遵 . 浙江省甬上水利志 [M]. 台北：成文出版社有限公司，1970.

[132] 周科勤，杨和福 . 宁波水产志 [M]. 北京：海洋出版社，2006.

[133] 浙江省鄞县地方志编委会 . 鄞县志 [M]. 北京：中华书局,1996.

[134] 周时奋 . 宁波老俗 [M]. 宁波：宁波出版社 .2008.

[135] 周时奋 . 宁波商帮 [M]. 上海：上海社会科学院出版社 .2014.

[136] 周时奋，邬向东 . 宁波老墙门 [M]. 宁波：宁波出版社 .2008.

[137] 朱用纯 . 朱子家训 [M]. 乌鲁木齐 : 新疆青少年出版社 ,1996.

[138] 朱熹 , 吕祖谦 . 近思录全译 [M]. 于民雄 , 译注 . 贵阳 : 贵州人民出版社 ,2009.

[139] 熊婷 , 张凌 , 赵艳莉 . 宁波东钱湖乡村旅游规划探索与实践 [C]// 中国城市规划学会 , 沈阳市人民政府 . 规划 60 年 : 成就与挑战——2016 中国城市规划年会论文集（15 乡村规划）.2016:974-988.

[140] 唐海伦 . 基于"四行产品"开发的东钱湖"慢旅游"发展之路 [C]// 中国未来研究会 . 全国慢旅游与慢生活学术研讨会论文集 .2013:39-45.

[141] 黄叶君 . 基于人本精神的风景名胜区项目体系构建研究——以宁波东钱湖风景名胜区为例 [C]// 中国城市规划学会 . 多元与包容——2012 中国城市规划年会论文集 (10. 风景园林规划).2012:107-114.

[142] 疏良仁 , 忻飚 , 杨媛宇 . 平湖古村空间特征及保护研究——以宁波东钱湖殷湾—莫枝古村保护规划为例 [C]// 中国城市规划学会 . 城市规划和科学发展——2009 中国城市规划年会论文集 .2009:2659-2667.

[143] 邵陆 , 常青 . 东西阶与奇偶数开间 [C]// 中国建筑学会建筑史学分会 . 营造第三辑（第三届中国建筑史学国际研讨会论文选辑）.2004:170-181.

[144] 周若祁 , 张光 . 韩城村寨与党家村民居 [M]. 西安 : 陕西科学技术出版社 ,1999.

2. 期刊杂志

[1]2018 年中央一号文件公布 : 乡村振兴这么干 [J]. 种子科技 , 2018,36(2):1.

[2]LEES L. Gentrification and Social Mixing: Towards an Inclusive Urban Renaissance?[J]. Urban Studies, 2008, 45(12):2449-2470.

[3]PHILLIPS M. The restructuring of social imaginations in rural geography[J]. Journal of Rural Studies,1998,14(2):121-153.

[4] 白文固 . 宋代的功德寺和坟寺 [J]. 青海社会科学 , 2000(05):76-80.

[5] 蔡丽 . 宗族文化对民居形制的影响与分析——徽州民居和宁波民居原型的比较 [J]. 华中建筑 , 2011(05):128-132.

[6] 仓方俊辅 , 李一纯 , 平辉 . 日本建筑师吉阪隆正与共存的构成 [J]. 时代建筑 , 2012(02):118-125.

[7] 常宁宁 , 高云 . 山西沁河第一古堡——窦庄古城 [J]. 农村·农业·农民 (A 版), 2015(08):46-47.

[8] 常青 . 建筑学的人类学视野 [J]. 建筑师 ,2008(06):95-101.

[9] 常青 . 过去的未来 : 关于建成遗产问题的批判性认知与实践 [J]. 建筑学报 ,2018(04):8-12.

[10] 陈桥驿 , 吕以春 , 乐祖谋 . 论历史时期宁绍平原的湖泊演变 [J]. 地理研究 , 1984(03):29-43.

[11] 陈晓华 , 张小林 , 马远军 . 快速城市化背景下我国乡村的空间转型 [J]. 南京师大学报 (自然科学版), 2008(01):125-129.

[12] 成岳冲 . 宁绍地区耕地拓殖史述略 [J]. 宁波大学学报 (教育科学版), 1991(01):18-26.

[13] 成岳冲 . 历史时期宁绍地区人地关系的紧张与调适——兼论宁绍区域个性形成的客观基础 [J]. 中国农史 , 1994（02）:8-18.

[14] 戴良维 . 陆令拓湖猜想 [J]. 钱湖文史 , 2015(22):23-28.

[15] 戴金裕 . 舟过堰 [J]. 钱湖文史 , 2014(20):46-47.

[16] 戴金裕 . 湖上淡水渔业 [J]. 钱湖文史 (内部刊物), 2013:23-24.

[17] 戴金裕 . 老屋 [J]. 钱湖文史 , 2015(22):15-19.

[18] 邓晓芒 . 中西人生观念之比较 [J]. 湖南社会科学 , 2001(03):112-116.

[19] 邓晓芒 . 论中西本体论的差异 [J]. 世界哲学 , 2004(01):17-28.

[20] 邓晓芒 . 马克思的人学现象学思想 [J]. 江海学刊 , 1996(03):87-94.

[21] 丁龙华 . 论民国时期渔业合作组织的发展——以浙江宁波地区为例 [J]. 湖南科技学院学报 ,2014,35(04):90-92.

[22] 郭焕成 , 冯万德 . 我国乡村地理学研究的回顾与展望 [J]. 人文地理 , 1991(01):44-50.

[23] 胡惠琴 . 日本的住居学研究 [J]. 建筑学报 , 1995(07):55-60.

[24] 胡惠琴 . 住居学的研究视角——日本住居学先驱性研究成果和方法解析 [J]. 建筑学报 ,2008(04):5-9.

[25] 金吾伦 . 吴良镛人居环境科学及其方法论 [J]. 城市与区域规划研究 ,2011,4(01):221-227.

[26] 孔惟洁 , 何依 . "非典型名村" 历史遗存的选择性保护研究——以宁波东钱湖下水村为例 [J]. 城市规划 , 2018(01):101-106.

[27] 李悦铮 , 俞金国 , 付鸿志 . 我国区域宗教文化景观及其旅游开发 [J]. 人文地理 , 2003,18(3):60-63.

[28] 林学俊 . 从生存方式看环境友好型社会的构建 [J]. 探求 ,2010(01):22-26.

[29] 兰林友 . 村落研究 : 解说模式与社会事实 [J]. 社会学研究 , 2004(01):64-74.

[30] 刘建国 , 张文忠 . 人居环境评价方法研究综述 [J]. 城市发展研究 , 2014,21(06):46-52.

[31] 刘沛林 . 古村落——独特的人居文化空间 [J]. 人文地理 ,1998(01):38-41.

[32] 刘晓星 . 中国传统聚落形态的有机演进途径及其启示 [J]. 城市规划学刊 ,2007(03):55-60.

[33] 龙花楼 , 张杏娜 . 新世纪以来乡村地理学国际研究进展及启示 [J]. 经济地理 ,2012,32(08):1-7, 135.

[34] 陆敏珍 . 宋代明州的人口规模及其影响 [J]. 浙江社会科学 , 2006(02):169-175.

[35] 陆邵明 . 乡愁的时空意象及其对城镇人文复兴的启示 [J]. 现代城市研究 , 2016(08):2-10.

[36] 马小英 . 乡村人居环境研究综述 [J]. 中小企业管理与科技 (上旬刊),2014(10):116-117.

[37] 钱德钧 . 钱氏家训上了中纪委官网头条 [J]. 钱湖文史 , 2016(26):28.

[38] 史全奇 . 绿野岙考略 [J]. 钱湖文史 , 2013(14):17-22.

[39] 佚名 . 特别关注——宁波 "中提升" —— "十大功能区" 撑起大宁波 [J]. 宁波经济 (财经视点),2010(01):26.

[40] 童潇 . 宗教的功能性本质及其场域表现——以社会学功能论视角所进行的分析 [J]. 江南社会学院学报 ,2003(01):33-37.

[41] 汪硕民 . 渔源路 [J]. 钱湖文史（内部刊物）,2013(13):44-45.

[42] 汪原 . "日常生活批判" 与当代建筑学 [J]. 建筑学报 , 2004(08):18-20.

[43] 王瑞来 . 写意黄公望——由宋入元 : 一个人折射的大时代 [J]. 国际社会科学杂志 (中文版),2011(04):57-68.

[44] 王志刚 , 黄棋 . 内生式发展模式的演进过程——一个跨学科的研究述评 [J]. 教学与研究 ,2009(03):72-76.

[45] 王宗涛 . 浙江海岸全新世海面变迁 [J]. 海洋地质研究 ,1982(02):79-88.

[46] 吴良镛 . 系统的分析 统筹的战略——人居环境科学与新发展观 [J]. 城市规划 ,2005(02):15-17.

[47] 肖路遥 , 周国华 , 唐承丽 , 贺艳华 , 高丽娟 . 改革开放以来我国乡村聚落研究述评 [J]. 西部人居环境学刊 ,2016,31(06):79-85.

[48] 谢吾同 . 聚落研究的几个要点 [J]. 华中建筑 ,1997(02):4-7.

[49] 熊元斌 . 清代江浙地区农田水利的经营与管理 [J]. 中国农史 ,1993(01):84-92，10.

[50] 徐波 , 张义浩 . 舟山群岛渔谚的语言特色与文化内涵 [J]. 宁波大学学报 (人文科学版),2001(01):27-30.

[51] 徐杰舜 , 海路 . 从新村主义到新农村建设——中国农村建设思想史发展述略 [J]. 武汉大学学报 (哲学社会科学版),2008(02):270-276.

[52] 许婵 , 文天祚 , 黄柏玮 , 向岚麟 . 后现代主义视角下的城市规划及其对中国的启示 [J]. 现代城市研究 ,2016(04):2-9.

[53] 尹稚 . 论人居环境科学 (学科群) 建设的方法论思维 [J]. 城市规划 ,1999(06):9-13，19，63.

[54] 张兵 , 张子凡 . 晋城市沁水县窦庄村 [J]. 文史月刊 ,2017(03):66-67.

[55] 张浩军 . 回到空间本身——论海德格尔的空间观念 [J]. 吉首大学学报 (社会科学版),2008(02):52-57.

[56] 张宏 . 广义居住与狭义居住——居住的原点及其相关概念与住居学 [J]. 建筑学报 ,2000(06):47-49.

[57] 张环宙 , 黄超超 , 周永广 . 内生式发展模式研究综述 [J]. 浙江大学学报 (人文社会科学版),2007(02):61-68.

[58] 张金荃 , 王国恩 , 刘艳丽 . 利益相关者视角下的历史建筑保护与利用研究——以宁波三个村庄的调查为例 [J]. 建筑与文化 ,2017(08):28-30.

[59] 张剑峰 . 族群认同探析 [J]. 学术探索 ,2007(1):98-102.

[60] 张俊飞 . 以东钱湖为中心的水利社会考略 [J]. 农业考古 ,2013(03):124-129.

[61] 张松,赵明.历史保护过程中的"绅士化"现象及其对策探讨[J].中国名城,2010(09):4-10.

[62] 赵静.白族民间传统信仰组织莲池会的场域空间与惯习[J].科学经济社会,2016,34(01):119-124.

[63] 赵克俭.人居环境科学在城市规划中的应用[J].高等建筑教育,2005(02):19-22.

[64] 赵民,游猎,陈晨.论农村人居空间的"精明收缩"导向和规划策略[J].城市规划,2015,39(07):9-18,24.

[65] 赵万民,汪洋.山地人居环境信息图谱的理论建构与学术意义[J].城市规划,2014,38(04):9-16.

[66] 赵万民.山地人居环境科学研究引论[J].西部人居环境学刊,2013(03):10-19.

[67] 郑学芳.讲讲修家谱[J].钱湖文史,2013(13):30.

[68] 郑运佳.传统家风的内涵与现代意义[J].山东农业工程学院学报,2014(05):107-108.

[69] 周丹丹.海外人类学的风景研究综述[J].中国农业大学学报(社会科学版),2014,31(02):108-114.

[70] 周直,朱未易.人居环境研究综述[J].南京社会科学,2002(12):84-88.

[71] 邹逸麟.广德湖考[J].中国历史地理论丛,1985(02):208-219.

[72] 宁波市社会科学院课题组,姜建蓉,陈建祥,等.东钱湖国家级旅游度假区文化产业发展研究[J].宁波经济(三江论坛),2017(08):36-41.

[73] 邢雅丽,谢煜,沈钧亮,等.宁波市东钱湖水质调查[J].浙江万里学院学报,2017,30(02):82-88.DOI:10.13777/j.cnki.issn1671-2250.2017.02.017.

[74] 陈安居.石刻艺术品的公园化展示——以南宋石刻公园为例[J].中国园林,2012,28(12):60-64.

[75] 徐春红.宁波地区湖泊休闲度假旅游发展研究——以东钱湖旅游度假区开发为例[J].中南林业科技大学学报(社会科学版),2012,6(02):40-43.DOI:10.14067/j.cnki.1673-9272.2012.02.038.

[76] 庄志民.宁波东钱湖旅游度假区旅游意象定位研究——旅游文化设计探索系列[J].旅游科学,2010,24(03):49-53.DOI:10.16323/j.cnki.lykx.2010.03.005.

[77] 傅亦民,金涛,周双林,等.宁波东钱湖石刻群微生物病害研究[J].文物保护与考古科学,2009,21(04):31-37.DOI:10.16334/j.cnki.cn31-1652/k.2009.04.008.

[78] 潘双叶,陈元,翁燕波,等.东钱湖浮游生物调查以及水质生态学评价[J].中国环境监测,2008,24(06):96-100.DOI:10.19316/j.issn.1002-6002.2008.06.023.

[79] 吕斌,单德林.浅析东钱湖南宋石刻的艺术特点[J].南京艺术学院学报(美术与设计版),2008(06):134-135.

[80] 程南宁,李巍,冉光兴,等.浙江东钱湖底泥污染物分布特征与评价[J].湖泊科学,2007(01):58-62.

[81] 陈毕新,陈小鸿.宁波东钱湖镇绿色旅游交通规划[J].小城镇建设,2006(11):43-46.

[82] 丁春梅.模糊综合评价模型在东钱湖水质评价中的应用研究[J].浙江水利科技,2006(02):1-3.

[83] 朱坚，王立红，张冰宁．东钱湖旅游业发展对水环境影响探讨 [J].环境污染与防治 ,1999(S1):72-73，76.

[84] 陈锽．浙江鄞县东钱湖南宋神道石刻调查 [J].南方文物 ,1998(04):13-19.

[85] 陈增弼．宁波宋椅研究 [J].文物 ,1997(05):42-48，83.

3. 学位论文

[1] 陈庆娟．内生式发展理论视角下"第一书记"贫困治理方式优化研究 [D].南宁：广西大学 ,2019.

[2] 郭莉．传统场镇中生产性空间演变研究 [D].重庆：重庆大学 , 2015.

[3] 郭晓东．黄土丘陵区乡村聚落发展及其空间结构研究 [D].兰州：兰州大学 ,2007.

[4] 黄超超．浙江省乡村旅游内生式发展探讨 [D].杭州：浙江大学 ,2007.

[5] 黄佛君．中国城市宗教空间发展演变研究 [D].西安：西北大学 , 2012.

[6] 季诚迁．古村落非物质文化遗产保护研究——以肇兴侗寨为个案 [D].北京：中央民族大学 ,2011.

[7] 李慧希．基于地图术（Mapping）的景观建筑学理论研究 [D].南京：东南大学 ,2016.

[8] 李静．中国永佃制制度演化研究（960~1949）[D].沈阳：辽宁大学 ,2013.

[9] 刘冠男．人居视野中的韩城历史环境保护研究 [D].北京：清华大学 , 2014.

[10] 罗智慧．传统聚落环境研究文献分析 [D].西安：西安建筑科技大学 , 2014.

[11] 孟慧芳．鄞东南平原河网区水系结构与连通变化及其对调蓄能力的影响研究 [D].南京：南京大学 ,2014.

[12] 谭秀玲．住宅与人的居住行为的伦理分析 [D].广州：广州大学 ,2013.

[13] 王加华．近代江南地区的农事节律与乡村生活周期 [D].上海：复旦大学 , 2005.

[14] 王萍．渔村社区合作经济组织的变迁研究 [D].青岛：中国海洋大学 ,2011.

[15] 王树声．黄河晋陕沿岸历史城市人居环境营造研究 [D].西安：西安建筑科技大学 ,2006.

[16] 汪洋．山地人居环境空间信息图谱—理论与实证 [D].重庆：重庆大学 ,2012.

[17] 魏晓芳．三峡人居环境文化地理变迁研究 [D].重庆：重庆大学 , 2013.

[18] 吴桂英．生存方式与乡村环境问题——对山东 L 村环境问题成因及治理的个案研究 [D].北京：中央民族大学 , 2013.

[19] 闫凤英．居住行为理论研究 [D].天津：天津大学 ,2005.

[20] 严嘉伟．基于乡土记忆的乡村公共空间营建策略研究与实践 [D].杭州：浙江大学 , 2015.

[21] 张端．新中国成立以来中国农民的变迁及走向 [D].北京：中共中央党校 ,2013.

[22] 张捍平．翁丁村聚落空间与居民居住行为关系的研究 [D].北京：北京建筑大学 ,2013.

[23] 张健．社会主义市场经济背景下人的精神世界研究 [D].北京：中共中央党校 ,2004.

[24] 郑建明．环太湖地区与宁绍平原史前文化演变轨迹的比较研究 [D].上海：复旦大学 ,2007.

[25] 周学红 . 嘉陵江流域人居环境建设研究 [D]. 重庆：重庆大学 ,2012.

[26] 周祝伟 . 7—10 世纪钱塘江下游地区开发研究 [D]. 杭州：浙江大学 , 2004.

[27] 宗发旺 . 水利与地域社会 [D]. 宁波：宁波大学 ,2011.

[28] 程晓梅 . 宁波东钱湖传统渔村聚落形态研究 [D]. 武汉：华中科技大学 ,2018.

[29] 潘俊杰 . 浙江省宁波东钱湖下水村景观设计 [D]. 深圳：深圳大学 ,2017.

[30] 程哲 . 宁波市临水聚落空间形态研究 [D]. 武汉：武汉工程大学 ,2016.

[31] 于鲸 . 东钱湖传统民居形态及整治研究 [D]. 武汉：华中科技大学 ,2014.

[32] 杨郁 . 宁波东钱湖旅游度假区发展策略研究 [D]. 上海：同济大学 ,2008.

[33] 李钰 . 陕甘宁生态脆弱地区乡村人居环境研究 [D]. 西安：西安建筑科技大学 ,2011.

[34] 李慧敏 . 古村落历史人居环境规划设计方法研究 [D]. 西安：西安建筑科技大学 ,2009.

[35] 郭美锋 . 理坑古村落人居环境研究 [D]. 北京：北京林业大学 ,2007.

[36] 贺勇 . 适宜性人居环境研究——"基本人居生态单元"的概念与方法 [D]. 杭州：浙江大学 ,2004.

后记

　　人生有多少个九年？在 22 岁到 31 岁的时光，我能够在何依教授的指导下，与 305 工作室的小伙伴们一起，为遗产保护事业尽心尽力，已是不枉青春。从宁波慈城开始，转战太原又到新绛，最终我又回到宁波，为东钱湖停留。我永远记得与导师辗转各个城市的场景，永远记得与小伙伴们一同奔波调研、通宵赶图的经历。回首这些年，依然庆幸选择了自己喜爱的方向，为自己热爱的事业努力，每一天虽然辛苦，但都是愉快且充实的，以至于我的学术研究过程从未像别人口中那般痛苦煎熬，而是一个瓜熟蒂落的过程，充满着收获的喜悦。这九年是大家的九年，也是我的九年，亦是导师的九年。在此，向所有帮助过我的人表示深深的感谢。

　　感谢何依教授，从学业到生活，从做事到做人，导师对我的影响与指导都使我受益终生。作为一位学者，何老师以严谨的态度、专注的精神对待学术与专业，在这些年的言传身教中，教我专注于保护研究工作本身。作为一位老师，何老师对待学生的责任感与仁爱心，耳濡目染影响着我，未来必将传递给我的学生。作为一位女性，何老师对待生活的热爱与独立，一直鼓励着我，是我学习的榜样，让我从一个感性而脆弱的女生，成长为一个理性且自信的人。

　　感谢周卫教授、陈锦富教授、黄亚平教授、李晓峰教授、谭刚毅教授、万艳华教授、刘合林教授、赵丽元副教授，在本书撰写过程中的悉心指导与建议。感谢李百浩教授、程世丹教授、焦胜教授在本书修改过程中的指导与建议，给本书后续研究提供了许多建议。

　　感谢东钱湖这片山水灵秀之地，生长出千姿万彩的村庄和质朴醇厚的乡民。在这里调研的几年中，感谢东钱湖文化研究会的仇国华老先生、戴良维老先生、朱球书记、马当强书记、周峰老师等前辈。本书研究过程中，多次向各位老先生采访请教，为本书提供了许多历史与案例素材。

　　感谢 305 工作室的兄弟姐妹们，感谢邓巍学长、贾艳飞老师在学术上的指导建议，感谢王振宇同学对我写作过程中各项琐事的帮助与提醒，感谢几年来与程晓梅的合作经历，学妹认真勤奋的态度让我受益良多。感谢王振宇、宋阳、殷楠、龙婷婷、李励、张瑜、孙亮对本书基础资料调查作出的贡献。还有许多其他的兄弟姐妹，感谢有你们的每一天。

感谢丁可人、陈可欣、王慧、周瑾、周全等朋友的陪伴，每每到我苦闷之时，都能第一时间向朋友们倾诉，你们的开导让我解惑释然、继续前行。

最后感谢我的爸爸妈妈等家人。为完成本书，这几年我对长辈们少有照顾，父母为我撑起了一片天。为了陪我完成田野调查，爸妈甚至在过年的时候都陪我去东钱湖调研。没有你们无条件的支持，我无法追求自己的理想，无法完成这本著作。

此外，还有许许多多的感谢，无法在此一一道明，但都放在心中。

在学术研究的宇宙中，我的研究只是小小尘埃，只是无愧于这段时光，无愧于导师亲友，无愧于东钱湖这片山水之地。

本书不是谢幕，不是终点，而是学术思考的开始。

孔惟洁

2018 年 6 月 22 日

于华中科技大学南二楼 305